高等职业教育教学改革系列规划教材

电路分析与仿真应用

徐 进 俞梁英 主 编

张庆芳 杨 卫 范玲俐 副主编

電子工業出版社

Publishing House of Electronics Industry

北京·BEIJING

内 容 简 介

本书充分考虑高职层次学生教学基础的实际，按照循序渐进、理论联系实际、便于自学的原则编写，本着高职教学"必需、够用"的原则，进行了教学内容的整合和取舍，删除不必要的理论和推导，增加实用性和应用性，注重理论联系实际，培养学生的实践应用能力；编写力求叙述简练，概念清晰，通俗易懂。

全书共分 9 章：电路的基本概念和基本定律；电路的等效变换；直流电阻电路的分析方法和基本定理；正弦交流电路稳态分析；三相交流电路；谐振电路；互感电路及理想变压器；一阶动态电路的分析；二端口网络。

本书既可以作为高职高专院校电子信息类和电气类各专业的教材，也可供相关电类工程技术人员参考使用。

图书在版编目（CIP）数据

电路分析与仿真应用/徐进，俞梁英主编. —北京：电子工业出版社，2017.8
ISBN 978-7-121-32039-2

Ⅰ. ①电… Ⅱ. ①徐… ②俞… Ⅲ. ①电路分析－高等学校－教材②电子电路－计算机仿真－高等学校－教材
Ⅳ. ①TM133②TN702.2

中国版本图书馆 CIP 数据核字（2017）第 144178 号

策划编辑：王艳萍
责任编辑：王艳萍
印　　刷：北京捷迅佳彩印刷有限公司
装　　订：北京捷迅佳彩印刷有限公司
出版发行：电子工业出版社
　　　　　北京市海淀区万寿路 173 信箱　邮编　100036
开　　本：787×1 092　1/16　印张：14.25　字数：383 千字
版　　次：2017 年 8 月第 1 版
印　　次：2024 年 8 月第 5 次印刷
定　　价：36.00 元

凡所购买电子工业出版社图书有缺损问题，请向购买书店调换。若书店售缺，请与本社发行部联系，联系及邮购电话：（010）88254888，88258888。

质量投诉请发邮件至 zlts@phei.com.cn，盗版侵权举报请发邮件至 dbqq@phei.com.cn。

本书咨询联系方式：（010）88254574，wangyp@phei.com.cn。

前　　言

"电路分析基础"是电类专业的一门重要的专业基础课。教学实践表明，学生对专业基础课程掌握的优劣，直接影响其对后续专业课程的掌握。因此，引导学生明确电路理论的基本概念，培养科学的思维能力，提高分析问题和解决问题的能力是本书编写的宗旨。

多年来，作者在对不同专业的"电路分析基础"课程的教学中，先后使用过多种教材和讲义，在教学实践中，通过不断地对教学内容进行调整、提炼和更新，逐步地形成了有一定特色的讲稿，经过试用、修改，而形成了本书。

在编写中，作者充分考虑了教学适用性。在内容安排上，既遵循了电路理论本身的系统和结构，也注意了适应学生的认识规律，并合理、有序地组织教材的内容，使各章、节的中心明确，层次清楚，概念准确，论述简明。对概念、定理、定律、方法等不仅注重正确地表述其内容，更注重其物理意义和科学道理，注重具体概念的应用场合、应用条件及在不同的情况下的变通处理。

本书的重要特点是引入 Multisim 仿真技术作为一个有效的教学手段。针对本课程概念多、理论性强、实践性强、比较抽象的特点，以及教学中的现状和存在的问题，引入了 Multisim 仿真技术，改革了传统的教学模式，即将 Multisim 仿真技术融入到课堂教学中，通过仿真演示，使课堂教学和仿真技术相结合，加深学生对课堂内容的理解和掌握，实现理论与实践教学的一体化。实践证明，这种"教、学、做一体化"的教学模式大大调动了学生的学习积极性和主动性，对于帮助学生树立理论联系实际的工程观点，提高分析问题、解决问题的能力和自主探究精神都起着非常重要的作用。

本书共包括 9 章内容：电路的基本概念和基本定律；电路的等效变换；直流电阻电路的分析方法和基本定理；正弦交流电路稳态分析；三相交流电路；谐振电路；互感电路及理想变压器；一阶动态电路的分析；二端口网络。在具体使用过程中各学校可以根据专业和学时安排进行选学。

本书由苏州经贸职业技术学院徐进、俞梁英担任主编，苏州经贸职业技术学院张庆芳、江苏省广播电视大学张家港分院杨卫、成都工业学院范玲俐担任副主编。具体分工如下：徐进编写第 1、3 章以及承担了全书统稿工作，俞梁英编写了第 2、4 章并协助统稿，张庆芳编写了第 5、9 章，范玲俐编写了第 7 章，杨卫编写了第 6、8 章。

本书从内容安排到具体论述，贯彻了从事电路理论教学的同人们多年来的教学实践，是各位老师辛勤劳动的结晶，在此一并表示诚挚的谢意。

本书配有免费的电子教学课件和习题答案，请有需要的教师登录华信教育资源网（www.hxedu.com.cn）免费注册后下载，如果有问题请在网站留言或与作者联系（E-mail：szxujin@qq.com）。

由于编者水平有限，书中难免会有疏漏之处，恳请各位同行和广大读者批评指正。

编　者

目　　录

第1章　电路的基本概念和基本定律

知识要点

1. 了解电路和电路模型的概念；
2. 了解电路的各种工作状态、额定值及功率平衡的意义；
3. 理解电流源和电压源模型及其等效变换；
4. 理解电流、电压和电功率，理解和掌握电路基本元件的特性；
5. 能熟练分析与计算电路中各点的电位，会应用基尔霍夫定律分析电路；
6. 初步学会利用 Multisim10 验证欧姆定律、基尔霍夫定律等，并进行简单的电路计算。

随着科学技术的飞速发展，现代电子设备的种类日益繁多，规模和结构更是日新月异，但无论怎样设计和制造，其几乎都是由各种基本电路组成的。所以，学习电路的基础知识，掌握、分析电路的规律与方法，是学习电路学的重要内容，也是进一步学习电机、电器和电子技术的基础。本章将重点阐明有关电路的基本概念、基本元件特性和基尔霍夫定律。

1.1　电路和电路模型

1.1.1　电路的概念

从日常生活和生产实践可以体会到，用导线、开关等将电源和用电设备或用电器连接起来，就构成一个电流流通的闭合路径。这就是电路。

电路的形式是多种多样的，但从电路的本质来说，其组成都有电源、负载、中间环节三个最基本的部分。例如图 1-1 所示的手电筒电路中，电池把化学能转换成电能供给灯泡，灯泡却把电能转换成光能做照明用。凡是将化学能、机械能等非电能转换成电能的供电设备，称为电源，如干电池、蓄电池和发电机等；白炽灯的主要电磁性能是消耗电能，可用一个电阻元件表示。诸如此类，各种电气设备和电器件及实际电路均有各自的模型。电路理论基础中所研究的对象就是这种电路模型，习惯上称为电路，如图 1-2 所示。大规模的电路又称为电网络，简称为网络。

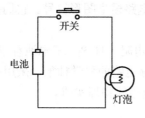

图 1-1　手电筒电路

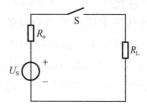

图 1-2　手电筒电路模型

电路的种类繁多，但从电路的功能来说，其作用分为两个方面：其一实现电能的传输和转换（如电力工程，它包括发电、输电、配电、电力拖动、电热、电气照明，以及交直流电之间的整流和逆变等）；其二进行信号的传递与处理（如信息工程，它包括语言、文字、音乐、图像的广播和接收，生产过程中的自动调节，各种输入数据的数值处理，信号的存储等）。电路的作用不同，对其提出的技术要求也不同，前者较多侧重于传输效率的提高，后者多侧重于信号在传递过程中的保真、运算的速度和抗干扰等。

电路的电磁性能可以用电流、电压、电荷和磁通等物理变量来表示。电路中每个元件所反映的电压和电流之间的关系可以用参数来表示，称这种元件为集中参数元件。由这些集中参数元件组成的电路，称为集中参数电路，或集总参数电路。大部分电路都是集中参数电路。但也有一些电路在对其进行分析和计算时，需要分析研究沿电路各处的电压和电流的分布规律，考虑参数的分布性，例如，远距离的输电线和电视馈线等，这种电路称为分布参数电路。电路理论基础研究的电路是集总参数电路。

1.1.2 理想元件和电路模型

我们将实际电路元器件理想化而得到的只具有某种单一电磁性质的元件，称为理想电路元件，简称为电路元件。每一种电路元件体现某种基本现象，具有某种确定的电磁性质和精确的数学定义。常用的有表示将电能转换为热能的电阻元件、表示电场性质的电容元件、表示磁场性质的电感元件及电压源元件和电流源元件等，其电路符号如图 1-3 所示。本章将分别讲解这些常用的电路元件。

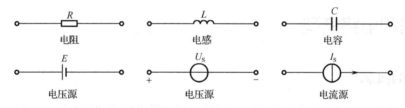

图 1-3 理想电路元件的符号

电路的作用虽然只有两个方面，但是实际电路的类型以及工作时发生的物理现象则是千差万别的。我们不可能也没有必要去探讨每一个实际电路，而只需找出它们的普遍规律。为此，我们把实际电路的元件理想化，忽略其次要的因素而用反映它们主要物理性质的理想元件来代替。这样由理想元件组成的电路就是实际电路的电路模型，是对实际电路物理性质的高度抽象和概括。

用于构成电路的电工、电子元器件或设备统称为实际电路元件，简称实际元件。实际元件的物理性质，从能量转换角度看，有电能的产生、电能的消耗以及电场能量和磁场能量的储存。用来表征上述物理性质的理想电路元件（今后理想两字略去）分别称为恒压源 U_S、恒流源 I_S、电阻元件 R、电容元件 C、电感元件 L。图 1-3 是它们的电路模型图形符号。它们为电路结构的基本模型，由这些基本模型构成电路的整体模型。

例如如图 1-2 所示手电筒电路的电路模型。灯泡看成电阻元件 R_L，干电池看成恒压源 E（或 U_S）和电阻元件（内阻）R_0 串联。可见电路模型就是实际电路的科学抽象。采用电路模型来分析电路，不仅计算过程大为简化，而且能更清晰地反映电路的物理实质。

1.2 电流和电压的参考方向

电路中的变量是电流和电压。无论是电能的传输和转换，还是信号的传递和处理，都是这两个量变化的结果。因此，弄清电流与电压及其参考方向，对进一步掌握电路的分析与计算是十分重要的。

1.2.1　电流及其参考方向

1. 电流

电荷的定向移动形成电流。电流的大小用电流强度来衡量，电流强度亦简称为电流。其定义：单位时间内通过导体横截面的电荷量。公式为

$$i = \frac{\mathrm{d}q}{\mathrm{d}t} \tag{1-1}$$

其中，i 表示随时间变化的电流，$\mathrm{d}q$ 表示在 $\mathrm{d}t$ 时间内通过导体横截面的电量。

在国际单位制中，电流的单位为安培，简称安（A）。实际应用中，大电流用千安培（kA）表示，小电流用毫安培（mA）表示或者用微安培（μA）表示。它们的换算关系：

$$10^{-3}\mathrm{kA} = 1\mathrm{A} = 10^{3}\mathrm{mA} = 10^{6}\mu\mathrm{A}$$

在外电场的作用下，正电荷将沿着电场方向运动，而负电荷将逆着电场方向运动（金属导体内是自由电子在电场力的作用下的定向移动形成电流），习惯上规定：正电荷运动的方向为电流的正方向。

如果电流的大小和方向都不随时间变化，则这种电流称为恒定电流，简称直流（Direct Current，DC），可用符号 I 表示。如果电流的大小和方向都随时间变化，则这种电流称为交变电流，简称交流（Alternating Current，AC），可用符号 $i(t)$ 来表示。

2. 电流的参考方向

简单电路中，电流从电源正极流出，经过负载，回到电源负极。在分析复杂电路时，一般难以判断出电流的实际方向，而列方程、进行定量计算时需要对电流有一个约定的方向。对于交流电流，电流的方向随时间改变，无法用一个固定的方向表示，因此引入电流的"参考方向"。

① 参考方向的指定方法：从两种可能的流动方向中任意指定一种作为电流的参考方向即可。

② 参考方向标注方法：箭头标注或双下标标注。

③ 指定参考方向后电流的表示方法：用代数量来表示，并规定实际方向与参考方向一致时，电流代数量符号为"+"；反之符号为"−"。

参考方向可以任意设定，如用一个箭头表示某电流的假定正方向，就称之为该电流的参考方向。当电流的实际方向与参考方向一致时，电流的数值就为正值（即 $i>0$），如图 1-4（a）所示；当电流的实际方向与参考方向相反时，电流的数值就为负值（即 $i<0$），如图 1-4（b）所示。电流参考方向指定后，电流 i 就为代数量，若没指定电流参考方向，电流 i 的正、负值毫无意义。所以在分析电路时要预先指定电流的参考方向。

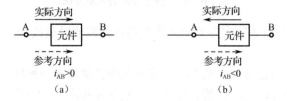

图 1-4　电流及其参考方向

1.2.2 电压及其参考方向

1. 电压

如图 1-5 所示的电路，在电场力的作用下，正电荷要从电源正极 a 经过导线和负载流向负

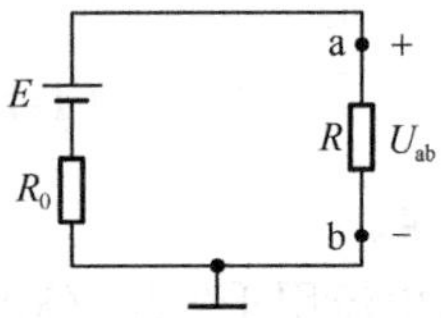

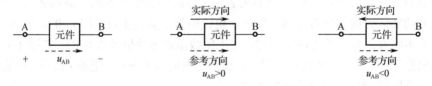

图 1-5 电压定义示意图

极 b（实际上是带负电的电子由负极 b 经负载流向正极 a），形成电流，而电场力就对电荷做了功。

电场力把单位正电荷从 a 点经外电路（电源以外的电路）移送到 b 点所做的功，叫做 a、b 两点之间的电压，记做 U_{ab}。因此，电压是衡量电场力做功本领大小的物理量。

若电场力将正电荷 dq 从 a 点经外电路移送到 b 点所做的功是 dw，则 a、b 两点间的电压为

$$u_{ab} = \frac{dw}{dq} \qquad (1\text{-}2)$$

在国际单位制中，电压的单位为伏特，简称伏（V）。实际应用中，大电压用千伏（kV）表示，小电压用毫伏（mV）表示或者用微伏（μV）表示。它们的换算关系：

$$10^{-3}\text{kV} = 1\text{V} = 10^{3}\text{mV} = 10^{6}\mu\text{V}$$

电压的方向规定为从高电位指向低电位，在电路图中可用箭头来表示。

若电压的大小和极性均不随时间变动，这样的电压称为恒定的电压或直流电压，可用符号 U 表示。若电压的大小和极性均随时间变化，则称为交变电压或交流电压，用符号 $u(t)$ 表示。

2. 电压的参考方向

在比较复杂的电路中，往往不能事先知道电路中任意两点间的电压，为了分析和计算方便，与电流的方向规定类似，在分析计算电路之前必须对电压标以极性（正、负号），或标以方向（箭头），这种标法是假定的参考方向，如图 1-6 所示。如果采用双下标标记时，电压的参考方向意味着从前一个下标指向后一个下标，图 1-6 元件两端电压记做 u_{AB}；若电压参考方向选 B 点指向 A 点，则应写成 u_{BA}，两者仅差一个负号，即 $u_{AB} = -u_{BA}$。

图 1-6 电压参考方向的表示方法

对实际电路中两点间电压的实际方向通常也难以判断或时刻改变，同样为分析方便，引入电压的参考方向。

① 电压参考方向的指定方法：从两种可能方向中任意指定一种作为参考方向。

② 电压参考方向的标注方法：箭头标注法、双下标标注法、"+""-"极性标注法三种。

③ 指定参考方向后电压的表示方法：同样采用代数量表示，并规定若实际方向与参考方向一致，符号取"+"；反之，符号取"-"。

分析求解电路时，先按选定的电压参考方向进行分析、计算，再由计算结果中电压值的正负来判断电压的实际方向与任意选定的电压参考方向是否一致。即电压值为正，则实际方向与参考方向相同；电压值为负，则实际方向与参考方向相反。

1.2.3 电流电压的关联参考方向

对于电路中任意一段电路或一个元件，其电流参考方向和电压参考方向的指定互不相关，可以独立地任意指定。如果一段电路或一个元件的电流与电压具有相同的参考方向，则这种方向称为关联参考方向；否则为非关联参考方向，如图 1-7 所示。

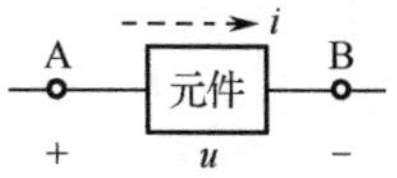

图 1-7 电流电压关联参考方向示意图

需要指出：

（1）分析电路前必须选定电压和电流的参考方向。

（2）参考方向一经选定，必须在图中相应位置标注（包括方向和符号），在计算过程中不得任意改变。

（3）参考方向不同时，其表达式相差一个负号，但实际方向不变。

1.2.4 电位的概念及其分析计算

为了分析问题方便，常在电路中指定一点作为参考点，假定该点的电位是零，用符号"⊥"表示，如图 1-8 所示。在生产实践中，把地球作为零电位点，凡是机壳接地的设备，机壳电位即为零电位。

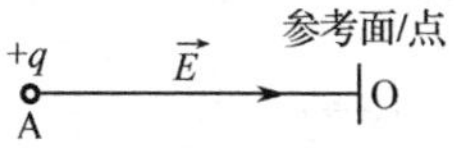

图 1-8 电位定义示意图

电位：在电场中，将单位正电荷从指定点 A 移至参考点 O 时电场力所做的功称为 A 点电位，记为 u_A，即 $u_A = \mathrm{d}w(t)/\mathrm{d}q$。可见，电场中同一点 A 的电位 u_A 随参考点的不同而不同。因此在计算电位时，首先必须在电场中指定参考点。

电路中其他各点相对于参考点的电压即是各点的电位，因此，任意两点间的电压等于这两点的电位之差，我们可以用电位的高低来衡量电路中某点电场能量的大小。

电路中各点电位的高低是相对的，参考点不同，各点电位的高低也不同，但是电路中任意两点之间的电压与参考点的选择无关。电路中，比参考点电位高的各点电位是正电位，比参考点电位低的各点电位是负电位。

【例 1-1】 如图 1-9 所示电路，若已知 2s 内有 4C 正电荷均匀地由 a 点经 b 点移动至 c 点，且知由 a 点移动至 b 点电场力做功 8J，由 b 点移动到 c 点电场力做功 12J。

（1）标出电路中电流参考方向并求出其值，若以 b 点做参考点（又称接地点），求电位 U_a、U_b、U_c，电压 U_{ab}、U_{bc}。

（2）标出电流参考方向，与（1）时相反，并求出其值，若以 c 点做参考点，再求电位 U_a、U_b、U_c，电压 U_{ab}、U_{bc}。

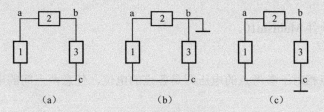

图 1-9 例 1-1 电路

解：（1）$U_b = 0$，$U_a = W_{ab}/q = 2\text{V}$，$U_c = -3\text{V}$，$U_{ab} = U_a - U_b = 2\text{V}$，$U_{bc} = 3\text{V}$。

（2）$U_c = 0$，$U_a = (8+12)/4 = 5\text{V}$，$U_b = 3\text{V}$，$U_{ab} = 2\text{V}$，$U_{bc} = 3\text{V}$。

【例1-2】　求图1-10中a点的电位，图1-10（b）中20Ω电阻中电流为零。

（a）　　　　　　　　　　　　　　　　　　（b）

图1-10　例1-2图

解： 对于图1-10（a）有

$$U_a = -4 + \frac{30}{50+30} \times (12+4)V = 2V$$

对于图1-10（b），因20Ω电阻中电流为零，故

$$U_a = 0$$

【例1-3】　电路如图1-11所示，求开关S断开和闭合时A、B两点的电位U_A、U_B。

解： 设电路中电流为I，如图1-11所示。

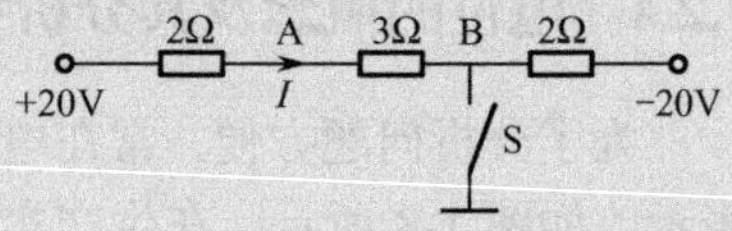

（1）开关S断开时：

图1-11　例1-3图

$$I = \frac{20-(-20)}{2+3+2} = \frac{40}{7}A$$

因为

$$20 - U_A = 2I$$

所以

$$U_A = 20 - 2I = 20 - 2 \times \frac{40}{7} = \frac{60}{7}V$$

同理：

$$U_B = 20 - (2+3)I = 20 - 5 \times \frac{40}{7} = -\frac{60}{7}V$$

（2）开关S闭合时：

$$I = \frac{20-0}{2+3} = 4A$$

$$U_A = 3I = 3 \times 4 = 12V$$

$$U_B = 0V$$

技能训练1——电位和电压的仿真测量

1．实训目的

（1）掌握电位和电压的仿真测量方法。

（2）熟悉仿真软件Multism10的使用。

2．实训器材

计算机、仿真软件Multism10。

3．实训原理

电路中其他各点相对于参考点的电压即是各点的电位，任意两点间的电压等于这两点的电位之差。

4．实训电路和分析

【例1-4】　电路如图1-12所示，分别以点a、b为参考点，求出电路中c点的电位和电阻R_1两端的电压。

（1）理论分析

在图 1-12 中，以 a 点为参考点，即 $V_a = 0V$，$V_b = -12V$。R_1 两端的电压为

$$U_{R1} = \frac{12}{2+4} \times 2 = 4V$$

而 $U_{R1} = V_a - V_c$，因此 $V_c = V_a - U_{R1} = 0 - 4 = -4V$。

以 b 点为参考点，即 $V_b = 0V$，$V_a = 12V$。R_1 两端的电压为

$$U_{R1} = \frac{12}{2+4} \times 2 = 4V$$

而 $U_{R1} = V_a - V_c$，因此 $V_c = V_a - U_{R1} = 12 - 4 = 8V$。

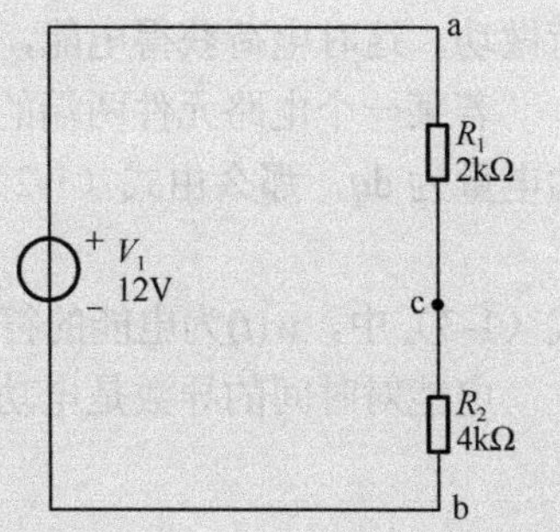

（2）仿真分析

① 以 a 点为参考点时，按图 1-13（a）所示电路图连线，将虚拟万用表接在电阻 R_1 两端，测量出电阻 R_1 两端电压，同时将实时测量探针的探头移到电路的 c 点上，测出 c 点的电位。

② 同理，以 b 点为参考点时，按图 1-13（b）所示电路图连线，测出 c 点的电位。

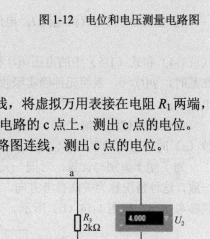

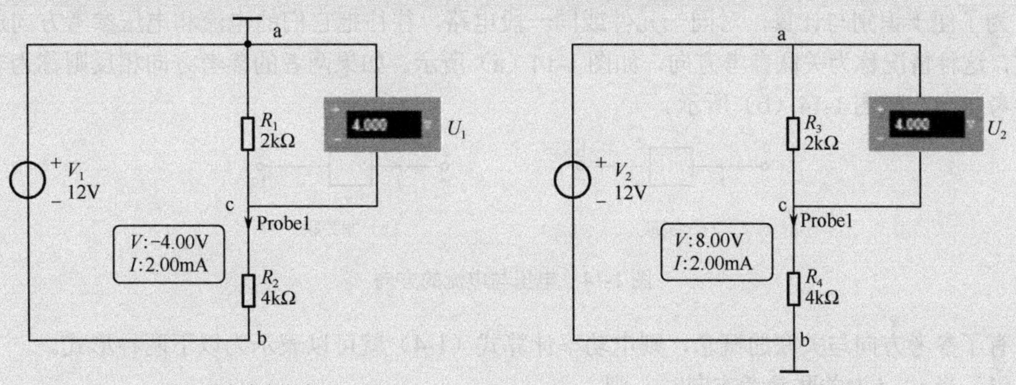

图 1-12　电位和电压测量电路图

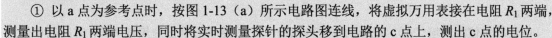
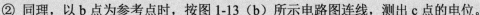

（a）a 点为参考点　　　　　　　　　　　（b）b 点为参考点

图 1-13　电位和电压仿真测量电路图

5. 实训总结

（1）分析参考点改变时，电路中各点的电位和两点间的电压的改变情况。

（2）总结电路中电位与电压的区别与联系。

（3）总结使用 Multisim10 软件进行仿真实验的操作经验。

1.3　电功率和电能

1.3.1　电功率

在电路中，电荷流动时，总是伴随着电能和其他形式能量的相互转换。电荷在电路的某些部分（如电源处）得到电能，而在另外一些部分（如电阻元件处）失去电能。正电荷从电路元件电压的"＋"极端，经元件移到电压"－"极端，是从高电位点移向低电位点，是电场力对电荷做功的结果。这时，电荷失去电能，元件吸收能量，或者称元件消耗电能。相反地，正电荷从电路元件电压"－"极端，经元件移到电压的"＋"极端，是外力（化学力、电磁力等）对电

荷做功，这时电荷获得电能，元件发出电能，或者称元件提供电能。

若某一个电路元件两端的电压为 $u(t)$，在 dt 时间内从电压"+"极端到"-"极端流过元件的电量为 dq，那么由式（1-2）和式（1-1）可得电场力所做的功，即元件所吸收的电能为

$$dw(t) = u(t)i(t)dt \qquad (1-3)$$

式（1-3）中，$w(t)$ 为电能的符号。

电能对时间的导数是电功率，电功率的符号用 $p(t)$ 来表示，于是该元件吸收的电功率为

$$p(t) = \frac{dw(t)}{dt} = u(t)i(t) \qquad (1-4)$$

若元件的电流为直流电流 I，电压为直流电压 U，则电功率为

$$P = UI \qquad (1-5)$$

式（1-4）和式（1-5）中的电压 $u(t)$ 和电流 $i(t)$ 是关联参考方向，$p(t)$ 为元件吸收的电功率。若在某时，$p(t) > 0$，表明元件确实吸收电功率；$p(t) < 0$，表明元件实际上提供了电功率，或输出电功率。

电流的单位为安培（A）、电压的单位为伏特（V）、能量的单位为焦耳（J）、时间的单位为秒（s）时，则电功率的单位为瓦特（W）。

为了便于识别与计算，对同一元件或同一段电路，往往把它们的电流和电压参考方向选为一致，这种情况称为关联参考方向，如图 1-14（a）所示。如果两者的参考方向相反则称为非关联参考方向，如图 1-14（b）所示。

（a）关联　　　　　　　　　　（b）非关联

图 1-14　电压与电流的方向

有了参考方向与关联的概念，则电功率计算式（1-4）就可以表示为以下两种形式。

（1）当 u、i 为关联参考方向时，则

$$p = ui \quad （直流功率 P = UI） \qquad (1-6)$$

（2）当 u、i 为非关联参考方向时，则

$$p = -ui \quad （直流功率 P = -UI） \qquad (1-7)$$

无论关联与否，只要计算结果 $p > 0$，则该元件吸收功率，即消耗功率，该元件是负载；若 $p < 0$，则该元件发出功率，即产生功率，该元件是电源。

根据能量守恒定律，对一个完整的电路，发出功率的总和应正好等于吸收功率的总和。

【例 1-5】 计算图 1-15 中各元件的功率，指出是吸收还是发出功率，并求整个电路的功率。已知电路为直流电路，$U_1 = 4V$，$U_2 = -8V$，$U_3 = 6V$，$I = 2A$。

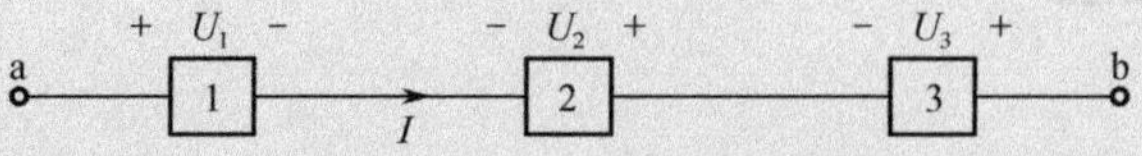

图 1-15　例 1-5 电路图

解： 在图中，元件 1 电压与电流为关联参考方向，由式（1-6）得

$$P_1 = U_1 I = 4 \times 2 = 8W$$

故元件 1 吸收功率。

元件 2 和元件 3 电压与电流为非关联参考方向，由式（1-7）得

$$P_2 = -U_2 I = -(-8) \times 2 = 16W$$
$$P_3 = -U_3 I = -6 \times 2 = -12W$$

故元件 2 吸收功率，元件 3 发出功率。

整个电路功率为

$$P = P_1 + P_2 + P_3 = 8 + 16 - 12 = 12W$$

本例中，元件 1 和元件 2 的电压与电流实际方向相同，二者吸收功率；元件 3 的电压与电流实际方向相反，发出功率。由此可见，当电压与电流实际方向相同时，电路一定吸收功率，反之则发出功率。实际电路中，电阻元件的电压与电流的实际方向总是一致的，说明电阻总在消耗能量；而电源则不然，其功率可能为正也可能为负，这说明它可能作为电源提供电能，也可能被充电，吸收功率。

1.3.2 电能

电路在一段时间内消耗或提供的能量称为电能。根据式（1-4），电路元件在 t_0 到 t 时间内消耗或提供的能量为

$$w = \int_{t_0}^{t} p \mathrm{d}t \tag{1-8}$$

直流时： $$W = P(t - t_0) \tag{1-9}$$

在国际单位制中，电能的单位是焦耳（J）。1J 等于 1W 的用电设备在 1s 内消耗的电能。通常电力部门用"度"作为单位测量用户消耗的电能，"度"是千瓦时（kWh）的简称。1 度（或 1 千瓦时）电等于功率为 1kW 的元件在 1h 内消耗的电能。即

$$1 \text{ 度} = 1\text{kWh} = 10^3 \times 3600 = 3.6 \times 10^6 \text{J}$$

如果实际通过元件的电流过大，会由于温度升高使元件的绝缘材料损坏，甚至使导体熔化；如果电压过大，会使绝缘击穿，所以必须加以限制。

电气设备或元件长期正常运行的电流允许值称为额定电流，其长期正常运行的电压允许值称为额定电压；额定电压和额定电流的乘积为额定功率。通常电气设备或元件的额定值标在产品的铭牌上。如一白炽灯标有"220V、40W"，表示它的额定电压为 220V，额定功率为 40W。

【例 1-6】 计算图 1-16 所示电路的电功率。设图 1-16（a）中，（1）$I = 1\text{A}$，$U = 2\text{V}$；（2）$I = 1\text{A}$，$U = -2\text{V}$。设图 1-16（b）中，（1）$I = -2\text{A}$，$U = 3\text{V}$；（2）$I = -2\text{A}$，$U = -3\text{V}$。

解：（1）在图 1-16（a）中 I 和 U 为关联参考方向。

① 元件吸收的电功率为

$$P = UI = 1 \times 2 = 2\text{ W}$$

② 元件吸收的电功率为

$$P = UI = (-2) \times 1 = -2\text{ W}$$

图 1-16　例 1-6 电路图

计算结果为负值，表明该元件向外提供 2W 电功率。

（2）在图 1-16（b）中，电压和电流为非关联参考方向，U 与 I 的乘积表示该元件提供的电功率。

① 元件提供的电功率为

$$P = -UI = -3 \times (-2) = 6\text{ W}$$

计算结果 $P > 0$，表明其实际吸收了 6W 电功率。

② 元件提供的电功率为

$$P = -UI = -(-3) \times (-2) = -6\text{ W}$$

计算结果 $P < 0$，表明该元件向外提供 6W 电功率。

技能训练 2——电路功率的仿真测量

1．实训目的

（1）掌握功率的测量方法。
（2）熟悉仿真软件 Multism10 的使用。

2．实训器材

计算机、仿真软件 Multism10。

3．实训原理

电功率是一个重要的参数，主要指电源提供的功率和电路消耗的功率两大类，如图 1-17 所示。

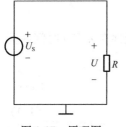

　　　　　　　电源提供的最大功率是指电源提供的最大电压与其能输出的最大电流之积。

$$P_s = U_s I_s$$

　　　　　　　电路消耗的功率是指通过用电器的电流与在用电器上产生的电压降之积。

图 1-17　原理图

$$P = UI$$

一般情况下，电源提供的功率等于用电器消耗的功率。另外，用电器上消耗的功率通过其等效电阻来换算：$P = I^2 R$，$P = \dfrac{U^2}{R}$。

4．实训电路和分析

在 Multisim 10 中可以利用虚拟仪器功率表测量电阻上的功率。

【例 1-7】　如图 1-18 所示，求电阻 R_1 上消耗的功率。

（1）理论分析

电路中电源电压为 12V，负载等效电阻为 12Ω，则电路消耗的功率为

$$P = V_1 I = 12 \times \frac{12}{12} = 12W$$

（2）仿真分析

其功率连接如图 1-19 所示，运行仿真，图中功率表指示为 12W。

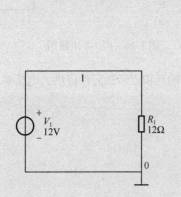

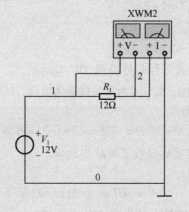

图 1-18　功率测量电路图　　　　　　　　　　图 1-19　功率测量仿真图

5．实训总结

（1）改变电阻阻值，电阻上消耗的功率发生怎样的变化？

（2）电源提供的功率与电阻上消耗的功率是什么关系？

1.4 电路元件

电阻元件、电感元件、电容元件都是理想的电路元件，它们均不发出电能，称为无源元件。它们有线性和非线性之分，线性元件的参数为常数，与所施加的电压和电流无关。本节主要分析讨论线性电阻、电感、电容元件的特性。

1.4.1 电阻元件

电阻是一种最常见的、用于反映电流热效应的二端电路元件。电阻元件可分为线性电阻和非线性电阻两类，如无特殊说明，本书所称电阻元件均指线性电阻元件。在实际交流电路中，像白炽灯、电阻炉、电烙铁等，均可看成线性电阻元件。图 1-20（a）是线性电阻的符号，在电压、电流关联参考方向下，其端口伏安关系为

$$u = Ri \tag{1-10}$$

式中，R 为常数，用来表示电阻及其数值。

式（1-10）表明，凡是服从欧姆定律的元件即是线性电阻元件。图 1-20（b）为它的伏安特性曲线。若电压、电流在非关联参考方向下，伏安关系应写成：

$$u = -Ri \tag{1-11}$$

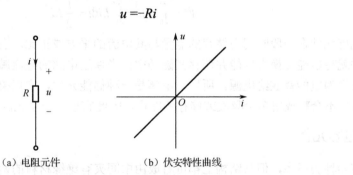

（a）电阻元件　　　　　　（b）伏安特性曲线

图 1-20　电阻元件及其伏安特性曲线

在国际单位制中，电阻的单位是欧姆（Ω），规定当电阻电压为 1V、电流为 1A 时的电阻值为 1Ω。此外电阻的单位还有千欧（kΩ）、兆欧（MΩ）。电阻的倒数称为电导，用符号 G 来表示，即

$$G = \frac{1}{R} \tag{1-12}$$

电导的单位是西门子（S），或 1/欧姆（1/Ω）。

电阻是一种耗能元件。当电阻通过电流时会发生电能转换为热能的过程。而热能向周围扩散后，不可能再直接回到电源而转换为电能。电阻所吸收并消耗的电功率可由式（1-6）计算得到：

$$p = ui = i^2 R = \frac{u^2}{R} \tag{1-13}$$

一般电路消耗或发出的电能可由以下公式计算：

$$w = \int_{t_0}^{t} ui\,\mathrm{d}t \tag{1-14}$$

在直流电路中：

$$P = UI = I^2 R = \frac{U^2}{R} \tag{1-15}$$

$$W = UI(t - t_0) \tag{1-16}$$

1.4.2　电感元件

电感元件是实际的电感线圈即电路元件内部所含电感效应的抽象，它能够存储和释放磁场能量。空心电感线圈常可抽象为线性电感，用图 1-21 所示的符号表示。

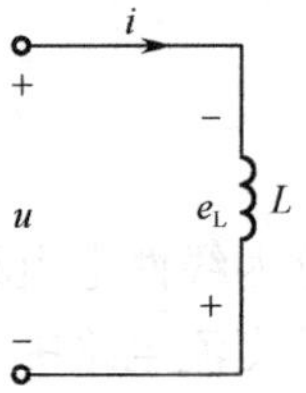

其中：

$$u = -e_{\mathrm{L}} = L\frac{\mathrm{d}i}{\mathrm{d}t} \tag{1-17}$$

图 1-21　电感元件

式（1-17）表明，电感元件上任一瞬间的电压大小，与这一瞬间电流对时间的变化率成正比。如果电感元件中通过的是直流电流，因电流的大小不变，即 $\mathrm{d}i/\mathrm{d}t = 0$，那么电感上的电压就为零，所以电感元件对直流可视为短路。

在关联参考方向下，电感元件吸收的功率为

$$p = ui = Li\frac{\mathrm{d}i}{\mathrm{d}t} \tag{1-18}$$

则电感线圈在（0～t）时间内，线圈中的电流由 0 变化到 I 时，吸收的能量为

$$W = \int_0^t p\,\mathrm{d}t = \int_0^I Li\,\mathrm{d}i = \frac{1}{2}LI^2 \tag{1-19}$$

即电感元件在一段时间内储存的能量与其电流的平方成正比。当通过电感的电流增加时，电感元件就将电能转换为磁能并储存在磁场中；当通过电感的电流减小时，电感元件就将储存的磁能转换为电能释放给电源。所以，电感是一种储能元件，它以磁场能量的形式储能，同时电感元件也不会释放出多余吸收或储存的能量，因此它也是一个无源的储能元件。

1.4.3　电容元件

电容器种类很多，但从结构上都可看成由中间夹有绝缘材料的两块金属极板构成。电容元件是实际的电容器即电路器件的电容效应的抽象，用于反映带电导体周围存在电场，能够储存和释放电场能量的理想化的电路元件。它的符号及规定的电压和电流参考方向如图 1-22 所示。

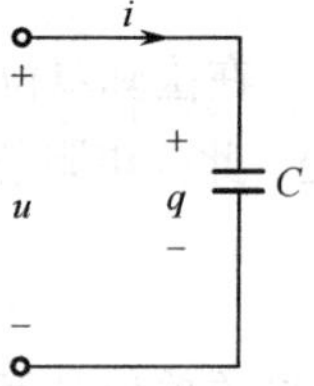

当电容接上交流电压 u 时，电容器不断被充电、放电，极板上的电荷也随之变化，电路中出现了电荷的移动，形成电流 i。若 u、i 为关联参考方向，则有

$$i = \frac{\mathrm{d}q}{\mathrm{d}t} = C\frac{\mathrm{d}u}{\mathrm{d}t} \tag{1-20}$$

图 1-22　电容元件

式（1-20）表明，电容器的电流与电压对时间的变化率成正比。如果电容器两端加直流电压，因电压的大小不变，即 $\mathrm{d}u/\mathrm{d}t = 0$，那么电容器的电流就为零，所以电容元件对直流可视为断路，因此电容具有"隔直通交"的作用。

在关联参考方向下，电容元件吸收的功率为

$$p = ui = uC\frac{\mathrm{d}u}{\mathrm{d}t} = Cu\frac{\mathrm{d}u}{\mathrm{d}t} \qquad (1\text{-}21)$$

则电容器在（0~t）时间内，其两端电压由 0 增大到 U 时，吸收的能量为

$$W = \int_0^t p\mathrm{d}t = \int_0^U Cu\mathrm{d}u = \frac{1}{2}CU^2 \qquad (1\text{-}22)$$

式（1-22）表明，对于同一个电容元件，当电场电压高时，它储存的能量就多；对于不同的电容元件，当充电电压一定时，电容量大的储存的能量多。从这个意义上说，电容 C 也是电容元件储能本领大小的标志。

当电压的绝对值增大时，电容元件吸收能量，并转换为电场能量；电压减小时，电容元件释放电场能量。电容元件本身不消耗能量，同时也不会放出多余吸收或储存的能量，因此电容元件也是一种无源的储能元件。

技能训练 3——欧姆定律的仿真验证

1. 实训目的

（1）掌握欧姆定律的测量方法。

（2）熟悉仿真软件 Multism10 的使用。

2. 实训器材

计算机、仿真软件 Multism10。

3. 实训原理

欧姆定律给出了线性电阻两端的电压和流过电阻的电流之间的关系：$I = \dfrac{U}{R}$。

4. 实训电路和分析

利用 Multisim 10 仿真软件分析电压、电路参数是电路分析中常用的一种方法。

【例 1-8】　电路如图 1-23 所示，电源 V_1=12V，电阻 R_1=10Ω，求流过 R_1 的电流。

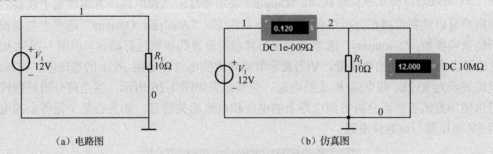

（a）电路图　　　　　　　　　　　　　（b）仿真图

图 1-23　电路图与仿真图

（1）理论分析

根据欧姆定律，流过 R_1 的电流：$I = \dfrac{V_1}{R_1} = \dfrac{12}{10} = 1.2\text{A}$。

（2）仿真分析

方法一：利用 Multisim 10 中的电压表和电流表测量电阻 R_1 中的电流。

根据欧姆定律可得，R_1 的端电压为 12V，流过 R_1 的电流为 1.2A。在 Multisim 10 的电路窗口中创建图 1-23（a）所示的电路，启动仿真，图 1-23（b）中电压表、电流表的读数即为仿真

分析的结果。可见，理论计算与电路仿真结果相同。

方法二：直流工作点分析电路。

直流（静态）工作点分析就是电路在只受直流电压源或电流源作用时，每个节点上的电压及流过电源的电流，是其他性能分析的基础。在进行直流工作点分析时，电路中的交流电源将被置为零，电感短路，电容开路，电路中的数字元器件被视为高阻接地，这种分析方法对电路的分析非常适用。

由于 Multisim 10 仿真软件在静态分析时得到每个节点上的电压及流过电源的电流，所以在求解 R_1 上电流时，引进一个 0V 独立的电压源 V_2 与电阻 R_1 串联，电压源 V_2 上的电流就为 R_1 的电流。在 Multisim 10 的电路窗口中创建图 1-24 所示仿真电路。

需要对电路进行直流工作点分析时，执行"Simulate"→"Analysis"→"DC Operating Point Analysis"菜单命令，或者单击"Analysis"按钮，选择"DC Operating Point Analysis"命令，进入如图 1-25 所示的参数设置窗口。

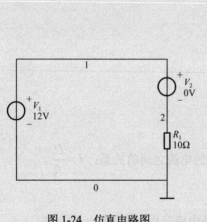

图 1-24　仿真电路图

图 1-25　直流工作点分析参数设置窗口

图 1-25 对话框包含 3 个标签选项，"Output"选项卡显示当前电路所有可能用于观察的输出变量，用户可以选择希望在分析中使用的变量（节点）；"Analysis Options"选项卡主要设置仿真分析的杂项参数；"Summary"选项卡对在仿真前所设置的参数进行确认。由图 1-26 可知节点 2 的电压即为电阻 R_1 上的电压降，V(2)表示节点对地的电位即电阻 R_1 上的电压降；电压源 V_2 上的电流表示为 I(v2)，即电阻 R_1 上的电流。仿真结果如图 1-26 所示，当电路分析过程较为复杂时可以使用直流工作点分析得到电路上的电压和电流相关信息，如关心某个元件上的电流可以使用 0V 电压源与该器件串联。

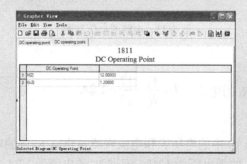

图 1-26　电阻 R_1 的电压和电流仿真结果图

5．实训总结

修改电路参数，用 Multisim10 验证欧姆定律，体会 Multisim10 仿真的特点。

1.5　电压源和电流源

在组成电路的各种元件中，电源是提供电能或电信号的元件，常称为有源元件，如发电机、电池和集成运算放大器等。电源中，能够独立地向外电路提供电能的电源，称为独立电源；不能向外电路提供电能的电源称为非独立电源，又称为受控源。本节介绍独立电源，它包括电压源和电流源。

1.5.1　电压源

理想电压源（以后简称电压源）是实际电源的一种抽象。它的端电压总能保持某一恒定值或时间函数值，而与通过它们的电流无关，也称为恒压源。图 1-27（a）为理想电压源的一般电路符号，图 1-27（b）是理想电池符号，专指理想直流电压源。理想电压源的伏安特性可写为

$$u = u_{\text{S}}(t) \tag{1-23}$$

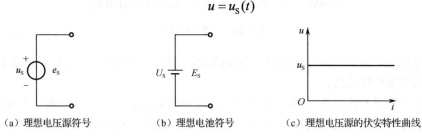

（a）理想电压源符号　　　　（b）理想电池符号　　　　（c）理想电压源的伏安特性曲线

图 1-27　理想电压源

理想电压源的电流是任意的，与电压源的负载（外电路）状态有关。图 1-27（c）为理想电压源的伏安特性曲线。

实际的电源总是有内部消耗的，只是内部消耗通常都很小，因此可以用一个理想的电压源元件与一个阻值较小的电阻（内阻）串联组合来等效，如图 1-28（a）虚线部分所示。

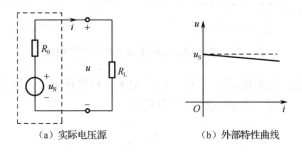

（a）实际电压源　　　　　　（b）外部特性曲线

图 1-28　实际电压源模型及其外部特性曲线

实际电压源两端接上负载 R_{L} 后，负载上就有电流 i 和电压 u，分别称为输出电流和输出电压。在图 1-28（a）中，实际电压源的外特性方程为

$$u = u_{\text{S}} - iR_0 \tag{1-24}$$

由此可画出实际电压源的外部特性曲线，如图 1-28（b）的实线部分所示，它是一条具有一定斜率的直线段，因内阻很小，所以外特性曲线较平坦。

实际电压源不接外电路时，电流总等于零值，这种情况称为"电压源处于开路"。当 $u_S(t)=0$ 时，实际电压源的伏安特性曲线为 u-i 平面上的电流轴，输出电压等于零，这种情况称为"电压源处于短路"，实际中是不允许发生的。

1.5.2　电流源

理想电流源（以后简称电流源）也是实际电源的一种抽象。它提供的电流总能保持恒定值或时间函数值，而与它两端所加的电压无关，也称为恒流源。图 1-29（a）为理想电流源的一般电路符号。理想电流源的伏安特性可写为

$$i = i_S(t) \tag{1-25}$$

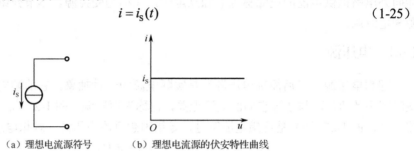

（a）理想电流源符号　　　　（b）理想电流源的伏安特性曲线

图 1-29　理想电流源

理想电流源两端所加电压是任意的，与电流源的负载（外电路）状态有关。图 1-29（b）为理想电流源的伏安特性曲线。

实际的电源总是有内部消耗的，只是内部消耗通常都很小，因此可以用一个理想的电流源元件与一个阻值很大的电阻（内阻）并联组合来等效，如图 1-30（a）虚线部分所示。

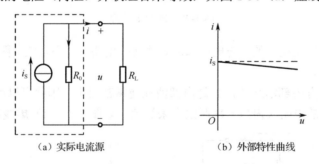

（a）实际电流源　　　　　　（b）外部特性曲线

图 1-30　实际电流源模型及其外部特性曲线

实际电流源两端接上负载 R_L 后，负载上就有电流 i 和电压 u，分别称为输出电流和输出电压。在图 1-30（a）中，实际电压源的外特性方程为

$$i = i_S - \frac{u}{R_0} \tag{1-26}$$

由此可画出实际电流源的外部特性曲线，如图 1-30（b）的实线部分所示，它是一条具有一定斜率的直线段，内阻越大，外特性曲线越陡。

实际电流源两端短路时，端电压等于零值，$i(t)=i_S(t)$，即实际电流源的电流为短路电流。当 $i_S(t)=0$ 时，实际电流源的伏安特性曲线为 u-i 平面上的电压轴，相当于"电流源处于开路"，实际中"电流源开路"是没有意义的，也是不允许的。

一个实际电源在电路分析中，可以用电压源与电阻串联电路或电流源与电阻并联电路的模型表示，采用哪一种计算模型，依计算繁简程度而定。

【例 1-9】　图 1-31 电路中，求独立电源提供的电功率。

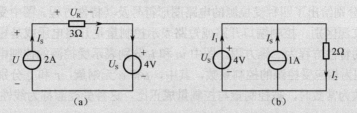

图 1-31　例 1-9 图

解：（1）在图 1-31（a）中，假设电流源的电压 U、U_R 和电流 I 的参考方向如图所示。该电路为一个单回路，其电流 I 等于电流源电流 2A。根据欧姆定律，电阻上的端电压 U_R 为

$$U_R = 3I = 6V$$

电流源两端的电压等于电阻上的电压与电源的电压之和，即

$$U = U_R + U_S = 6 + 4 = 10V$$

电流源提供的电功率为

$$P = U \times I_S = 10 \times 2 = 20W$$

因电压源的电流由外电路决定，其值为 2A，所以电压源提供的电功率为

$$P_{US} = -U_S I = -4 \times 2 = -8W$$

（2）在图 1-31（b）中，各支路电流如图所示。三个元件并联连接，其电压相同，每个元件上的电压等于电压源的电压 U_S=4V，根据欧姆定律，电阻通过的电流为

$$I_2 = \frac{U_S}{2} = 2A$$

电压源 U_S 的电流 I_1 由它的外电路决定，为

$$I_1 = I_2 - I_S = 2 - 1 = 1A$$

电流源提供的电功率为

$$P_{IS} = U_S I_S = 4 \times 1 = 4W$$

电压源提供的电功率为

$$P_{US} = U_S I_1 = 4W$$

1.6　受控源

电源除了有独立电压源和独立电流源外，还有称为受控源的受控电压源和受控电流源。受控源也称为非独立电源。它与独立电源不同，受控电压源的电压和受控电流源的电流并不独立存在，而是受电路中其他部分支路电压或电流控制。受控电源模型是一个二端口元件，其中一个端口是电源端口，另一个端口是控制端口。理想受控源的电源端口的电压（或电流）为一定值或给定的时间函数，与其通过的电流（或电压）无关，但其值的大小和函数的形式却取决于控制端口的电压或电流。

受控电压源和受控电流源按其控制量的不同可分四种形式：

① 电压控制电压源（Voltage Controlled Voltage Source，VCVS）；

② 电流控制电压源（Current Controlled Voltage Source，CCVS）；

③ 电压控制电流源（Voltage Controlled Current Source，VCCS）；

④ 电流控制电流源（Current Controlled Current Source，CCCS）。

在图 1-32 中分别给出了四种受控源的电路图形符号及其特性方程。图中受控源用菱形符号表示，以便与独立源区别。控制端口开路或短路表示控制量是开路电压或是短路电流。可以看出，受控源元件的特性方程为二维方程。图中 u_1 和 i_1 分别表示受控源的控制电压和控制电流，μ、r、g 和 α 分别为相应受控源的控制系数，其中，μ 和 α 无纲量，r 和 g 分别为电阻和电导的纲量。当这些系数为常数时，被控制量与控制量成正比，这种受控源称为线性受控源。

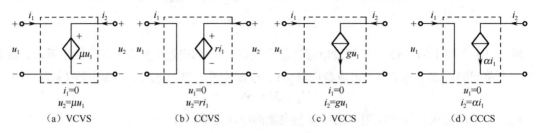

图 1-32　受控源电路符号

受控电源虽然是二端口元件，但是通常在电路中不专门画出受控源的控制端口，只需要在受控源的菱形符号旁注明受控关系，同时在控制支路旁标明控制量。如图 1-32 所示为含电流控制电压源电路。

受控电源在电路中的作用与独立电源有所不同，后者是电路的输入，表示外界对电路的作用，电路中的电压和电流是由独立电源起"激励"作用的结果，而前者则表示电路中一条支路的电压或电流受另一条支路电压或电流的控制，反映了电路中一部分的变量与另一部分电路变量间的耦合关系，在电路中不起"激励"作用。在进行含受控电源电路分析时，有时将受控电源按独立电源处理，但要特别注意源电压或源电流的控制量。有时也将受控源按电阻对待。

【例 1-10】 如图 1-33 所示电路，求电流 I。

解：电路中含 CCVS，控制量是 I_1，由左边的电路，则

$$I_1 = \frac{10}{5} = 2A$$

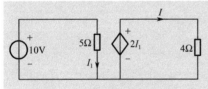

图 1-33　受控源的一般表示

故有 $I = \frac{2I_1}{4} = \frac{4}{4} = 1A$。

受控源是模拟一种实际的源电压和源电流受控的电源。例如，它激直流发电机，发电机的感应电压受励磁电流的控制，可以看成一种电流控制电压源。又如，晶体三极管的集电极电流受基极电流的控制，可以视为电流控制电流源。下面将要介绍的运算放大器的输出和输入电压的关系，可用电压控制电压源来表示，这类电路元件的工作特性可用受控源来描述。

【例 1-11】 图 1-34 电路中 $I = 5A$，求各个元件的功率并判断电路中的功率是否平衡。

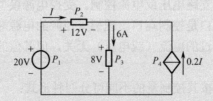

图 1-34　例 1-11 电路图

解：
$$P_1 = -20 \times 5 = -100W \qquad 发出功率$$
$$P_2 = 12 \times 5 = 60W \qquad 消耗功率$$

$$P_3 = 8 \times 6 = 48\text{W} \qquad\qquad 消耗功率$$
$$P_4 = -8 \times 0.2I = 8 \times 0.2 \times 5 = -8\text{W} \quad 发出功率$$
$$P_1 + P_4 + P_2 + P_3 = 0 \qquad\qquad 电路中功率平衡$$

技能训练 4——受控源参数的仿真分析

1．实训目的

（1）测量受控量与控制量之间的关系，加深对受控源原理的理解；
（2）熟悉仿真软件 Multism10 的使用。

2．实训器材

计算机、仿真软件 Multism10。

3．实训原理

受控源是一种理想电路元件，它具有与独立源完全不同的特点，是用来表示在电子器件（如它励直流发电机、晶体管、场效应管、集成电路等）中发生的物理现象的一种模型，它反映的是电路中某处的电压或电流能够控制另一处的电压或电流的关系。根据受控量和控制量的不同，受控源有电压控制电压源（VCVS）、电压控制电流源（VCCS）、电流控制电压源（CCVS）、电流控制电流源（CCCS）四种。

4．实训电路和分析

【例 1-12】 试求图 1-35 所示电路中控制量 u_1 及 u 。

（1）理论分析

设电流为 i ，列 KVL 方程：

$$\begin{cases} 1000i + 10 \times 10^3 i + 10u_1 = 2 & （1） \\ u_1 = 10 \times 10^3 i + 10u_1 & （2） \end{cases}$$

联立方程求解：

$$u_1 = \frac{2}{0.1} = 20 \text{ V}$$
$$u = 10u_1 = 10 \times 20 = 200 \text{ V}$$

（2）仿真分析

在 Multisim 10 的电路窗口中创建如图 1-36 所示的电路，VCVS 的参数设置如图 1-37 所示。启动仿真，图中电压表的读数即为仿真分析的结果。可见，理论计算与电路仿真结果相同。

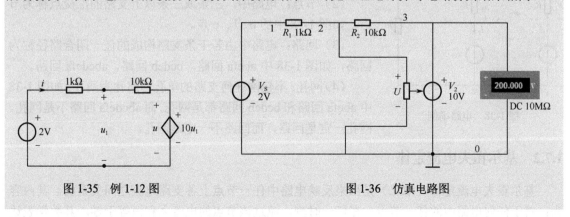

图 1-35　例 1-12 图　　　　　　　　图 1-36　仿真电路图

图 1-37   VCVS 的参数设置

5. 实训总结

思考其他三种受控源受控相应参数时仿真电路应如何来进行设计。

1.7   基尔霍夫定律

集总参数电路中电压和电流要受到两种约束。一种约束来自组成电路的电路元件，就是前面介绍的常用元件电压和电流之间的关系（VCR）。另一种约束来自电路元件之间的互连关系。因为元件的互连关系必然迫使各元件电流间和诸元件上的电压间有联系或有约束。确定这种约束关系的就是基尔霍夫定律，定律表达了电路的基本规律。

1.7.1   常用电路术语

为了叙述电路的基本定律，下面先介绍与电路结构有关的常用的名词术语。习惯上，把组成电路的每个二端元件称为一条支路。将支路与支路的连接点称为节点，这样每一个二端元件是连接两个节点间的一条支路。

基尔霍夫定律是与电路结构有关的定律，在研究基尔霍夫定律之前，先介绍几个有关的常用电路术语。

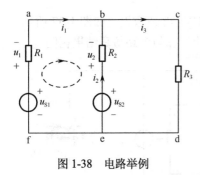

图 1-38   电路举例

（1）支路：任意两个节点之间无分叉的分支电路称为支路，如图 1-38 中的 bafe 支路，be 支路，bcde 支路。

（2）节点：电路中，三条或三条以上支路的汇交点称为节点，如图 1-38 中的 b 点、e 点。

（3）回路：电路中由若干条支路构成的任一闭合路径称为回路，如图 1-38 中 abefa 回路，bcdeb 回路，abcdefa 回路。

（4）网孔：不包围任何支路的单孔回路称为网孔。如图 1-38 中 abefa 回路和 bcdeb 回路都是网孔，而 abcdefa 回路不是网孔。网孔一定是回路，而回路不一定是网孔。

1.7.2   基尔霍夫电流定律

基尔霍夫电流定律（KCL）是用来反映电路中任一节点上各支路电流之间关系的。其内容为：对于任何电路中的任一节点，在任一时刻，流过该节点的电流之和恒等于零。其数学表达

式为

$$\sum i = 0 \qquad (1\text{-}27)$$

如果选定电流流出节点为正，流入节点为负，如图 1-38 的 b 节点，有

$$-i_1 - i_2 + i_3 = 0$$

将上式变换得

$$i_1 + i_2 = i_3$$

所以，基尔霍夫电流定律还可以表述为：对于电路中的任一节点，在任一时刻，流入该节点的电流总和等于从该节点流出的电流总和。即

$$\sum i_i = \sum i_o \qquad (1\text{-}28)$$

注意："流出"节点电流是相对于电流参考方向而言的。"代数和"指电流参考方向，如果是流出节点，则该电流前面取"+"；相反，电流前面取"-"。

推广：在集总电路中，在任一时刻，流出任一闭合面的电流代数和恒等于零。"代数和"是指电流参考方向如果是流出闭合面的，则该电流前面取"+"；相反，电流前面取"-"。

本质：电流连续性的表现，即流入节点的电流等于流出节点的电流。

KCL 的独立节点方程数：对于一个具有 n 个节点的电路，根据 KCL 只能列出 $(n-1)$ 个独立数学方程。与这些独立方程对应的节点叫做独立节点。

图 1-39 中，对于虚线所包围的闭合面，可以证明有如下关系：

$$I_a - I_b - I_c = 0$$

基尔霍夫电流定律是电路中连接到任一节点的各支路电流必须遵守的约束，而与各支路上的元件性质无关。这一定律对于任何电路都普遍适用。

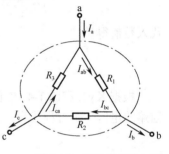

图 1-39　广义节点

1.7.3　基尔霍夫电压定律

基尔霍夫电压定律（KVL）是反映电路中各支路电压之间关系的定律。可表述为：对于任何电路中任一回路，在任一时刻，沿着一定的循行方向（顺时针方向或逆时针方向）绕行一周，各段电压的代数和恒为零。其数学表达式为

$$\sum u = 0 \qquad (1\text{-}29)$$

如图 1-38 所示闭合回路中，沿 abefa 顺序绕行一周，则有

$$-u_{S1} + u_1 - u_2 + u_{S2} = 0$$

式中，u_{S1} 之前之所以加负号，是因为按规定的循行方向，由电源负极到正极，属于电压升；u_2 的参考方向与 i_2 相同，与循行方向相反，所以也是电压升。u_1、u_{S2} 与循行方向相同，是电压降。当然，各电压本身还存在数值的正负问题，这是需要注意的。

由于 $u_1 = R_1 i_1$ 和 $u_2 = R_2 i_2$，代入上式有

$$-u_{S1} + R_1 i_1 - R_2 i_2 + u_{S2} = 0$$

或者

$$R_1 i_1 - R_2 i_2 = u_{S1} - u_{S2}$$

这时，基尔霍夫电压定律可表述为：对于电路中任一回路，在任一时刻，沿着一定的循行方向（顺时针方向或逆时针方向）绕行一周，电阻元件上电压降之和恒等于电源电压升之和。其表达式为

$$\sum Ri = \sum u_s \qquad\qquad (1\text{-}30)$$

按式（1-30）列回路电压平衡方程式时，当绕行方向与电流方向一致时，则该电阻上的电压取"＋"，否则取"－"；当从电源负极循行到正极时，该电源参数取"＋"，否则取"－"。

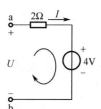

图 1-40　开口电路

注意：应用 KVL 时，首先要标出电路各部分的电流、电压的参考方向。列电压方程时，一般约定电阻的电流方向和电压方向一致。

推广：在集总电路中，在任一时刻，任一闭合节点序列，前后节点之间的电压之和恒等于零。

本质：电压与路径无关。图 1-40 中，有 $U = 2I + 4$。

KVL 的独立方程数：对于一个具有 n 个节点，b 条支路的电路，独立的 KVL 方程数$=b-n+1$。要使 KVL 的方程是独立的，在选择回路时，必须确保每次所取回路都包含一条新的支路。

【**例 1-13**】　在图 1-41 中 I_1=3mA，I_2=1mA。试确定电路元件 3 中的电流 I_3 和其两端电压 U_{ab}，并说明它是电源还是负载。

　解：根据 KCL，对于节点 a 有

$$I_1 - I_2 + I_3 = 0$$

代入数值得

$$(3-1) + I_3 = 0$$

$$I_3 = -2\text{mA}$$

根据 KVL 和图 1-41 右侧网孔所示绕行方向，可列写回路的电压平衡方程式为

$$-U_{ab} - 20I_2 + 80 = 0$$

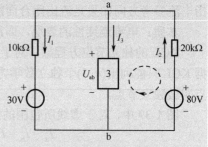

图 1-41　例 1-13 图

代入 I_2=1mA，得

$$U_{ab} = 60\text{V}$$

显然，元件 3 两端电压和流过它的电流实际方向相反，是产生功率的元件，即电源。

技能训练 5——基尔霍夫定律的仿真验证

1．实训目的

（1）测量受控量与控制量之间的关系，加深对受控源原理的理解；
（2）熟悉仿真软件 Multism10 的使用。

2．实训器材

计算机、仿真软件 Multism10。

3．实训原理

基尔霍夫定律是电路的基本定律，它分为电流定律（KCL）和电压定律（KVL）。KCL 适用于节点，其表达式为$\sum I=0$，基本含义是任一瞬时通过任一节点的电流代数和等于零。KVL 适用于回路，其表达式为$\sum U=0$，表示任一瞬间，沿任一闭和回路，回路中各部分电压的代数和为零。

4．实训电路和分析

（一）基尔霍夫电压定律仿真

基尔霍夫电压定律（KVL）反映了支路电压之间的约束关系。

【例 1-14】　如图 1-42 所示的电路中，已知 R_1=10Ω，R_2=20Ω，R_3=30Ω，V_1=12V。试求各电阻上的电压 U_1、U_2、U_3 的值，并验证 KVL 定律。

（1）理论分析

根据欧姆定律和 KVL 定律可得，U_1=2V，U_2=4V，U_3=6V。

（2）仿真分析

方法一：

在 Multisim 10 的电路窗口中创建图 1-43 所示的电路，启动仿真，图中电压表的读数即为仿真分析的结果。可见，理论计算与电路仿真结果相同，并且 U_1+U_2+U_3=V_1，验证了 KVL 定律。

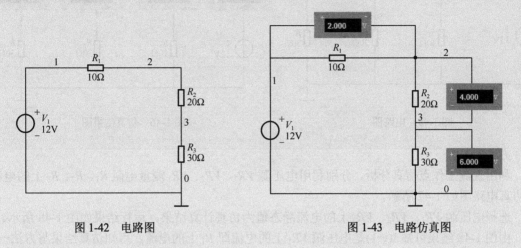

图 1-42　电路图　　　　　　　　　　　　　　图 1-43　电路仿真图

方法二：

利用直流工作点仿真，得节点 1、节点 2、节点 3 的电压如图 1-44 所示，仿真结果如图 1-44 所示，U_1=V(1)－V(2)=12－10=2V；U_2=V(2)－V(3)=10－6=4V；U_3=V(3)－V(0)=6－0=6V。计算结果同方法一。

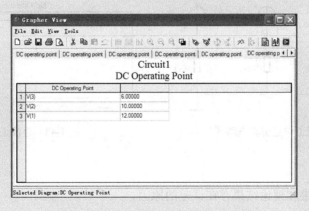

图 1-44　直流工作点节点电压仿真结果图

（二）基尔霍夫电流定律仿真

基尔霍夫电流定律（KCL）反映了支路电流之间的约束关系。

【例 1-15】　电路如图 1-45 所示，电压源 V_1=12V，电阻 R_1=10Ω，R_2=20Ω，R_3=30Ω，求流过电压源的电流 I。

（1）理论分析

根据欧姆定律可得，流过 R_1、R_2、R_3 的电流分别为 I_1=1.2A，I_2=0.6A，I_3=0.4A。由 KCL 得

$I=I_1+I_2+I_3=2.2$A。

（2）仿真分析

方法一：

在 Multisim 10 的电路窗口中创建如图 1-46 所示的电路，启动仿真，图中电流表的读数即为仿真分析的结果。可见，理论计算与电路仿真结果相同。

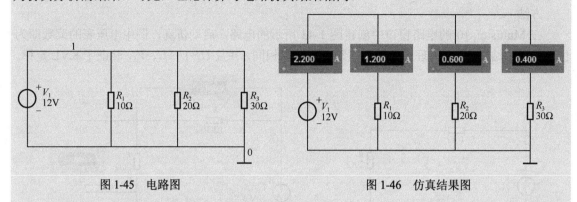

图 1-45　电路图　　　　　　　　　　　　图 1-46　仿真结果图

方法二：

利用直流工作点仿真分析，分别利用电压源 VR_1、VR_2、VR_3 测量电阻 R_1、R_2、R_3 上的电流。其仿真电路图如 1-47 所示。

选择电压源 VR_1、VR_2、VR_3 上的电流静态值为仿真计算结果，运行结果如图 1-48 所示。

由图 1-48 结果可知 I(vr1)是电压源 VR_1 上的电流即 R_1 上的电流，可知仿真结果与方法一一致。注意，电压源的参考极性选择是正极性指向负极性。

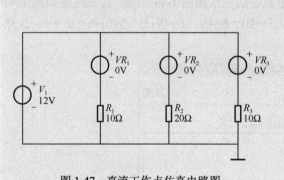

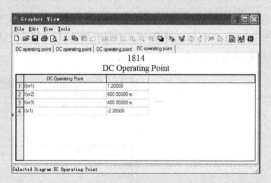

图 1-47　直流工作点仿真电路图　　　　　　图 1-48　直流工作点仿真结果

5．实训总结

思考分析仿真结果和理论结果存在误差的原因。

本章小结

电路是由电源、负载和中间环节三部分组成的电流通路，它的作用是实现电能的输送和转换、电信号的传递和处理。电流、电压和功率是电路的主要物理量。电路有空载、短路、有载三种状态。使用电路元件必须注意其额定值，在额定状态下工作最为经济，应防止发生短路故障。

在分析计算电路时，必须首先标出电流、电压的参考方向。参考方向一经选定，在解题过程中不能更改。

当求得的电压或电流为正值时，表明假定的参考方向与实际方向相同，否则相反。在未标出参考方向的情况下，其正负是无意义的。

由理想电路元件（简称电路元件）组成的电路称为电路模型。理想电路元件有电阻元件、电感元件、电容元件、理想电压源和理想电流源，它们只有单一的电磁性质。在进行理论分析时需将实际的电路元件模型化。

一个实际的直流电源可采用两种理论模型，即电压源模型和电流源模型。电路中某点的电位等于该点与“参考点”之间的电压。参考点改变，则各点的电位值相应改变，但任意两点间的电位差不变。

基尔霍夫定律是电路的基本定律，它分为电流定律（KCL）和电压定律（KVL）。KCL 适用于节点，其表达式为$\sum I=0$，基本含义是任一瞬时通过任一节点的电流代数和等于零。KVL 适用于回路，其表达式为$\sum U=0$，表示任一瞬间，沿任一闭合回路，回路中各部分电压的代数和为零。基尔霍夫定律具有普遍性，它不仅适用于直流电路，也适用于由各种不同电路元件构成的交流电路。

习题 1

1-1　说明题 1-1 图（a）、（b）中，（1）u、i 的参考方向是否关联？（2）ui 乘积表示什么功率？（3）如果在题 1-1 图（a）中 $u>0$，$i<0$，题 1-1 图（b）中 $u<0$，$i>0$，元件实际发出还是吸收功率？

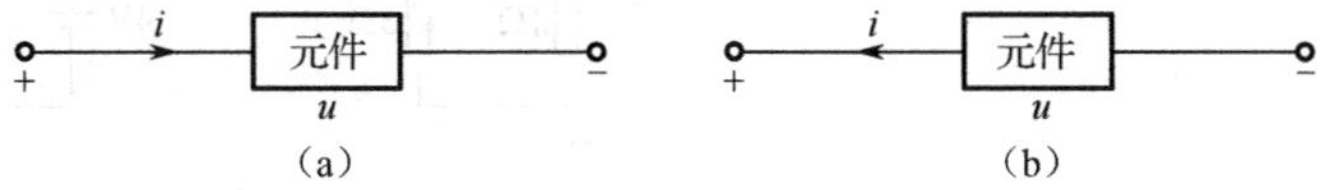

题 1-1 图

1-2　若某元件端子上的电压和电流取关联参考方向，而 $u=170\cos(100\pi t)$V，$i=170\sin(100\pi t)$A，求：（1）该元件吸收功率的最大值；（2）该元件发出功率的最大值。

1-3　试校核题 1-3 图中电路所得解答是否满足功率平衡（提示：求解电路以后，校核所得结果的方法之一是核对电路中所有元件的功率平衡，即元件发出的总功率应等于其他元件吸收的总功率）。

1-4　一台抽水机用的电动机的功率为 2.8kW，每天运行 6h，问一个月（30 天）消耗多少电能？

1-5　一只 110V、8W 的指示灯，现在要接在 380V 的电源上，问要串联多大阻值的电阻？该电阻功率是多少瓦？

1-6　如题 1-6 图所示，在指定的电压 u 和电流 i 参考方向下，写出各元件 u 和 i 的约束方程（元件的组成关系）。

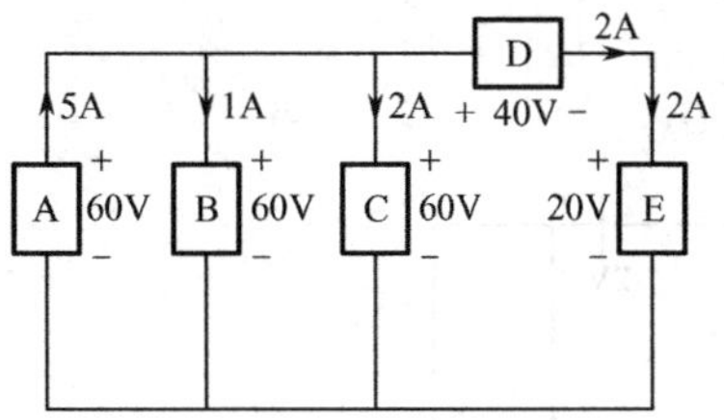

题 1-3 图

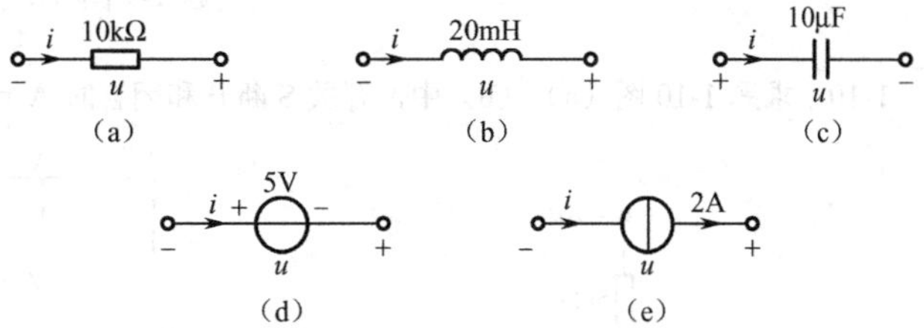

题 1-6 图

1-7　如题 1-7 图所示，已知电源电动势 $E_1=18$V，$E_3=5$V，内阻 $r_1=1\Omega$，$r_2=1\Omega$，外电阻 $R_1=4\Omega$，$R_2=2\Omega$，$R_3=6\Omega$，$R_4=10\Omega$，电压表的读数是 28V，求电源电动势 E_2 和 A、B、C、D 各点的电位。

1-8　求题 1-8 图（a）、（b）中，开关 S 断开和闭合时 A 点电位 U_A。

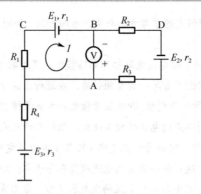

题 1-7 图

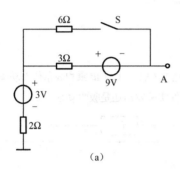

(a)

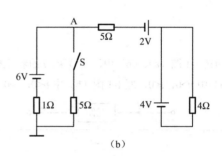

(b)

题 1-8 图

1-9　题 1-9 图所示电路中，求 a、b 点对地的电位 U_a 和 U_b 的值。

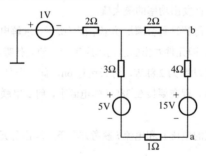

题 1-9 图

1-10　求题 1-10 图（a）、（b）中，开关 S 断开和闭合时 A 点电位 U_A。

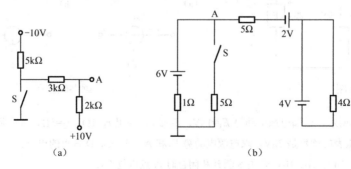

(a)　　　　　　　　　　　　　　(b)

题 1-10 图

1-11　试求题 1-11 图所示电路中每个元件的功率。

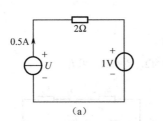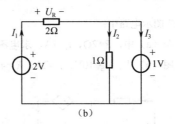

题 1-11 图

1-12 试求题 1-12 图中各电路的电压 U，并讨论其功率平衡。

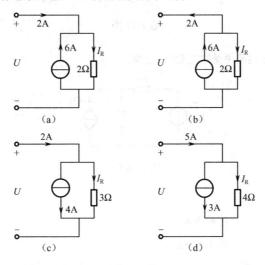

题 1-12 图

1-13 电路如题 1-13 图所示，求电流 I 和电压 U。

1-14 电路如题 1-14 图所示，已知电流 $I_1=-1A$，$U_{S1}=20V$，$U_{S2}=40V$，电阻 $R_1=4\Omega$，$R_2=10\Omega$，求电阻 R_3。

1-15 试求题 1-15 图所示电路中的电流 I。

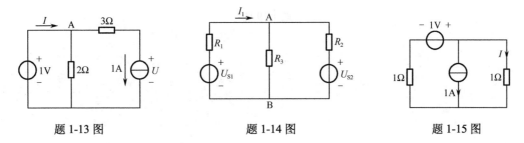

题 1-13 图　　　　　　题 1-14 图　　　　　　题 1-15 图

1-16 电路如题 1-16 图所示，试求：（1）电流 i_1 和 u_{ab}（图（a））；（2）电压 u_{cb}（图（b））。

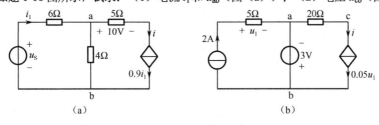

题 1-16 图

1-17　试求题 1-17 图示电路中：

（1）已知题 1-17 图（a）中，$R=2\Omega$，$i_1=1A$，求电流 i；

（2）已知题 1-17 图（b）中，$u_S=10V$，$i_1=2A$，$R_1=4.5\Omega$，$R_2=1\Omega$，求 i_2。

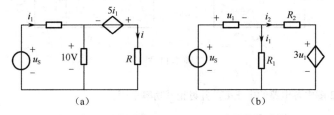

（a）　　　　　　　　　　（b）

题 1-17 图

1-18　试求题 1-18 图所示电路中受控电流源的功率。

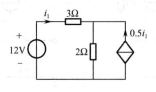

题 1-18 图

1-19　试求：

（1）题 1-19 图（a）所示电路中的电流 I_2；

（2）题 1-19 图（b）所示电路中的电压 u_{ab}。

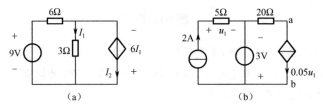

（a）　　　　　　　　　　（b）

题 1-19 图

第2章　电路的等效变换

知识要点

1. 掌握电路的等效变换概念，掌握电阻的串联和并联，了解 Y 形连接和Δ形连接的等效变换；
2. 掌握电源（电压源、电流源）的串联和并联；
3. 掌握实际电源的两种模型及其等效变换；
4. 掌握输入电阻的概念及计算；
5. 掌握 Multisim 10 在电阻等效电路中的应用。

等效变换是一种重要的电路分析方法，但只对具有一定结构形式的简单电路有效。对于较复杂的电路，必须有一些更普遍、更一般的分析手段。

2.1　电路等效变换的概念

在电路分析中，常用到等效概念。现举一个简单电路实例来说明。如图 2-1 所示，有两个一端口电路 N_1 和 N_2，在 a、b 端口内两个电路不仅结构不同，而且元件的参数也不同，但端口的电流、电压关系（VCR）相同，均为 $U = 5I$，这说明 N_1 和 N_2 电路对外电路的作用完全相同。换句话来说，当用 N_2 电路替代 N_1 电路时，外电路没有受到丝毫影响。N_2 电路称为 N_1 电路的等效电路，同样 N_1 电路也称为 N_2 电路的等效电路，二者互为等效电路。从上例分析得出等效电路的一般定义：端口外部性能完全相同的电路互为等效电路。两个电路等效只涉及二者的外部性能，而未涉及二者内部的性能，所以两个等效电路的内部结构上可完全不同，可能一个非常复杂，而另一个却很简单。

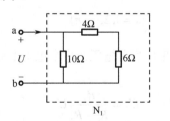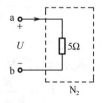

图 2-1　等效电路

当电路中的任一部分用其等效电路置换后，电路不变部分的支路电流和电压并不因此变换而改变。利用电路的等效变换可以简化电路，简便电路计算过程。

2.2　无源电阻电路的等效变换

电阻电路（构成电路的无源元件均为线性电阻的电路）中，电阻的连接有串联、并联及混联，还有 Y 形连接和Δ形连接。对电阻电路进行等效变换，就可以用一个最简单的等效电路来表示。下面分别介绍等效电阻的计算及等效变换的条件。

2.2.1 电阻的串联和并联

1. 电阻的串联

通常定义通过同一电流的电阻连接方式为串联连接。如图 2-2 所示，N_1 是由 n 个电阻 R_1、R_2、R_3、…、R_n 串联组成的电路。N_2 中只含有一个电阻 R。

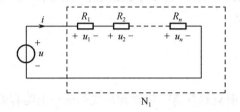 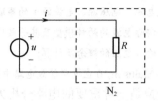

图 2-2 电阻串联

对 N_1 来说，由于各元件电流 i 相同，根据 KVL 可写出其外特性方程为

$$u = u_1 + u_2 + \cdots + u_n$$
$$= R_1 i + R_2 i + \cdots + R_n i$$

对 N_2 来说，其外特性方程为

$$u = R i$$

若 N_1 和 N_2 外特性相同，则称 N_1 和 N_2 等效，因此 N_1 的串联等效电阻为

$$R_{eq} = R = \frac{u}{i} = \sum_{k=1}^{n} R_k \tag{2-1}$$

由式（2-1）可知，串联等效电阻 R_{eq} 值大于任一个串联电阻值。

电阻串联时，第 k 个电阻上的电压为

$$u_k = \frac{R_k}{R_{eq}} u \qquad (k = 1, 2, \cdots, n) \tag{2-2}$$

式（2-2）是一个分压公式，它表明 n 个电阻串联后总电压在每个电阻上的电压分配比例。

当两个电阻串联时，其分压公式为

$$U_1 = \frac{R_1}{R_1 + R_2} U \qquad U_2 = \frac{R_2}{R_1 + R_2} U$$

2. 电阻的并联

通常施加同一个电压的电阻连接方式称为电阻并联连接。在图 2-3 中，N_1 是由 n 个电阻（或电导）并联组成的电路。

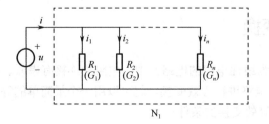 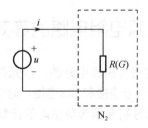

图 2-3 电阻并联

根据并联连接的定义，各元件上的电压相同，则 N_1 的外特性方程为

$$i = i_1 + i_2 + \cdots + i_n$$
$$= G_1 u + G_2 u + \cdots + G_n u$$
$$= (G_1 + G_2 + \cdots + G_n) u$$

若 N_1 和只有一个电阻（或电导）的 N_2 电路等效，则它的等效电导为

$$G_{eq} = G = G_1 + G_2 + \cdots + G_n$$

可写为
$$G_{eq} = \sum_{k=1}^{n} G_k$$

或者
$$\frac{1}{R_{eq}} = \frac{1}{R} = \frac{1}{R_1} + \frac{1}{R_2} + \cdots + \frac{1}{R_n} = \sum_{k=1}^{n} \frac{1}{R_k} \tag{2-3}$$

电阻并联连接时，电阻有分流作用，第 k 个电阻通过的电流为

$$i_k = \frac{G_k}{G_{eq}} i \tag{2-4}$$

式（2-4）是一个分流公式，它表明 n 个电阻并联后总电流在每个电阻中的分配比例。电导值小（或电阻值大）的电阻分得电流小，反之分得电流大。

当两个电阻并联如图 2-4 所示时，其等效电阻 R_{eq} 为

$$R_{eq} = \frac{1}{\frac{1}{R_1} + \frac{1}{R_2}} = \frac{R_1 R_2}{R_1 + R_2}$$

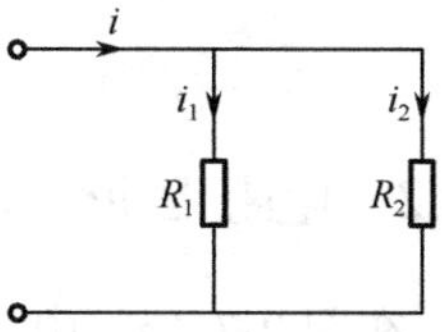

两个电阻的电流分别为

$$i_1 = \frac{R_2}{R_1 + R_2} i \qquad i_2 = \frac{R_1}{R_1 + R_2} i$$

图 2-4　两个电阻并联电路

若在电阻连接中，既有串联连接的电阻，又有并联连接的电阻，称为串并联连接的电阻或称混联连接的电阻。

【例 2-1】　如图 2-5 所示电路，$R_1=12\Omega$，$R_2=6\Omega$，$R_3=R_4=R_5=2\Omega$，$R_6=1\Omega$，$R_7=5\Omega$，求 ab 端等效电阻。

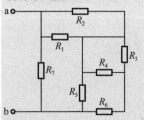

图 2-5　例 2-1 图

解：此例题给定的电路是由电阻串、并联而成的。从右向左，先是 R_1 和 R_2 并联，其等效电阻为

$$R_{12} = \frac{12 \times 6}{12 + 6} = 4\Omega$$

R_3 和 R_4 并联，其等效电阻为

$$R_{34} = 1\Omega$$

R_{34} 与 R_6 串联，其等效电阻为

$$R_{346} = 1 + 1 = 2\Omega$$

R_{346} 再与 R_5 并联，其等效电阻 1Ω，再与 R_{12} 串联，等效电阻为 5Ω，最后再与 R_7 并联，得 ab 端等效电阻 $R_{ab} = 2.5\Omega$。

在应用电阻串联和并联公式时，要弄清串、并联顺序，然后对电路进行逐级化简。另外，对电阻串、并联连接的电路，需要求出支路电流或电压时，可先用此方法等效简化电路，然后用分压或分流公式逐步求出支路电流或电压。

【例 2-2】　如图 2-6 所示电路，求各支路电流。

解：先求 ab 两端等效电阻 R_{ab}，然后求总电流 I，再用分流公式求其他支路电流。

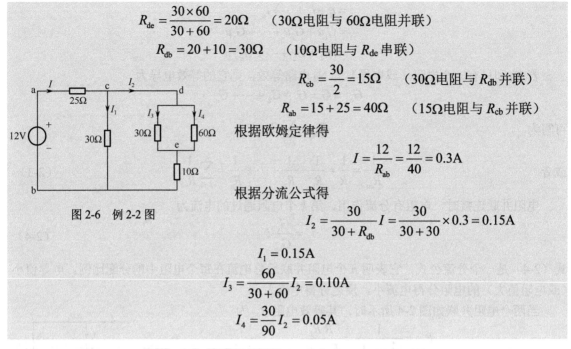

$$R_{de} = \frac{30 \times 60}{30 + 60} = 20\Omega \quad (30\Omega 电阻与 60\Omega 电阻并联)$$

$$R_{db} = 20 + 10 = 30\Omega \quad (10\Omega 电阻与 R_{de} 串联)$$

$$R_{cb} = \frac{30}{2} = 15\Omega \quad (30\Omega 电阻与 R_{db} 并联)$$

$$R_{ab} = 15 + 25 = 40\Omega \quad (15\Omega 电阻与 R_{cb} 并联)$$

根据欧姆定律得

$$I = \frac{12}{R_{ab}} = \frac{12}{40} = 0.3A$$

根据分流公式得

$$I_2 = \frac{30}{30 + R_{db}} I = \frac{30}{30 + 30} \times 0.3 = 0.15A$$

$$I_1 = 0.15A$$

$$I_3 = \frac{60}{30 + 60} I_2 = 0.10A$$

$$I_4 = \frac{30}{90} I_2 = 0.05A$$

图 2-6　例 2-2 图

2.2.2　电阻 Y 形、Δ形连接和等效变换

在图 2-7（a）中，电阻 R_1、R_2、R_3 为 Y 形（或称 T 形、星形）连接。在 Y 形连接中，三个电阻都有一端接在一个公共点上，另一端接在三个端子上。图 2-7（b）中，电阻 R_{12}，R_{23}，R_{31} 为Δ形（或称边形、三角形）连接。Δ形连接中，三个电阻分别接在三个端子的每两个之间。在电路分析中常需要将这两种电路进行等效变换，即 Y 形连接的电阻可由Δ形连接电阻等效替代。反之，也可以用Δ形连接电阻等效变换成 Y 形连接电阻。如前所述，等效变换是指它们对外的作用相同，也就是要求二者的外特性完全相同。具体讲，二者端子间电压和电流分别对应相等，即 $u_{12} = u'_{12}$，$u_{23} = u'_{23}$，$u_{31} = u'_{31}$；$i_1 = i'_1$，$i_2 = i'_2$，$i_3 = i'_3$。由此条件可以导出Δ形连接和 Y 形连接电阻等效变换的具体条件。

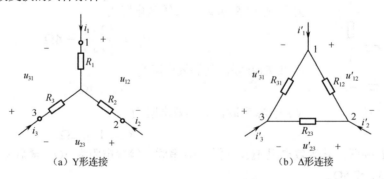

（a）Y 形连接　　　　　　　　　　　　（b）Δ形连接

图 2-7　电阻 Y 形与Δ形连接

为了简便起见，现分别假设两种电路的同一个端子开路，然后分别计算另两个端子间的等效电阻。由于Δ形连接与 Y 形连接电阻互为等效电路，则在两种电路中，同一个端子开路时，得到另两个端子间的等效电阻应该相等。

当 $i_1=0$ 和 $i'_1 = 0$ 时，Y 形连接电阻电路中，2、3 端等效电阻等于Δ形连接电阻电路的 2′、3′端等效电阻，即

$$R_2 + R_3 = \frac{(R_{12} + R_{31}) \cdot R_{23}}{R_{12} + R_{23} + R_{31}} \tag{2-5}$$

同理，当 $i_2=0$ 和 $i_2'=0$ 时，则有

$$R_1 + R_3 = \frac{(R_{12} + R_{23}) \cdot R_{31}}{R_{12} + R_{23} + R_{31}} \tag{2-6}$$

当 $i_3=0$ 和 $i_3'=0$ 时，则有

$$R_1 + R_2 = \frac{(R_{31} + R_{23}) \cdot R_{12}}{R_{12} + R_{23} + R_{31}} \tag{2-7}$$

将式（2-5）、式（2-6）、式（2-7）分别两两相加，减去另一式再除以 2，可得

$$\left. \begin{aligned} R_1 &= \frac{R_{12} \cdot R_{31}}{R_{12} + R_{23} + R_{31}} \\ R_2 &= \frac{R_{12} \cdot R_{23}}{R_{12} + R_{23} + R_{31}} \\ R_3 &= \frac{R_{23} \cdot R_{31}}{R_{12} + R_{23} + R_{31}} \end{aligned} \right\} \tag{2-8}$$

式（2-8）是△形连接的三个电阻等效变换为 Y 形连接三个电阻的公式。

将式（2-8）两两相乘后相加，再除以其中一式，即可得到 Y 形连接变换为△形连接等效电阻的公式：

$$\left. \begin{aligned} R_{12} &= \frac{R_1 R_2 + R_2 R_3 + R_3 R_1}{R_3} = R_1 + R_2 + \frac{R_1 R_2}{R_3} \\ R_{23} &= \frac{R_1 R_2 + R_2 R_3 + R_3 R_1}{R_1} = R_2 + R_3 + \frac{R_2 R_3}{R_1} \\ R_{31} &= \frac{R_1 R_2 + R_2 R_3 + R_3 R_1}{R_2} = R_1 + R_3 + \frac{R_3 R_1}{R_2} \end{aligned} \right\} \tag{2-9}$$

如果采用电导代替电阻，根据 $R_1 = \frac{1}{G_1}$，$R_2 = \frac{1}{G_2}$，$R_3 = \frac{1}{G_3}$，$R_{12} = \frac{1}{G_{12}}$，$R_{23} = \frac{1}{G_{23}}$，$R_{31} = \frac{1}{G_{31}}$。

式（2-9）又可以写为

$$\left. \begin{aligned} G_{12} &= \frac{G_1 G_2}{G_1 + G_2 + G_3} \\ G_{23} &= \frac{G_2 G_3}{G_1 + G_2 + G_3} \\ G_{31} &= \frac{G_3 G_1}{G_1 + G_2 + G_3} \end{aligned} \right\} \tag{2-10}$$

式（2-9）和式（2-10）是等价的。

若 Y 形连接三个电阻相等，即 $R_1 = R_2 = R_3 = R$，则等效变换为△形连接的三个电阻也相等，其值为 $R_{12} = R_{23} = R_{31} = 3R$，或写为

$$R_\triangle = 3R_Y \text{ 或 } R_Y = \frac{1}{3} R_\triangle$$

【例 2-3】　如图 2-8（a）所示电路，已知输入电压 $U_S = 32V$，求电压 U_0。

解：先将如图 2-8（a）所示电路中，虚框内 1Ω、1Ω、2Ω 三个 Y 形连接的电阻等效变换为

R_1、R_2、R_3 三个三角形连接的电阻,如图 2-8(b)所示。

$$R_1 = 1 + 1 + \frac{1 \times 1}{2} = \frac{5}{2}\Omega$$

$$R_2 = 1 + 2 + \frac{1 \times 2}{1} = 5\Omega$$

$$R_3 = 1 + 2 + \frac{1 \times 2}{1} = 5\Omega$$

将图 2-8(b)虚框内的电阻串、并联后,简化为 25/14Ω 的等效电阻,如图 2-8(c)所示,由图 2-8(c)电路求出 U_0=12.5V。

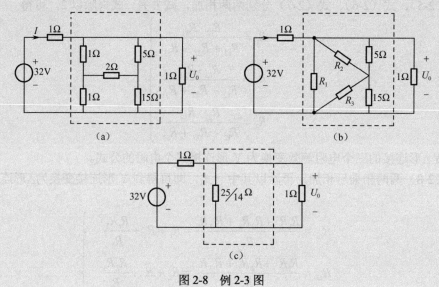

图 2-8　例 2-3 图

由上例分析得知,一个无源二端电阻电路可以用一个等效电阻表示。这个等效过程需要对电路中电阻进行串、并联或Δ形和 Y 形连接的等效变换来实现。此外,在计算等效电阻时,还会遇到电路中有等电位点,或某条支路没有电流的情况。这时,等电位点间可用短路线连接,没电流的支路可视为开路。这样处理后,可以简化电路的计算。

【例 2-4】　在图 2-9(a)所示电路中,已知 U_S=9V,每个电阻 R=1Ω,求 ab 右端电路的等效电阻及电流 I。

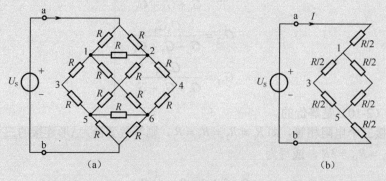

图 2-9　例 2-4 图

解:ab 右端电阻电路中,节点 1、2,节点 3、4,节点 5、6,分别为等电位点,而且节点 1 和 2 之间、5 和 6 之间的两条支路不可能有电流流过,可以将两条支路断开,再分别将等电位点

短接，电路简化为图 2-9（b）所示电路，由此可以得到 ab 右端电路的等效电阻为

$$R_{eq} = \frac{1}{2}R + \frac{1}{2}R + \frac{1}{2}R = \frac{3}{2}R = 1.5R = 1.5\Omega$$

故

$$I = \frac{U_S}{R_{eq}} = \frac{9}{1.5} = 6A$$

技能训练 6——串、并联电路的仿真测试

1．实训目的

（1）学习串、并联电路的定律、特性，验证其规律；

（2）熟悉仿真软件 Multism10 在串、并联电路中的应用。

2．实训器材

计算机、仿真软件 Multism10。

3．实训原理

（1）串联电路

① 串联电路中各部分的电流相等，等于电路的总电流；

② 串联电路中总电压等于各部分电压之代数和。

（2）并联电路

① 并联电路的总电压等于各支路电压；

② 并联电路的总电流等于各支路电流之代数和。

4．实训电路和分析

（一）串联电路的测试

【例 2-5】 串联电路的实验电路如图 2-10 所示。求流过电阻的电流和每个电阻的电压。

（1）理论分析

根据电路，进行理论计算得

$$I = \frac{V_1}{R_{eq}} = \frac{12}{600} = 0.02A$$

$$U_1 = 2V, \quad U_2 = 4V, \quad U_3 = 6V$$

（2）仿真分析

仿真测试电路图如图 2-11 所示。

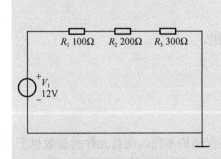

图 2-10　串联电路

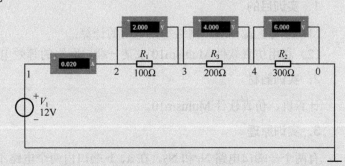

图 2-11　串联电路仿真测试图

由图 2-11 可知，R_1、R_2、R_3 电压降之和等于总电压 12V。验证了串联电路中的总电压等于各部分电压之和，分压比公式成立。

（二）并联电路测试

【例 2-6】　串联电路的实验电路如图 2-12 所示。求流过每个电阻的电流和总支路的电流。

（1）理论分析

根据电路，进行理论计算得

$$I_1 = \frac{U_1}{R_1} = \frac{12}{100} = 0.12A$$

$$I_2 = \frac{U_1}{R_2} = \frac{12}{200} = 0.06A$$

$$I = I_1 + I_2 = 0.12 + 0.06 = 0.18A$$

（2）仿真分析

仿真测试电路图如图 2-13 所示。

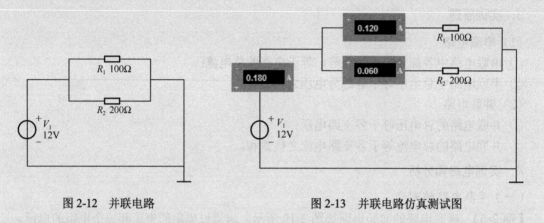

图 2-12　并联电路　　　　　　　　图 2-13　并联电路仿真测试图

结论：由理论计算与实验结果对照，并联电路的总电流等于各支路电流之和，各支路电压相等。

5．实训总结

任意调整电路中的参数（电源 V_1 和电阻的值），反复实验，以验证串、并联电路。

技能训练 7——无源一端口网络等效电阻的仿真计算

1．实训目的

（1）学习无源一端口网络等效电阻的计算；

（2）利用仿真软件 Multism10 求某一端口网络的等效电阻。

2．实训器材

计算机、仿真软件 Multism10。

3．实训原理

有两个一端口电路 N_1 和 N_2，在 a、b 端口内两个电路不仅结构不同，而且元件的参数也不同，但端口的电流、电压关系（VCR）相同，说明 N_1 和 N_2 电路对外电路的作用完全相同。

4．实训电路和分析

【**例2-7**】　如图 2-5 所示电路，R_1=12Ω，R_2=6Ω，R_3=R_4=R_5=2Ω，R_6= 1Ω，R_7=5Ω，利用 Multisim 仿真求 ab 端等效电阻（本例同本章的例 2-1，不做理论分析只给出仿真过程）。

方法一：利用虚拟万用表测量端口等效电阻。

按图 2-5 在 Multisim 中连接的仿真电路图，直接用 Multisim 提供的万用表功能测量 ab 端的等效电阻，其仿真测量电路图如图 2-14 所示。

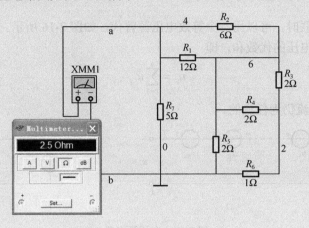

图 2-14　万用表测量仿真电路图

图 2-14 的仿真结果与例 2-1 所示的结果一致，ab 端等效电阻 R_{ab}=2.5Ω。该例子给出了在实际电路分析过程中可以利用万用表直接测量无源一端口的等效电阻的方法。

方法二：外接电源法测量端口等效电阻。

也可以根据端口等效电阻的定义采用外接电源的方法进行测量，其仿真测量电路图如图 2-15 所示。求端口电压和端口电流的比值，为了简化问题，在端口处用 1A 的电流源 I_s，只要测出端口电压，端口电压值大小就是电阻大小，$R_{eq}=\dfrac{u_{ab}}{I_s}=\dfrac{2.5\text{V}}{1\text{A}}=2.5\Omega$。可见引进单位电流源的优点，由电压表的指示值就可知端口的等效电阻。

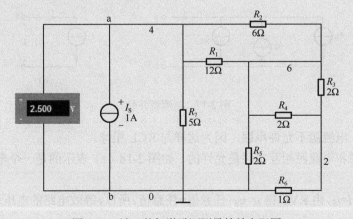

图 2-15　端口外加激励源测量等效电阻图

5．实训总结

比较虚拟万用表测量端口求等效电阻和外接电源法测量端口求等效电阻这两种方法的区别。

2.3　有源电路的等效变换

本节主要介绍独立源的串联和并联，受控源的串、并联及电源的等效变换等内容，并利用等效变换的方法，简化简单电路的计算问题。对一般含源电路的计算方法，将在第 3 章中介绍。

2.3.1　电压源的串联和电流源的并联

当 n 个电压源串联时，可以用一个等效电压源替代，如图 2-16 所示。这个等效电压源的电压等于各串联电压源电压的代数和，即

$$u_S = \sum_{k=1}^{n} u_{Sk} \tag{2-11}$$

等效电压源 u_S 中的电流仍为任意的。

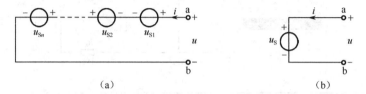

（a）　　　　　　　　　　　　　　　（b）

图 2-16　电压源串联

在一般情况下，电压源是不能并联的。因为每个电压源都有一个确定的电压，电压源并联与 KVL 不相容。只有电压大小和方向完全相同的电压源才能并联，并联后等效为一个电压源，此电压源的电压仍为原值，电流为任意值。

当 n 个电流源并联时，可以用一个等效电流源来替代，如图 2-17 所示。这个电流源的电流等于各个并联电流源电流的代数和，即

$$i_S = \sum_{k=1}^{n} i_{Sk} \tag{2-12}$$

等效电流源的端电压仍为任意值。

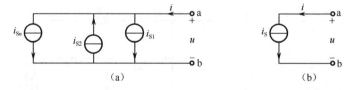

（a）　　　　　　　　　　　　　　　（b）

图 2-17　电流源并联

一般情况下，电流源不允许串联，因为这样与 KCL 相悖。

独立的电压源和电流源相互串联是允许的。如图 2-18（a）表示的是一个电压源与一个电流源串联电路。

根据 KCL 得 $i=i_S$，由 KVL 得 $u=u_S+$任意值=任意值。所以，等效电路的电压、电流关系（VCR）方程为

$$i = i_S （对任意的 u） \tag{2-13}$$

这个关系恰与独立电流源的 VCR 关系相吻合。于是电压源与电流源串联的等效电路仍为一个电流为 i_S 的电流源，如图 2-18（b）所示电路。此时可视电压源为多余元件。同样，电阻 R

与电流源 i_S 串联组合的电路，对外电路来说，R 也可视为一个多余元件，其等效电路仍为此电流源 i_S。

电压源与电流源也可以并联，如图 2-19（a）所示，可以用一等效电压源来替代。因为电压源与电流源并联后的电压仍为电压源的电压，电流 i 等于 i_S 与任意值之和，也是任意值。

电流源与电压源并联的 VCR 恰与电压源的 VCR 相同。此等效电路的电压源的电压为原电压源的电压 u_S，如图 2-19（b）所示。同理，若一个电阻 R 与电压源 u_S 并联，则其等效电路仍为图 2-19（b）所示电路。

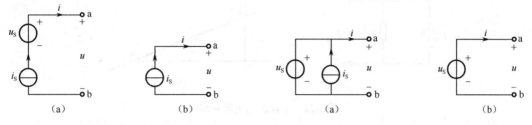

图 2-18　电压源与电流源串联及等效电路　　　　图 2-19　电压源与电压源并联及等效电路

2.3.2　实际电源模型的等效变换

一个实际电源在其内阻不容忽略时，其端电压将随输出电流的增大而下降。在正常工作范围内（其电流不超过额定值，否则会损害电源），电压和电流关系如图 2-20（b）所示，近似为一条直线。

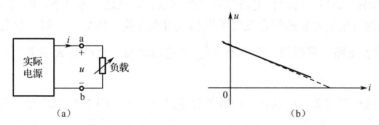

图 2-20　实际电源的及其伏安特性

现有一个电压源与一个电阻串联的组合支路，如图 2-21（a）所示，按图示给定的电流、电压方向，其外特性方程为

$$u = u_S - iR \qquad\qquad (2\text{-}14)$$

图 2-21（b）是电压源与电阻串联的组合支路端电压 u 和电流 i 的特性曲线。此曲线与实际电源的特性曲线基本相同，由此可见电压源与电阻串联的组合支路可以作为实际电源的一种电路模型。

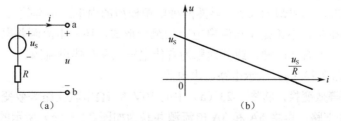

图 2-21　电压源与电阻串联

图 2-20（a）是一个电流源与电阻并联的组合支路，按图示的电压、电流方向，其外特性方程为

$$i = i_\text{S} - \frac{u}{R} \qquad i = i_\text{S} - Gu \qquad\qquad (2\text{-}15)$$

图 2-22（b）表示某时刻电流源与电阻并联的组合支路外特性曲线，可见，实际电源的另一种模型是电流源与电阻并联的组合支路。

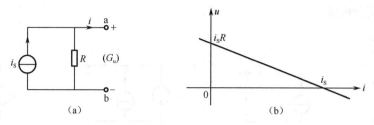

图 2-22　电流源与电阻并联

这样，实际电源就有两种不同结构的电路模型。用两种模型来表示同一个实际电源，这两种模型应互为等效电路，即外特性方程应相等。比较式（2-14）和式（2-15），得

$$\begin{cases} i_\text{S} = \dfrac{u_\text{S}}{R} \\[2mm] G = \dfrac{1}{R} \end{cases} \quad (2\text{-}16) \qquad 或 \qquad \begin{cases} u_\text{S} = \dfrac{i_\text{S}}{G} = i_\text{S}R \\[2mm] R = \dfrac{1}{G} \end{cases} \qquad (2\text{-}17)$$

式（2-16）和式（2-17）为两种电路等效变换的条件。在这种条件下，电压源与电阻串联的组合支路和电流源与电阻并联的组合支路可以相互等效变换。例如，已知一个电压源 u_S 与一个电阻 R 串联的组合支路，可以用一个电流为 $\dfrac{u_\text{S}}{R}$ 的电流源与一个电阻 R 并联组合的支路替代。反之也成立。

因为两种电源模型等效，所以它们的特性曲线是重合的。图 2-21（b）所示的外特性曲线在电压轴上的截距是一端口的开路（$i=0$）电压 u_S，在电流轴上的截距是一端口的短路（$u=0$）电流 $\dfrac{u_\text{S}}{R}$。图 2-22（b）外特性曲线与电压轴交点是一端口的开路电压 $\dfrac{i_\text{S}}{G} = i_\text{S}R$，曲线与电流轴交点为 i_S，即 $i_\text{S} = \dfrac{u_\text{S}}{R}$，$u_\text{S} = \dfrac{i_\text{S}}{G} = i_\text{S}R$。对任意有独立源的二端电路，只要算出（或测得）它的开路电压或短路电流，就可以得到如图 2-21（a）和图 2-22（a）电路中的任意一种等效电路。

这两种电源模型的等效变换，是指实际电源 ab 端子以外电路在变换前后，电流、电压及电功率不变，而对 ab 端子以内的电路不等效。若 ab 端开路，两种电源电路对外均不发出功率；对内电路来说，电压源与电阻串联的组合支路中的电压源的功率为零，电流源与电阻并联的组合支路中的电流源发出功率却为 i_S^2R，显然两种电源模型的内电路不等效。

电源的两种模型中，不论是电压源串电阻的组合形式，还是电流源并电阻的组合形式均含有电阻，称这种电源为有伴电源，或分别称为有伴电压源和有伴电流源。

【例 2-8】　如图 2-23（a）所示电路，求电流 i。

解：利用电源等效变换，将图 2-23（a）中的 10V 和 2Ω串联支路等效变换为如图 2-23（b）所示 5A 和 2Ω并联支路，再将 5A 和 3A 电流源并联为如图 2-23（c）所示的 2A 电流源，再将 2Ω电阻与 4A 电流源并联支路、2Ω电阻与 2A 电流源并联支路分别等效为电压源串电阻的组合

支路，如图 2-23（d）所示，最后由图 2-23（d）得到电流：

$$i = \frac{4-8}{2+2+4} = -0.5\text{A}$$

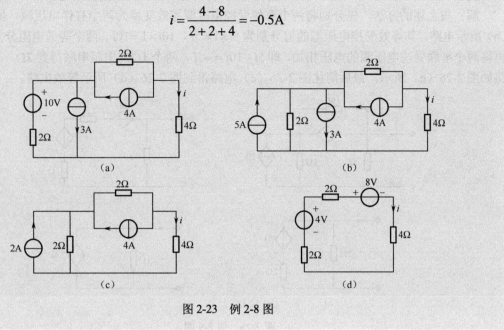

图 2-23　例 2-8 图

2.3.3　受控源的串、并联及等效变换

受控源和独立源虽有本质不同，但是在电路进行简化时，可以把受控源按独立源处理。前面介绍的独立源处理方法对受控源也适用。例如，若干个受控电压源串联可用一个受控电压源等效，若干个受控电流源并联可以用一个受控电流源等效。如图 2-24（a）所示电路是 n 个电压控制电压源串联，可以等效变换为一个电压控制电压源，如图 2-24（b）所示，其等效电压控制电压源等于各个电压控制电压源的电压之和。

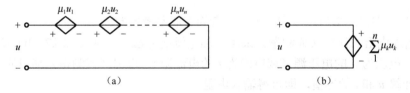

图 2-24　受控电压源串联及等效电路

图 2-25 电路表示 n 个电流控制电流源并联及其等效的一个电流控制电流源。

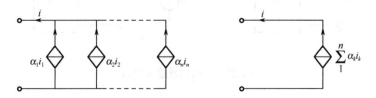

图 2-25　受控电源并联及等效电路

受控电压源与电阻串联的组合支路和受控电流源与电阻并联的组合支路，可以相互等效变换。一个电压控制电压源与电阻串联组合的支路，可以等效变换为一个电压控制电流源与电阻并联的组合支路。方法与独立电源变换方法相似，读者可以自行得到有伴受控源的两种模型。

【例2-9】　图2-26（a）是一个含受控源的一端口电路，求其最简等效电路。

解：按上述的方法，先分别将两个有伴受控电流源等效变换为两个有伴电压源。如图 2-26（b）所示电路，其等效受控电压源的值分别为 $5i \times 1 = 5i$，$10i \times 1 = 10i$，两个等效电阻分别为 1Ω。再将两个串联受控电压源的电压相加，即 $5i - 10i = -5i$，两个 1Ω 的电阻串联得到 2Ω，其等效电路如图 2-26（c）所示。最后简化图 2-26（c）电路得到图 2-26（d）所示等效电路。

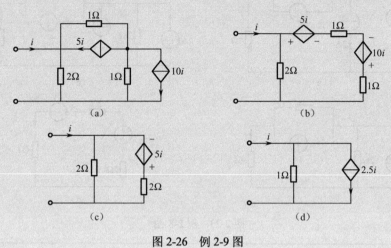

图 2-26　例 2-9 图

2.4　输入电阻的计算

一个不含独立电源的电阻一端口电路 N_R，如图 2-27（a）所示，其输入电阻（或入端电阻）R_{in} 的定义为

$$R_{in} = \frac{u}{i}$$

式中，u 和 i 是一端口的端口电压和电流，二者为关联参考方向。

通常，输入电阻的计算（或测量）采用外加电源的方法。在如图 2-27（b）所示一端口的 ab 处，施加一电压为 u 的电压源（或电流为 i 的电流源），求出（或测得）端口的电流 i（或电压 u），然后计算 u 和 i 的比值，即可得输入电阻。

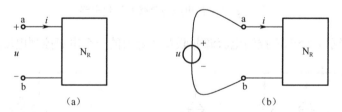

图 2-27　一端口及输入电阻

当已知一端口内仅含电阻时，其等效电阻可以直接通过电阻的串、并联连接及Δ形、Y 形等效变换计算得到；也可以由外加电源法，计算其输入电阻得到。如果端口内含受控源时，由于受控源的电阻值是一个未知量，故不能直接用电阻的等效变换方法来计算其等效电阻，所以只能采用计算输入电阻的方法获得。

【例 2-10】　求图 2-28（a）的一端口电路的输入电阻 R_{in}，并求其等效电路。

解：先将图 2-28（a）的 ab 端外加一电压为 u 的电压源，如图 2-28（b）所示。将 ab 右端电路进行简化得到图 2-28（c），由图 2-28（c）可得

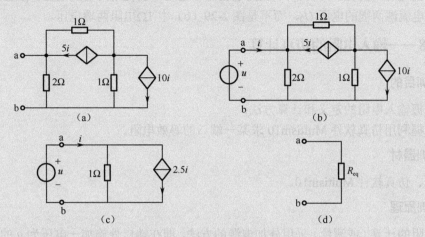

图 2-28　例 2-10 图

$$u = (i - 2.5) \times 1 = -1.5i$$

因此，该一端口输入电阻为

$$R_{in} = \frac{u}{i} = -1.5 \,\Omega$$

由此例可知，含受控源电阻电路的输入电阻也可能是负值，也可以为零。图 2-28（a）等效电路为图 2-28（d）所示电路，其等效电阻值为 $R_{eq} = R_{in} = -1.5\Omega$。

【例 2-11】　如图 2-29（a）所示电路，利用电源等效变换求 U_0。

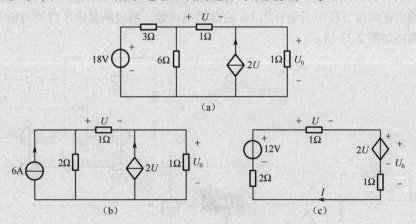

图 2-29　例 2-11 图

解：在图 2-29（a）中先将 18V 电压源与 3Ω 电阻串联的支路等效为 6A 的电流源与 3Ω 的电阻并联组合的支路，再将 3Ω、6Ω 电阻并联后得图 2-29（b）所示电路。然后，将 6A 的电流源与 2Ω 电阻并联支路和 2U 受控电流源与 1Ω 电阻并联支路均等效变换为如图 2-29（c）所示电路，对图 2-29（c）电路的回路应用 KVL 方程得

$$U + 2U + 1I + 2I = 12$$
$$U = I$$

解得 $\qquad\qquad\qquad\qquad\qquad\qquad U=2\text{V}$

$$U_0 = 2U + U = 6\text{V}$$

上式中的电压 U_0 为图 2-29（c）中受控电压源与电阻串联支路两端的电压 U_0，也正是图 2-29（a）中受控电流源两端的电压 U_0，而不是图 2-29（c）中 1Ω 电阻两端电压。

技能训练 8——输入电阻的仿真计算

1．实训目的

（1）掌握输入电阻的定义和计算方法；

（2）掌握利用仿真软件 Multism10 求某一端口的等效电阻。

2．实训器材

计算机、仿真软件 Multism10。

3．实训原理

输入电阻的计算（或测量）采用外加电源的方法。即在端口处施加一电压为 u 的电压源（或电流为 i 的电流源），求出（或测得）端口的电流 i（或电压 u），然后计算 u 和 i 的比值，输入电阻 R_{in} 为

$$R_{in} = \frac{u}{i}$$

4．实训电路和分析

【例 2-12】 求图 2-30 的一端口电路的输入电阻 R_{in}，利用 Multisim 仿真计算输入电阻 R_{in}（同本章例 2-10，例 2-10 给出了理论计算过程，本例给出仿真分析方法）。

输入电阻的计算（或测量）采用外加电源的方法。通过这一方法进行仿真测量输入电阻。为了简化，通常在测量过程中引进外加 1A 的激励电流源，通过测量电压值测得输入电阻大小。其仿真测量电路如图 2-31 所示。

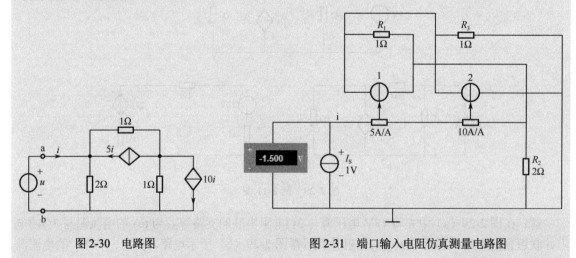

图 2-30　电路图　　　　　　　　图 2-31　端口输入电阻仿真测量电路图

由图 2-31 电压表所指示读数可知，$R_{in} = \dfrac{u}{i} = -1.5\text{V} / 1\text{A} = -1.5\Omega$，与例 2-10 计算理论等效电阻值为 $R_{eq} = R_{in} = -1.5\Omega$ 一致。

5. 实训总结

含受控源电阻电路的输入电阻可能是负数，也可以为正数，也可能为零，为什么？

本章小结

无源二端网络和有源二端网络端口电压和电流关系相同的两个网络称为等效网络。网络的等效变换可以将电路化简，而不会影响电路其余部分的电压和电流。一个无源二端网络可等效为一个电阻，该电阻等于关联参考方向下端口电压和端口电流的比值。

（1）若两个一端口网络端口处的电压和电流的关系完全相同，称这两个一端口网络是等效的。所谓等效，是指对一端口网络的端口处及端口以外的电路等效。

（2）"等效电路"既是一个重要的概念，又是一个重要的分析方法。对于无源线性电阻网络，不管其复杂程度如何，总可以简化为一个等效电阻。

（3）n 个电阻的串联，可以等效为

$$R = \sum_{k=1}^{n} R_k$$

两个电阻串联的分压公式为

$$U_1 = \frac{R_1}{R_1 + R_2} U \qquad U_2 = \frac{R_2}{R_1 + R_2} U$$

（4）n 个电导的并联，可以等效为

$$G = \sum_{k=1}^{n} G_k$$

两个电阻并联的分流公式为

$$I_1 = \frac{R_2}{R_1 + R_2} I \qquad I_2 = \frac{R_1}{R_1 + R_2} I$$

（5）利用电阻串、并联化简和 Y—△互换，可求得仅由电阻构成的一端口网络的等效电阻。

已知 Y 形电路的电阻来确定等效△形电路的各电阻的关系式为

$$R_{12} = \frac{R}{R_3} = R_1 + R_2 + \frac{R_1 R_2}{R_3}$$

$$R_{23} = \frac{R}{R_1} = R_2 + R_3 + \frac{R_2 R_3}{R_1}$$

$$R_{31} = \frac{R}{R_2} = R_1 + R_3 + \frac{R_1 R_3}{R_2}$$

已知△形电路的电阻来确定等效 Y 形电路的各电阻的关系式为

$$R_1 = \frac{R_{31} R_{12}}{R_{12} + R_{23} + R_{31}}$$

$$R_2 = \frac{R_{12} R_{23}}{R_{12} + R_{23} + R_{31}}$$

$$R_3 = \frac{R_{23} R_{31}}{R_{12} + R_{23} + R_{31}}$$

（6）当几个电压源串联时，可以用一个等效电压源替代。这个等效电压源的电压等于各串联电压源电压的代数和，即 $u_S = \sum_{k=1}^{n} u_{Sk}$。电流等于各个并联电流源电流的代数和，即 $i_S = \sum_{k=1}^{n} i_{Sk}$。

实际电源有两种等效电路模型，一种是电压源 U_S 和内阻 R_0 相串联的等效电路；另一种是电流源 I_S 和电阻

R_o 相并联的等效电路。这两种电路模型可以等效互换，我们能方便地求解由电压源、电流源和电阻所组成的串、并联电路。

（7）对于有受控源的含源线性二端网络进行等效化简时，受控源按独立电源处理。但是，在等效变换化简电路的过程中，受控源的控制量支路应该保留。应注意的是，受控源的控制量应在端口及端口内部。

（8）对于含受控源的无源二端网络，等效化简为一个等效电阻 R_o。这时可以采用网络端口外加电压源电压或电流源电流的伏安关系来求解。

习题 2

2-1　求题 2-1 图所示电路 AB、AC、BC 间的总电阻 R_{AB}、R_{AC}、R_{BC}。

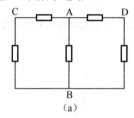
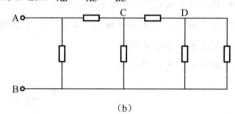

题 2-1 图

2-2　求题 2-2 图所示电路的等效电阻 R_{ab} 和 R_{cd}。

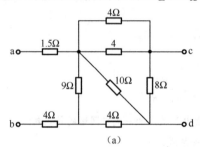
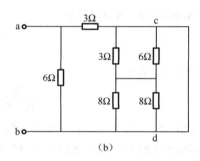

题 2-2 图

2-3　求题 2-3 图所示各电路的输入端电阻 R_{ab}。

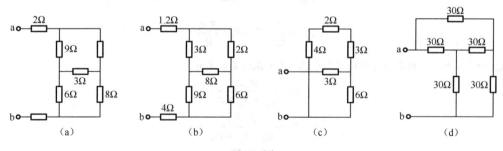

题 2-3 图

2-4　题 2-4 图所示电路，求 U 及 I。

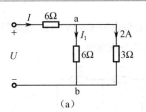
（a）

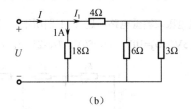
（b）

题 2-4 图

2-5　求题 2-5 图所示电路中的电阻 R、电流 I、电压 U。

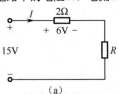
（a）

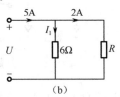
（b）

题 2-5 图

2-6　求题 2-6 图所示电路中的 i、u 及电流源发出的功率。

2-7　求题 2-7 图所示电路中的 i、u 及电压源发出的功率。

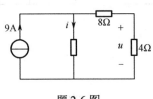

题 2-6 图

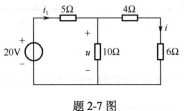

题 2-7 图

2-8　计算题 2-8 图所示电路中的 U 和 I。

2-9　求题 2-9 图所示电路中的 U 和 I。

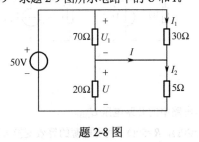

题 2-8 图

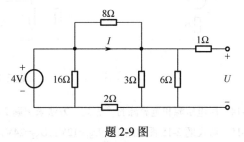

题 2-9 图

2-10　在题 2-10 图（a）所示电路中，求 U 及 I。若用内阻为 5kΩ 的电压表测电压 U，见题 2-10 图（b），求电压表的读数。若用内阻为 10Ω 的电流表测电流 I，见题 2-10 图（c），求电流表的读数。根据以上结果，分析在测量时仪表内阻的大小对测量准确性的影响。为保证测量准确，对内阻有什么要求？

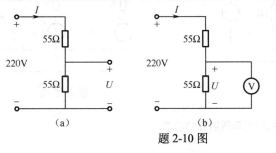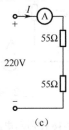

（a）　　　　　　　　　　（b）　　　　　　　　　（c）

题 2-10 图

2-11　一多量程电压表测量电路如题 2-11 图所示。已知表头内阻 R_g=3500Ω，满偏转电流 I_g=10μA，其量程为：U_1=1V，U_2=2.5V，U_3=10V，U_4=50V，U_5=250V。试求各分压电阻。

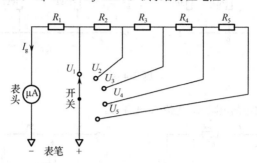

题 2-11 图

2-12　求题 2-12 图（a）、（b）、（c）、（d）所示电路的等效电源模型。

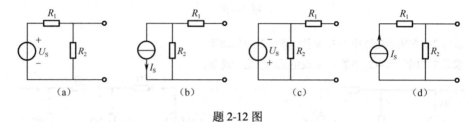

题 2-12 图

2-13　用电源等效变换的方法化简题 2-13 图所示各电路。

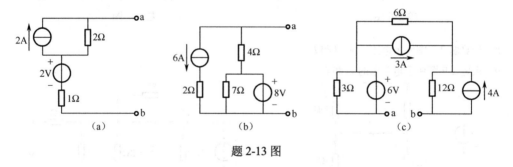

题 2-13 图

2-14　用电压源和电流源的"等效"方法求出题 2-14 图所示电路中的开路电压 U_{AB}。

2-15　假设题 2-15 图电路中，U_{S1}=12V，U_{S2}=24V，R_{U1}=R_{U2}=20Ω，R=50Ω，利用电源的等效变换方法，求解流过电阻 R 的电流 I。

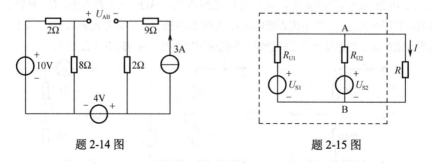

题 2-14 图　　　　　　　　　　　题 2-15 图

2-16　计算题 2-16 图所示电路中 5Ω电阻所消耗的功率。

2-17　求题 2-17 图所示电路中的 u_1 和受控源的功率。

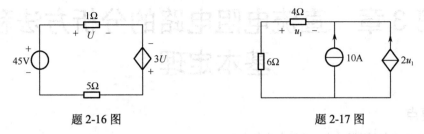

题 2-16 图　　　　　　　　　　　题 2-17 图

2-18　题 2-18 图所示电路中，求 U_0。

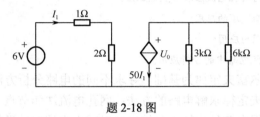

题 2-18 图

2-19　在题 2-19 图所示电路中，求 6kΩ 电阻上的电压、流过它的电流和所消耗的功率。

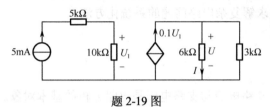

题 2-19 图

2-20　求题 2-20 图所示电路的输入电阻 R_{ab}。

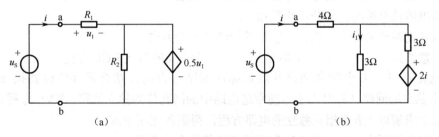

（a）　　　　　　　　　　　　（b）

题 2-20 图

第 3 章　直流电阻电路的分析方法和基本定理

知识要点

1. 掌握求解复杂电路的基本方法即支路电流法；
2. 掌握减少方程式数目的网孔电流法和节点电压法；
3. 掌握叠加定理及戴维南定理的应用；
4. 掌握最大功率传输定理的应用；
5. Multisim 10 在直流电阻电路中的分析应用。

本章以欧姆定律和基尔霍夫定律为基础，寻求不同的电路分析方法，其中支路电流法是最基本的、直接应用基尔霍夫定律求解电路的方法；网孔电流法和节点电压法是建立在欧姆定律和基尔霍夫定律之上，根据电路结构特点总结出来以减少方程式数目的电路基本分析方法；叠加定理则阐明了线性电路的叠加性；戴维南定理在求解复杂网络中某一支路的电压或电流时则显得十分方便。这些都是求解复杂电路问题的系统化方法。

3.1　支路电流法

电路的基石是支路，支路电流与支路电压是电路分析的基本对象。直接以支路电流为未知量，分别对节点和网孔列写 KCL 方程和 KVL 方程，联立求解支路电流，再利用支路的伏安关系等来求解其他电路物理量的分析方法称为支路电流法。

用支路电流法分析时，其分析步骤如下：

（1）以各支路电流为未知变量，选定并标注其参考方向。

（2）任意选定 $n-1$ 个节点，按 KCL 列出 $n-1$ 个独立的节点 KCL 方程。

（3）选定 $b-(n-1)$ 个独立回路并规定标注其绕行方向，结合元件特性并按 KVL 列出 $b-(n-1)$ 个独立的回路（有时为了方便常选电路中的网孔作为独立回路）KVL 方程。

（4）联立求解以上 b 个相互独立的电路方程，得到各支路电流。

（5）根据分析要求，以支路电流为基础求取其他电路变量。

【例 3-1】 如图 3-1 所示电路，有几个节点？几条支路？几个回路？几个网孔？若对该电路应用支路电流法进行求解，最少要列出几个独立的方程式？应用支路电流法，列出相应的方程式。

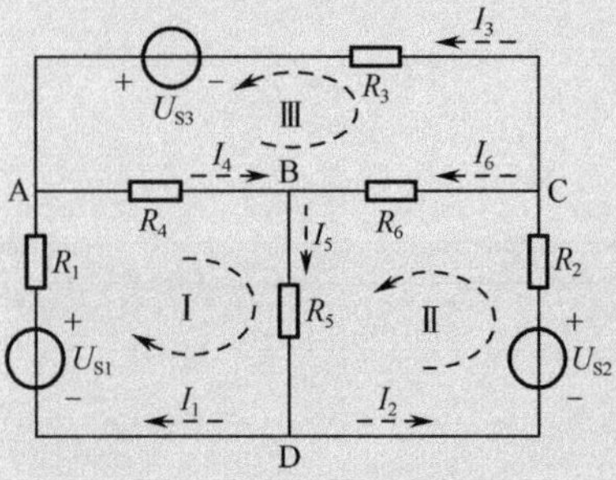

图 3-1　例 3-1 图

解： 图 3-1 所示电路有 4 个节点，6 条支路，7 个回路，3 个网孔。若对该电路应用支路电流法进行求解，最少要列出 6 个独立的方程式；应用支路电流法，列出相应的方程式（在图中首先标出各支路电流的参考方向和网孔的参考绕行方向如各虚线箭头所示）。

选择 A、B、C 三个节点作为独立节点，分别对它们列写 KCL 方程式如下：

$$I_1 + I_3 - I_4 = 0$$

$$I_4 + I_6 - I_5 = 0$$
$$I_2 - I_3 - I_6 = 0$$

选取三个网孔作为独立网孔，分别对它们列写 KVL 方程式如下：

$$I_1 R_1 + I_4 R_4 + I_5 R_5 = U_{S1}$$
$$I_2 R_2 + I_6 R_6 + I_5 R_5 = U_{S2}$$
$$I_4 R_4 - I_6 R_6 + I_3 R_3 = U_{S3}$$

【例 3-2】某浮充供电电路如图 3-2 所示。整流器直流输出电压 U_{S1}=250V，等效内阻 R_{S1}=1Ω，浮充蓄电池组的电压值 U_{S2}=239V，内阻 R_{S2}=0.5Ω，负载电阻 R_L=30Ω，试用支路电流法求解各支路电流、负载端电压及负载上获得的功率。

解：应用支路电流法求解，对电路列出独立节点方程。

$$I_1 + I_2 - I = 0$$

选取独立回路如图 3-2 所示，独立回路方程：

$$I_1 + 30I = 250$$
$$0.5I_2 + 30I = 239$$

联立方程可求得各支路电流分别为

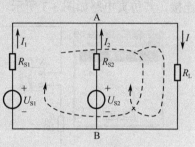

$$I = 8A \quad I_1 = 10A \quad I_2 = -2A$$

负载端电压为

$$U_{AB} = IR_L = 8 \times 30 = 240V$$

图 3-2　例 3-2 图

负载上获得的功率为

$$P_L = I^2 R = 8^2 \times 30 = 1920W$$

归纳起来说，应用支路电流法应注意以下几点：

（1）当支路中含有恒流源时，若所选回路中不包含恒流源支路，则电路中有几条支路含有恒流源，则可少列几个 KVL 方程。

（2）必须指出：如果电路的某一个支路含有恒流源，则此支路电流即为该恒流源的电流，在列含有恒流源回路的电压方程时，可设恒流源的端电压 U 为未知量。

（3）以上支路电流法求解电路的步骤只适用于电路中每一条支路电压都能用支路电流表示的情况，若电路中含有独立电流源或受控电流源，因其电压不能用支路电流表示，故不能直接使用上述步骤。此外，若电路中含有受控源，还应将控制量用支路电流表示，即要多加一个辅助方程。

技能训练 9——支路电流法的仿真分析

1．实训目的

（1）掌握支路电流法的分析方法；
（2）熟悉仿真软件 Multism10 在直流电路中的应用。

2．实训器材

计算机、仿真软件 Multism10。

3．实训原理

直接以支路电流为未知量，分别对节点和网孔列写 KCL 方程和 KVL 方程，联立求解支路电流，再利用支路的伏安关系等来求解其他电路物理量的分析方法称为支路电流法。

4．实训电路和分析

在电路分析过程中可以利用 Multisim 的虚拟仪器（万用表或电流表）测量电路的支路电流。若用虚拟万用表或电流表进行测量时，要识别电流插头所接电流表的"+""−"极性。倘若不换接极性，仿真软件显示结果不同。也可以在支路中引进 0V 电压源，通过直流工作点的仿真分析，仿真测量电压源的电流值从而得到电路中支路电流的大小。

【**例 3-3**】 仿真求解例 3-2。

解：

方法一：使用虚拟仪器（万用表或电流表）测量电路的支路电流，在 Multisim 中按图 3-2 连接，其仿真电路如图 3-3 所示。

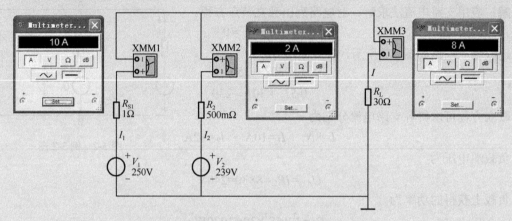

图 3-3　万用表仿真测量支路电流图

在仿真过程中万用表设成直流挡，执行仿真结果如图 3-3 所示。$I=8A$，$I_1=10A$，$I_2=-2A$，与本章中的例 3-2 的理论计算结果一致。负载上获得的功率为：$P_L=I^2R=8^2 \times 30=1920W$。

方法二：直流工作点仿真求解支路中的电流。

求直流工作点仿真支路中的电流，其仿真如图 3-4 所示。需要对电路进行直流工作点分析时，执行"Simulate"→"Analysis"→"DC Operating Point Analysis"菜单命令，或者单击"Analysis"按钮，选择"DC Operating Point"命令，进入如图 3-5 所示的参数设置窗口。

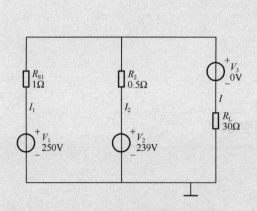

图 3-4　直流工作点仿真电路图

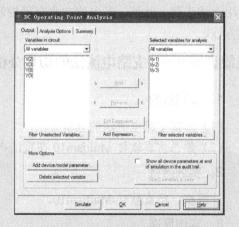

图 3-5　直流工作点仿真参数设置图

按图 3-6 设置好仿真参数，I(v1)表示流过电压源 V_1 的电流，电流方向由"+"极性指向"−"

负极性；I(v2)、I(v3)意义同 I(v1)。电流方向与例 3-2 所示的方向有所不同；I(v1)、I(v2)与 I_1、I_2 相反；I(v3)与 I 相同。故仿真结果与方法一有所不同，只要注意一下电流参考方向就可以。

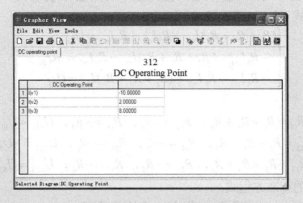

图 3-6　静态工作点仿真结果图

按例 3-2 所示的电流参考方向得：I=8A，I_1=10A，I_2=-2A。其结果与理论值一致，如图 3-5 所示。功率计算同方法一。

5．实训总结

由仿真结果我们得出了一个什么结论？

3.2　网孔电流法

如果一个电路中支路数比较多，则应用支路电流法就会使方程式数目很多，造成分析和计算的过程十分烦琐。从减少方程式数目、变繁为简的愿望出发，引入网孔电流法（适用于支路数多、网孔数较少的电路），应注意的是，是以"假想网孔电流"作为独立变量求解电路的方法，称为网孔电流法。它仅使用于平面电路（即画在平面上的电路中，除了节点外，再没有任何支路互相交叉）。支路电流是电路中客观存在的现象，网孔电流则是为了减少方程式数目而人为假想的。

应用网孔电流法求解电路，得出的网孔电流并不是最终目的，还要根据网孔电流与支路电流之间的关系求出客观存在的支路电流。若一条支路上仅通过一个网孔电流，且网孔电流与支路电流在电路图上标示的参考方向一致时，则这条支路上客观存在的支路电流在数值上就等于这个网孔电流；若参考方向相反时，支路电流在数值上就等于这个网孔电流的负值。若一条支路上通过的网孔电流有两条，则支路电流在数值上等于这两条网孔电流的代数和（网孔电流参考方向与支路电流相同时取正，相反时取负）。

以网孔电流作为未知量，联列方程进行求解电路。现通过具体的示例说明，在图 3-7 中，各支路电流参考方向如图所示，网孔电流 I_{m1}、I_{m2}、I_{m3} 的参考方向均为顺时针，网孔回路的绕行方向与之相同。

应用支路电流法，以网孔为回路，根据 KVL 可得

$$\begin{cases} R_1I_1 + R_4I_4 + R_5I_5 = U_{S1} \\ -R_2I_2 - R_5I_5 - R_6I_6 = -U_{S2} \\ -R_3I_3 + R_6I_6 - R_4I_4 = -U_{S3} \end{cases} \quad (3\text{-}1)$$

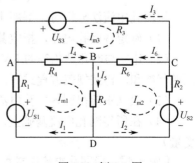

图 3-7　例 3-1 图

式（3-1）中应把支路电流用网孔电流表示出来，根据各支路电流与网孔电流关系得

$$I_1 = I_{m1}, \quad I_2 = -I_{m2}, \quad I_3 = -I_{m3}, \quad I_4 = I_{m1} - I_{m3}, \quad I_5 = I_{m1} - I_{m2}, \quad I_6 = I_{m3} - I_{m2} \tag{3-2}$$

将式（3-2）代入式（3-1）整理得

$$\begin{cases} (R_1 + R_4 + R_5)I_{m1} - R_5 I_{m2} - R_4 I_{m3} = U_{S1} \\ -R_5 I_{m1} + (R_2 + R_5 + R_6)I_{m2} - R_6 I_{m3} = -U_{S2} \\ -R_4 I_{m1} - R_6 I_{m2} + (R_3 + R_4 + R_6)I_{m3} = U_{S3} \end{cases} \tag{3-3}$$

若令：

$$R_{11} = R_1 + R_4 + R_5, \quad R_{12} = -R_5, \quad R_{13} = -R_4, \quad U_{S11} = U_{S1}$$
$$R_{22} = R_2 + R_6 + R_5, \quad R_{21} = -R_5, \quad R_{23} = -R_6, \quad U_{S22} = -U_{S2}$$
$$R_{33} = R_3 + R_4 + R_5, \quad R_{31} = -R_4, \quad R_{32} = -R_6, \quad U_{S33} = U_{S3}$$

整理式（3-3）得网孔的标准方程式：

$$\begin{cases} R_{11}I_{m1} + R_{12}I_{m2} + R_{13}I_{m3} = U_{S11} \\ R_{21}I_{m1} + R_{22}I_{m2} + R_{23}I_{m3} = U_{S22} \\ R_{31}I_{m1} + R_{23}I_{m2} + R_{33}I_{m3} = U_{S33} \end{cases} \tag{3-4}$$

式（3-4）所用的符号：

R_{11}、R_{22}、R_{33} 分别称为网孔 I_{m1}、I_{m2}、I_{m3} 的自电阻，等于各自网孔中所有的电阻之和，恒为正值。例如，R_{11} 是网孔 I_{m1} 所列的 KVL 方程中，网孔电流 I_{m1} 的系数。

R_{12}、R_{23} 等叫做网孔间的互电阻，当所有网孔电流的参考方向都选为顺时针方向（或都选为逆时针方向）时，互电阻等于两个网孔公有的电阻的负值。如图 3-3 中，三个网孔的电流方向均选为顺时针方向，R_{12} 表示网孔 1 和网孔 2 之间的互电阻，是网孔 I_{m1} 所列方程中 I_{m2} 前的系数，$R_{12} = -R_5$，并有 $R_{12} = R_{21}$。

U_{S11}、U_{S22}、U_{S33} 为网孔 I_{m1}、I_{m2}、I_{m3} 中所有电压源的电压的代数和。各电压源前面符号的确定原则：当电压源电压升（从负极到正极）的方向与该网孔电流方向相同时，取正；否则取负。

式（3-4）为网孔电流法常用的规范方程式，很有规律，便于记忆，有助于对具体电路通过观察而写出所需的方程组。

上面讨论的是 3 个网孔的情况，当网孔数为 m 个，各网孔电流分别为 I_{m1}、I_{m2}、$\cdots$、I_{mm}，且均取顺时针方向（或均取逆时针方向）时，则规范方程为

$$\begin{cases} R_{11}I_{m1} + R_{12}I_{m2} + \cdots + R_{1m}I_{mm} = U_{S11} \\ R_{21}I_{m1} + R_{22}I_{m2} + \cdots + R_{2m}I_{mm} = U_{S22} \\ \quad\quad\quad\quad\quad \vdots \\ R_{m1}I_{m1} + R_{m2}I_{m2} + \cdots + R_{mm}I_{mm} = U_{Smm} \end{cases} \tag{3-5}$$

用网孔电流法分析时，解题步骤归纳如下：

（1）确定各网孔电流，指定其参考方向并以其参考方向作为网孔的绕行方向。

（2）建立与网孔数相等的 KVL 方程组。通常先计算出网孔自电阻、网孔互电阻及各网孔电压源代数和，再按规范方程式写出方程组（简单的也可直接列出方程组）。

（3）联立求解得到各网孔电流。

（4）在所得网孔电流基础上，依支路电流与网孔电流的关系求出各支路电流（或其他电路变量）。

【例 3-4】 用网孔电流法求如图 3-8 所示电路中的电流 I_x。

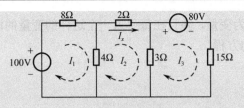

图 3-8　例 3-4 图

解：设网孔电流如图 3-8 所示，列网孔方程为

$$\begin{cases}(8+4)I_1 - 4I_2 = 100 \\ -4I_1 + (4+2+3)I_2 - 3I_3 = 0 \\ -3I_2 + (3+15)I_3 = -80\end{cases}$$

解方程得：$I_1 = 9.26\text{A}$，$I_2 = 2.79\text{A}$，$I_3 = -3.98\text{A}$。

所以：$I_x = I_2 = 2.79\,\text{A}$。

【例 3-5】　用网孔电流法求如图 3-9 所示电路中的网孔
电流 I_1 和 I_2。

解：根据网孔方程式，图中含有独立的电流源，故设独
立电流源上的电压降为 U，方向如图 3-9 所示，应用 KVL 定
律列网孔 1、网孔 2 方程，则

$$\begin{cases}5I_1 = 20 + U \\ 15I_2 = 90 - U\end{cases}$$

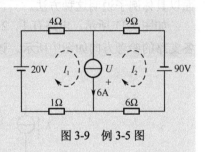

图 3-9　例 3-5 图

即 $5I_1 + 15I_2 = 110$。

由于增加了一个未知量，但由电流源的恒流特点，电流源与网孔电流的关系为

$$I_1 - I_2 = 6$$

解得：$I_1 = 10\text{A}$，$I_2 = 4\text{A}$。

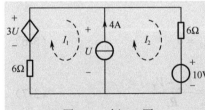

图 3-10　例 3-6 图

【例 3-6】　用网孔电流法求图 3-10 所示电路的电压 U。

解：如图 3-10 所示的电路中，网孔 1 中含有受控电压
源和独立电流源。对网孔 1 和网孔 2 列方程如下。

$$\begin{cases}6I_1 = 3U - U \\ 6I_2 = -10 + U\end{cases}$$

两个方程三个未知数，由电流源的恒流特点，电流源
与网孔电流的关系，补充方程：

$$I_2 - I_1 = 4$$

联立方程求解得：$U = -34\text{V}$。

注意网孔电流法在分析电路中的几种特殊情况：

（1）电路中含有电流源与电阻的并联组合：将其等效变换成电压源与电阻的串联组合后列
电路方程。

（2）电路中含有受控电压源：列电路方程时，先用网孔电流将控制量表示出来，并暂时将
受控电压源当做独立电压源，最后再将用网孔电流表示的受控源电压移至方程的左边。

（3）电路中含有电流源且无电阻直接与之并联时处理方法如下：

① 选取网孔电流时只让一个回路电流通过电流源，该网孔电流仅由电流源电流决定。

② 以电流源两端电压为变量，并且在每引入一个这样的变量的同时，增加一个网孔电流与电流源电流间的约束关系的方程。

3.3 节点电压法

3.3.1 节点方程及其一般形式

网孔电流法与支路电流法相比，由于避免了列节点电流方程，因而简化了计算。但对于节点数较少而网孔较多的电路来说，用节点电压法（也称节点电位法）则更简洁。

直接以独立节点电压为变量列写其 KCL 方程进行求解的方法称为节点电压法。独立节点方程的个数就等于独立的节点的个数，即 $n-1$，非独立节点就是计算各独立节点电位的参考点，独立节点电压就是独立节点相对参考点间的电压降。哪些节点做独立节点？原则上是任意点。下面以具体例子说明这种方法。

如图 3-11 所示，电路有 1、2、3 三个节点，已知 I_{S1}，I_{S2}，U_S，R_1，R_2，R_3，R_4 等参数，各支路的参考方向如图中所示。该电路的节点电压方程求解如下。

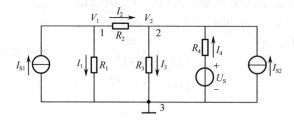

图 3-11 节点法方程示例图

（1）选连接支路数最多的节点 3 为电位参考点，以接地符号表示，设节点 1 和 2 的电压分别为 V_1 和 V_2。

（2）列节点 1 和 2 的基尔霍夫电流方程：

$$I_{S1} - I_1 - I_2 = 0 \ , \ I_2 + I_4 - I_3 + I_{S2} = 0 \tag{3-6}$$

（3）根据欧姆定律列各支路电流方程：

$$I_1 = \frac{V_1}{R_1} \ , \ I_2 = \frac{V_1 - V_2}{R_2} \ , \ I_3 = \frac{V_2}{R_3} \ , \ I_4 = \frac{U_S - V_2}{R_4} \tag{3-7}$$

（4）将各支路电流代入基尔霍夫电流方程，得出以节点电压为未知量的的方程组：

$$\begin{cases} I_{S1} - \dfrac{V_1}{R_1} - \dfrac{V_1 - V_2}{R_2} = 0 & ① \\[3mm] \dfrac{V_1 - V_2}{R_2} - \dfrac{V_2}{R_3} + \dfrac{U_S - V_2}{R_4} + I_{S2} = 0 & ② \end{cases} \tag{3-8}$$

整理后得

$$\begin{cases} \left(\dfrac{1}{R_1} + \dfrac{1}{R_2}\right)V_1 - \dfrac{1}{R_2}V_2 = I_{S1} & ③ \\[3mm] \left(\dfrac{1}{R_2} + \dfrac{1}{R_4} + \dfrac{1}{R_5}\right)V_2 - \dfrac{1}{R_2}V_1 = \dfrac{U_{S2}}{R_4} + I_{S2} & ④ \end{cases} \tag{3-9}$$

式（3-9）中，令

$$G_{11} = \frac{1}{R_1} + \frac{1}{R_2} = G_1 + G_2 , \quad G_{22} = \frac{1}{R_2} + \frac{1}{R_4} + \frac{1}{R_5} = G_2 + G_4 + G_5$$

$$G_{12} = -\frac{1}{R_2} = -G_2 , \quad G_{21} = -\frac{1}{R_2} = -G_2$$

$$I_{S11} = I_{S1} , \quad I_{S22} = \frac{U_{S2}}{R_4} + I_{S2} = G_4 U_{S2} + I_{S2}$$

这样式（3-9）可写成：

$$\begin{cases} G_{11}V_1 + G_{12}V_2 = I_{S11} \\ G_{21}V_1 + G_{22}V_2 = I_{S22} \end{cases} \tag{3-10}$$

其中，G_{11}、G_{22} 分别称为节点 1、2 的自电导，等于与各节点相连接的各支路电导之和，恒为正值；G_{12}、G_{21} 称为互电导，恒为负值，如 G_{12} 表示节点 1 与节点 2 之间的电导代数和的相反数；I_{S11}、I_{S22} 为流入各节点的电流源电流的代数和，确定各电流源正负的原则：流入节点取正值，流出节点取负值。

式（3-10）为节点电压法常用的规范方程式，很有规律，便于记忆，有助于对具体电路过观察写出所需要的方程组。同样式（3-10）可推广为更多的节点的情况。

由独立电流源和线性电阻构成的具有 n 个节点的电路，其节点方程的一般形式为

$$\left. \begin{array}{l} G_{11}V_1 + G_{12}V_2 + \cdots + G_{1(n-1)}V_{n-1} = I_{S11} \\ G_{21}V_1 + G_{22}V_2 + \cdots + G_{2(n-1)}V_{n-1} = I_{S22} \\ \vdots \\ G_{(n-1)1}V_1 + G_{(n-1)2}V_2 + \cdots + G_{(n-1)(n-1)}V_{n-1} = I_{S(n-1)(n-1)} \end{array} \right\} \tag{3-11}$$

3.3.2　节点方程的解题步骤

用节点电压法分析时，其解题步骤归纳如下：

（1）确定参考节点（其余均为独立节点）。

（2）建立与独立节点数相等的 KCL 方程组。通常先计算出自电导、互电导及流入各节点电流源的代数和，再按规范方程形式写出方程组（简单的也可直接列出方程组）。

（3）求解节点方程，得到各节点电压。

（4）依欧姆定律和各节点电压值求出各支路电流。

【例 3-7】　用节点电压法求图 3-12 电压 U_0。

解： 以图中的接地点为参考点，求 U_0 只需列两个节点方程。

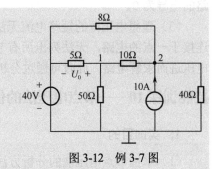

图 3-12　例 3-7 图

$$\begin{cases} -\frac{1}{5} \times 40 + \left(\frac{1}{5} + \frac{1}{50} + \frac{1}{10} \right) U_1 - \frac{1}{10} U_2 = 0 \\ -\frac{1}{8} \times 40 - \frac{1}{10} U_1 + \left(\frac{1}{8} + \frac{1}{10} + \frac{1}{40} \right) U_2 = 10 \end{cases}$$

解得：$U_1 = 50\text{V}$，$U_2 = 80\text{V}$。

所以 $U_0 = 50 - 40 = 10\text{V}$。

【例 3-8】　用节点电压法求图 3-13 的节点电压 U_{n1}、U_{n2}、U_{n3}。

解： 节点编号如图 3-13 所示，以节点 4 为参考节点，节点 2 的电压为已知量 $U_{n2}=10\text{V}$，这样可少列一个方程。而节点 1、3 间有一理想电压源支路，在列 KCL 时需设理想电压源支路的

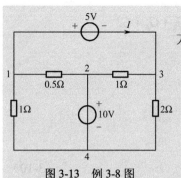

图 3-13　例 3-8 图

电流 I，由于 I 为未知量，因此在列写方程时需增补一个辅助方程。

节点 1、3 的 KCL 方程为

$$\left(\frac{1}{1}+\frac{1}{0.5}\right)U_{n1}-\frac{1}{0.5}U_{n2}+I=0 \tag{1}$$

$$\left(\frac{1}{1}+\frac{1}{2}\right)U_{n3}-\frac{1}{1}U_{n2}-I=0 \tag{2}$$

辅助方程为　　　　$U_{n1}-U_{n3}=5$　　　(3)

联立求解上述方程组得：$U_{n1}=\dfrac{25}{3}$V，$U_{n2}=10$V，$U_{n3}=\dfrac{10}{3}$V。

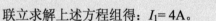

【例 3-9】　用节点电压法求图 3-14 电路中的电流 I_1。

解： 以节点 4 为参考节点，除了三个节点电压外，还增加了受控源控制量的未知量，故需增加控制量与节点电压之间的辅助方程。

节点电压方程为

$$\left(\frac{1}{1}+\frac{1}{2}\right)U_{n1}-\frac{1}{2}U_{n2}-\frac{1}{1}U_{n3}=1 \tag{1}$$

$$-\frac{1}{2}U_{n1}+\left(\frac{1}{2}+\frac{1}{2}\right)U_{n2}-\frac{1}{2}U_{n3}=2I_1 \tag{2}$$

$$-\frac{1}{1}U_{n1}-\frac{1}{2}U_{n2}+\left(\frac{1}{1}+\frac{1}{2}+\frac{1}{4}\right)U_{n3}=0 \tag{3}$$

辅助方程：　　　　$\dfrac{U_{n1}-U_{n3}}{1}=I_1$　　　(4)

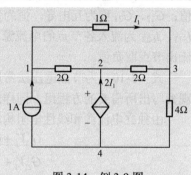

图 3-14　例 3-9 图

联立求解上述方程组得：$I_1= 4$A。

节点电压法在电路分析中的注意点：

（1）电位零点可任选，但以连接支路数最多的或与理想电压源负极连接的节点为电位零点较方便。

（2）恒流源的支路的电阻对恒流源的支路电流没有影响，也不影响节点电压，故恒流源支路的电导为 0。

（3）理想电压源的短路电流无法计算，故对于有多个理想电压源存在而它们的一极又没有连接于一点的电路，无法列出所有节点的电压方程，也就不能通过联立节点电压方程求解节点电压进而求解电路。此时可通过分析节点电压与支路电流关系求解。

技能训练 10——节点电压法的仿真分析

1．实训目的

（1）掌握节点电压法的分析方法；

（2）进一步熟悉仿真软件 Multism10 在直流电路中的应用。

2．实训器材

计算机、仿真软件 Multism10。

3. 实训原理

节点分析法是在电路中任意选择一个节点为非独立节点，称此节点为参考点。其他独立节点与参考点之间的电压，称为该节点的节点电压。

节点电压法是以节点电压为求解电路的未知量，利用基尔霍夫电流定律和欧姆定律导出 $(n-1)$ 个独立节点电压为未知量的方程，联立求解，得出各节点电压，然后进一步求出各待求量。

4. 实训电路和分析

当电路比较复杂时，节点电位法的计算步骤非常烦琐，但利用 Multisim 10 可以快速、方便地仿真出各节点的电压。

【例 3-10】　用节点电压法求解例 3-7。

解：按图 3-12 在 Multisim 10 中连接电路，其仿真电路如图 3-15 所示。

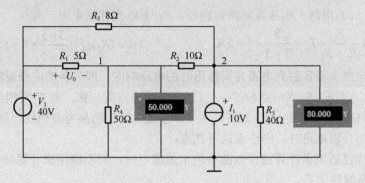

图 3-15　节点电压法仿真电路图

由图 3-15 可知，$U_1=50\text{V}$，$U_2=80\text{V}$，所以 $U_0=50-10=40\text{V}$。其仿真结果与例 3-7 的理论计算结果一致。

5. 实训总结

（1）改变参考点，进一步求解 U_0，观察 U_0 的电压有何变化？

（2）用直流工作点分析，将节点 1、2 作为输出节点，求出 U_0 的电压。

3.4　叠加定理

由独立源和线性元件组成的电路称为线性电路。叠加定理（Superposition theorem）是体现线性电路特性的重要定理。

独立电源代表外界对电路的输入，统称激励。电路在激励作用下产生的电流和电压称为响应。

叠加定理的内容：在任何由线性电阻、线性受控源及独立电源组成的电路中，多个激励共同作用时，在任一支路中产生的响应，等于各激励单独作用时在该支路所产生响应的代数和。

【例 3-11】　图 3-16（a）所示电路，其中 $R_1=3\Omega$、$R_2=5\Omega$、$U_S=12\text{V}$、$I_S=8\text{A}$，试用叠加定理求电流 I 和电压 U。

解：（1）画出各独立电源作用时的电路模型。图 3-16（b）为电压源单独作用时的电路，电流源置为零（即将含电流源的支路开路）；图 3-16（c）为电流源单独作用时的电路，电压源置为零（即将电压源短路）。

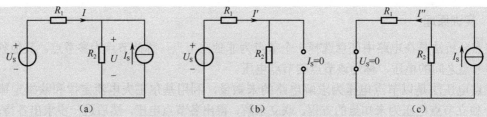

图 3-16　叠加定理应用示例

（2）求出各独立源单独作用时的响应分量。

对于图 3-16（b）电路，由于电流源支路开路，R_1 与 R_2 为串联电阻，所以

$$I' = \frac{U_s}{R_1 + R_2} = \frac{12}{3+5} = 1.5\text{A} \qquad U' = \frac{R_2}{R_1 + R_2}U_s = \frac{5}{3+5} \times 12 = 7.5\text{V}$$

对于图 3-16（c）电路，电压源支路短路后，R_1 与 R_2 为并联电阻，有

$$I'' = \frac{R_2}{R_1 + R_2}I_s = \frac{5}{3+5} \times 8 = 5\text{A} \qquad U'' = (R_1 /\!/ R_2)I_s = \frac{3 \times 5}{3+5} \times 8 = 15\text{V}$$

（3）由叠加定理求得各独立电源共同作用时的电路响应，即为各响应分量的代数和。

$$I = I' - I'' = 1.5 - 5 = -3.5\text{A} \qquad （I' 与 I 参考方向一致，而 I'' 则相反）$$
$$U = U' + U'' = 7.5 + 15 = 22.5\text{V} \qquad （U'、U'' 与 U 的参考方向均一致）$$

使用叠加定理分析电路时，应注意以下几点：

（1）叠加定理仅适用于计算线性电路中的电流或电压，而不能用来计算功率，因为功率与独立电源之间不是线性关系。

（2）各独立电源单独作用时，其余独立源均置为零（电压源用短路代替，电流源用开路代替）。

（3）响应分量叠加是代数量叠加，当分量与总量的参考方向一致时，取"＋"号；与参考方向相反时，取"－"号。

（4）如果只有一个激励作用于线性电路，那么激励增大 K 倍时，其响应也增大 K 倍，即电路的响应与激励成正比。这一特性称为线性电路的齐次性或比例性。线性电路的齐次性是比较容易验证的。

齐次性定理：在电压源激励时，其值扩大 K 倍后，可等效成 K 个原来电压源串联的电路；在电流源激励时，电流源输出电流扩大 K 倍后，可等效成 K 个电流源相并联的电路。然后应用叠加定理，其响应也增大 K 倍，因此线性电路的齐次性结论成立。

【例 3-12】 图 3-17 所示线性无源网络 N，已知当 $U_s=1\text{V}$，$I_s=2\text{A}$ 时，$U=-1\text{V}$；当 $U_s=2\text{V}$，$I_s=-1\text{A}$ 时，$U=5.5\text{V}$。试求 $U_s=-1\text{V}$，$I_s=-2\text{A}$ 时，电阻 R 上的电压。

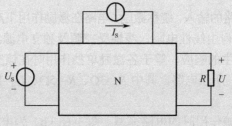

图 3-17　例 3-12 图

解：根据叠加定理和线性电路的齐次性，电压 U 可表示为

$$U = U' + U'' = K_1 U_s + K_2 I_s$$

代入已知数据，可得

$$\left.\begin{array}{r} K_1 + 2K_2 = -1 \\ 2K_1 - K_2 = 5.5 \end{array}\right\}$$

求解后得：$K_1=2$，$K_2=-1.5$。

因此，当 $U_S=-1V$，$I_S=-2A$ 时，电阻 R 上输出电压为

$$U = 2 \times (-1) + (-1.5) \times (-2) = 1V$$

【例 3-13】　求图 3-18（a）电路中 R_4 的电压 U。

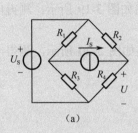 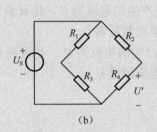 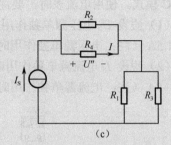

图 3-18　例 3-13 图

解： 用叠加定理求解。先计算 U_S 单独作用时在 R_4 产生的电压 U'，此时应认为电流源为零值，即 $I_S=0$，这就相当于把电流源用开路代替，得电路如图 3-18（b）所示。显然，R_2 和 R_4 组成一个分流器，根据分流关系，可得

$$U' = \frac{R_4}{R_2 + R_4} U_S$$

再计算电流源单独作用时 R_4 的电压 U''，此时电压源 U_S 应以短路代替。经过整理，电路可画成如图 3-18（c）所示。显然，R_2 和 R_4 组成一个分流器，根据分流关系，可得

$$I = \frac{R_2}{R_2 + R_4} I_S$$

故

$$U'' = IR_4 = \frac{R_2 R_4}{R_2 + R_4} I_S$$

因此

$$U = U' + U'' = \frac{R_4}{R_2 + R_4} U_S + \frac{R_2 R_4}{R_2 + R_4} I_S = \frac{R_4}{R_2 + R_4} (U_S + I_S R_2)$$

技能训练 11——叠加定理的仿真分析

1. 实训目的

（1）仿真验证线性电路叠加定理的正确性。

（2）进一步熟悉仿真软件 Multism10 在直流电路中的应用。

2. 实训器材

计算机、仿真软件 Multism10。

3．实训原理

叠加定理是指在线性电路中，电路中的响应是电路中各独立源单独作用时引起的响应的代数和。

4．实训电路和分析

【例 3-14】 仿真求解例 3-11。

分析图 3-16，该电路含有两个独立源，可以直接采用直流电流表测量，内阻设置为 $1n\Omega$，选 DC 模式。使用电流表时，要注意电流表的正负极性的接法，仿真电路一定要接地。

（1）假设 U_S 电压源单独作用时产生的电流为 I'，仿真测量电路如图 3-19 所示，测得电流 $I' = 1.5\text{A}$（注：电压源单独作用时电流源置零）。

（2）假设 I_S 电流源单独作用时产生的电流为 I''，仿真测量电路如图 3-20 所示，测得电流 $I'' = -5\text{A}$（注：电流源单独作用时电压源置零）。

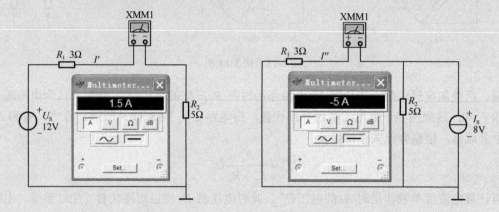

图 3-19　电压源单独作用时产生的电流 I'　　　　图 3-20　电流源单独作用时产生的电流为 I''

（3）假设 U_S 和 I_S 电流源共同作用时产生的电流为 I，仿真测量电路如图 3-21 所示，测得电流 $I = -3.5\text{A}$。

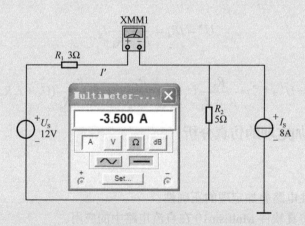

图 3-21　电压源和电流源共同作用时产生的电流 I

仿真结果 $I = I' + I'' = -3.5\text{A}$，$I'$ 与 I 参考方向一致，而 I'' 则相反。前者等于这两个数值之和，符合叠加定理的描述。表明叠加定理成立，与例 3-11 理论计算结果一致。

5．实训总结

（1）叠加定理的使用条件是什么？

（2）用叠加定理方法测得的各支路电流和与两个电源同时作用在电路中测得的结果进行比较，分析数据不符的主要原因。

3.5　戴维南定理与诺顿定理

在一个有源网络中，若只需求某一支路的电压、电流、功率，则可以把需求支路从网络中分离出来，网络的剩余部分就是一个有源二端网络。本节介绍的戴维南定理与诺顿定理就是对线性有源二端网络等效变换的定理。

3.5.1　戴维南定理

戴维南定理（Thevenin's theorem）指出：对于线性有源二端网络，均可等效为一个电压源与电阻串联的电路。如图 3-22（a）、（b）所示，N 为线性有源二端网络，R 为求解支路电阻。等效电压源 U_{oc} 数值上等于有源二端网络 N 的端口开路电压。串联电阻 R_o 等于 N 内部所有独立电源置零时网络两端之间的等效电阻，如图 3-22（c）、（d）所示。

图 3-22（b）中的电压源串联电阻电路称为戴维南等效电路。戴维南定理可用叠加定理证明，此处从略。

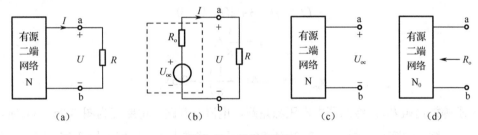

图 3-22　戴维南定理

【例 3-15】　用戴维南定理求图 3-23（a）电路中的电流 I。

解：（1）求开路电压 U_{oc}。自 a、b 处断开 R_L 支路，设出 U_{oc} 参考方向，如图 3-23（b）所示，应用叠加定理求得有源二端网络的开路电压。

$$U_{oc} = U'_{oc} + U''_{oc} = \frac{R_3}{R_1 + R_3} U_S + [R_2 + (R_1 // R_3)] I_S$$

$$= \frac{12}{6+12} \times 12 + \left(4 + \frac{6 \times 12}{6+12}\right) \times 0.5 = 8 + 4 = 12V$$

（2）求等效电阻 R_o。将图 3-23（b）中的电压源短路，电流源开路，得如图 3-23（c）所示电路，其等效电阻为

$$R_o = R_2 + (R_1 // R_3) = 4 + \frac{6 \times 12}{6+12} = 8\Omega$$

（3）画出戴维南等效电路，接入 R_L 支路，如图 3-23（d）所示，于是求得

$$I = \frac{U_{oc}}{R_o + R_L} = \frac{12}{8+4} = 1A$$

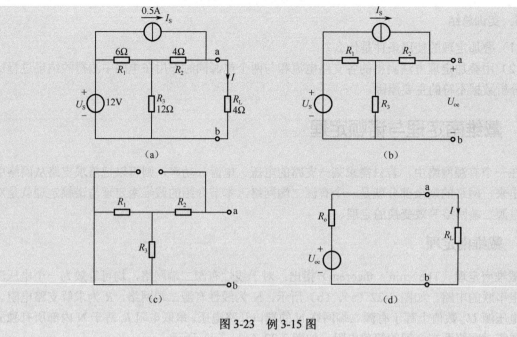

图 3-23　例 3-15 图

【例 3-16】　求图 3-24 所示电路的戴维南等效电路。

解：（1）求开路电压 u_{oc}。设 u_{oc} 参考方向如图 3-24 所示，由 KVL 列方程得

$$(2+4)I + 3 + 2(I-1) = 0$$

解得

$$I = -\frac{1}{8}\text{A}$$

$$u_{oc} = 4 \times I = 4 \times \left(-\frac{1}{8}\right) = -0.5\text{V}$$

（2）求等效内阻 R_{eq}。将原图中电压源短路，电流源开路，电路变为图 3-25（a）所示，应用电阻串、并联等效变换，得 $R_{eq} = (2+2)//4 = 2\Omega$。画出戴维南等效电路如图 3-25（b）所示。

注意，画等效电路时不要将开路电压 u_{oc} 的极性画错，本题设 a 端为 u_{oc} 的 "+" 极性端，求得的 u_{oc} 为负值，故图 3-25（b）中的 b 端为开路电压的实际 "+" 极性端。

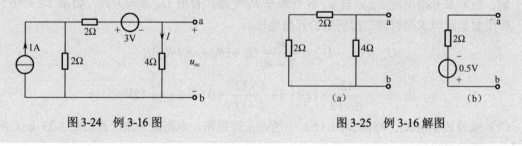

图 3-24　例 3-16 图　　　　　　　　　图 3-25　例 3-16 解图

3.5.2　诺顿定理

一个含源二端网络 N 也可以简化为一个电流源—并联电阻等效电路。这个电流源的电流等于该网络 N 的短路电流 I_{sc}，并联电阻 R_0 等于该网络中所有独立电源为零值时所得网络 N_0 的等效电阻 R_{ab}，见图 3-26，这就是诺顿定理（Norton's theorem）。

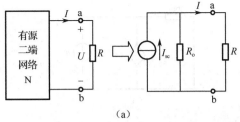
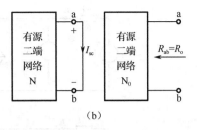

图 3-26　诺顿定理

【例 3-17】　用诺顿定理求图 3-27 电路中流过 4Ω 电阻的电流 I。

解：把原电路除 4Ω 电阻以外的部分（即图 3-27 中 ab 右边部分）简化为诺顿等效电路。

（1）将拟化简的二端网络短路，如图 3-28（a）所示，求短路电流 I_{sc}。根据叠加定理可得

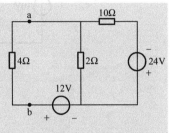

图 3-27　例 3-17 电路

$$I_{sc} = \frac{24}{10} + \frac{12}{10 // 2} = 2.4 + 7.2 = 9.6A$$

（2）将二端网络中的电源置零（即此电路中电压源短路），如图 3-28（b）所示，求等效电阻 R_o，可得

$$R_o = R_{ab} = 10 // 2 = \frac{20}{12} = 1.67\Omega$$

（3）求得诺顿等效电路后，将 4Ω 电阻接上，得图 3-28（c），由此可得

$$I = 9.6 \times \frac{1.67}{4 + 1.67} = 2.78A$$

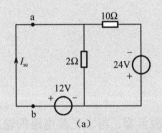
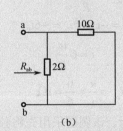
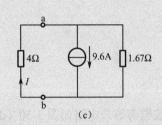

图 3-28　运用诺顿定理求解电路

注意：在学习叠加定理的时候曾经指出，叠加定理适合由独立源和线性元件组成的线性电路，而戴维南定理与诺顿定理是由叠加定理推导而来的，因此，原则上戴维南定理与诺顿定理是对含有独立电源和线性元件的电路而言的。在运用戴维南定理与诺顿定理分析含受控源的电路，在求等效电阻 R_o 时，必须计其受控源的作用，特别要注意不能像处理独立源那样把受控源也用短路或开路代替，否则将导致错误结果。所以对于含受控源的二端网络可用如下方法求出等效电阻：在无（独立）源二端网络两端施加电压 U，如图 3-29 所示，计算端钮上的电流 I 为

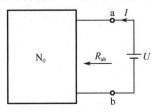

图 3-29　求等效电阻的一般方法

$$R_o = R_{ab} = \frac{U}{I} \tag{3-12}$$

【例 3-18】　求如图 3-30（a）所示电路的戴维南等效电路。

解：先计算 3-30（a）电路的开路电压 U_{oc} 为

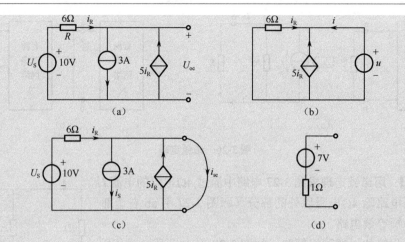

图 3-30　例 3-18 图

$$\frac{1}{R}U_{oc} = \frac{U_S}{R} - i_S + 5i_R$$

$$i_R = \frac{U_S - U_{oc}}{R}$$

解得

$$U_{oc} = U_S - \frac{R}{6}i_S = 10 - \frac{6}{6} \times 3 = 7V$$

再计算等效电阻 R_{eq}，将独立源置零后，外加电压为 u 的电压源，如图 3-30（b）所示，根据欧姆定律和 KCL 计算 R_{eq} 得

$$i_R = -\frac{u}{R}$$

$$i = -i_R - 5i_R = -6i_R$$

解得

$$i = 6\frac{u}{R}$$

于是可得

$$R_{eq} = \frac{u}{i} = \frac{6}{6} = 1\Omega$$

戴维南等效电路如图 3-30（d）所示。该例题采用先将独立源置零，再求无源电路的输入电阻来确定等效电阻 R_{eq} 的方法。下面利用公式 $R_{eq} = \dfrac{u_{oc}}{i_{sc}}$ 计算等效电阻 R_{eq}。先计算图 3-30（a）电路的短路电流 i_{sc}，由图 3-30（c）所示电路，可知：

$$i_{sc} = -i_S + 5i_R + i_R$$

$$i_R = \frac{U_S}{R}$$

解得

$$i_{sc} = -i_S + \frac{6}{R}U_S$$

$$= -3 + 10 = 7A$$

根据公式：

$$R_{eq} = \frac{u_{oc}}{i_{sc}}$$

得

$$R_{eq} = \frac{7}{7} = 1\Omega$$

技能训练 12——戴维南定理的仿真分析

1．实训目的

（1）深刻理解掌握戴维南定理。
（2）进一步熟悉仿真软件 Multism10 在直流电路中的应用。

2．实训器材

计算机、仿真软件 Multism10。

3．实训原理

任何一个线性网络，如果只研究其中的一个支路的电压和电流，则可将电路的其余部分看做一个有源一端口网络。而任何一个线性有源一端口网络对外部电路的作用，可用一个等效电压源和等效电阻串联来代替。等效电压源的电压等于一端口网络的开路电压 U_{oc}，等效内阻等于一端口网络中各电源均为零时（电压源短接，电流源断开）无源一端口网络的输入电阻 R_o。这个结论就是戴维南定理。

4．实训电路和分析

由戴维南定理内容，下面给出利用戴维南定理进行的仿真操作：
（1）利用数字万用表测量电路端口的开路电压和短路电流。
（2）求解出该二端网络的等效电阻。
（3）绘制戴维南等效模型。

【例 3-19】　试用 Multisim 仿真分析求解例 3-18。

图 3-30 电路中含有独立电压源、独立电流源和电流控制电压源，有关电压或电流可以采用数字万用表直接测量。理想数字万用表在测量时不会对电路产生影响。

（1）用数字万用表直流电压挡测量开路电压的电路如图 3-31 所示。测得开路电压 $U_{oc}=7\mathrm{V}$。

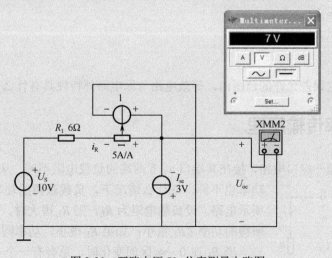

图 3-31　开路电压 U_{oc} 仿真测量电路图

（2）等效电阻可以采用开路电压除以短路电流的方法求得。数字万用表直流电流挡测量短路电流如图 3-32 所示，$I_{sc}=7\mathrm{A}$。

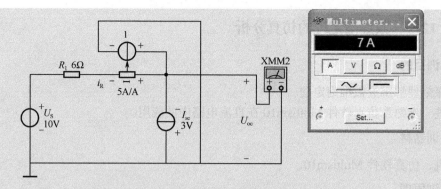

图 3-32　数字万用表直流电流挡测量短路电流 I_{sc}

（3）等效电阻可以采用开路电压除以短路电流的方法求得，$R_o = U_{oc} / I_{sc} = 7 / 7 = 1\Omega$。

（4）戴维南等效电路图如图 3-33 所示。

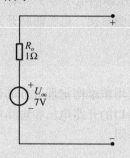

图 3-33　戴维南等效电路图

利用 Multisim 仿真计算有源线性一端口电路传输给负载的最大功率时，常把有源一端口电路用戴维南定理或诺顿定理进行等效。

仿真分析过程：

（1）求开路电压 U_{oc}；

（2）求等效电阻 R_{eq}。

5．实训总结

思考在实验测定误差允许的范围内，等效电路与原电路外特性具有什么关系？

3.6　最大功率传输定理

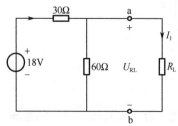

图 3-34　最大功率传输定理

给定一线性有源一端口电路，接在其端口 a、b 两端的负载电阻不同，从端口传输给负载的功率也不同，在什么情况下，负载获得的功率最大？如图 3-34 所示电路。设负载电阻为 R_L，则 R_L 很大时，电流很小，因而 R_L 所得的功率 $i^2 R_L$ 很小；如果 R_L 很小，功率同样很小。

当 R_L 在 0～∞ 区间变化时，总会有一个 R_L 值使其获得电功率最大。要确定 R_L 值，先计算 R_L 的电功率，其电功率为

$$p = i^2 R_L = \left(\frac{u_{oc}}{R_{eq} + R_L}\right)^2 R_L \qquad (3\text{-}13)$$

要使 p 最大，应使 $\dfrac{\mathrm{d}p}{\mathrm{d}R_{\mathrm{L}}}=0$，由此可求 p 为最大值时的 R_{L} 值，对式（3-13）求导，得

$$\frac{\mathrm{d}p}{\mathrm{d}R_{\mathrm{L}}}=u^2{}_{\mathrm{oc}}\left[\frac{(R_{\mathrm{eq}}+R_{\mathrm{L}})^2-2(R_{\mathrm{eq}}+R_{\mathrm{L}})R_{\mathrm{L}}}{(R_{\mathrm{eq}}+R_{\mathrm{L}})^4}\right]$$

$$\frac{\mathrm{d}p}{\mathrm{d}R_{\mathrm{L}}}=\frac{u^2{}_{\mathrm{oc}}(R_{\mathrm{eq}}-R_{\mathrm{L}})}{(R_{\mathrm{eq}}+R_{\mathrm{L}})^3} \tag{3-14}$$

令式（3-11）等于零，由此可得

$$R_{\mathrm{L}}=R_{\mathrm{eq}} \tag{3-15}$$

由于

$$\left.\frac{\mathrm{d}^2 p}{\mathrm{d}R_{\mathrm{L}}{}^2}\right|_{R_{\mathrm{L}}=R_{\mathrm{eq}}}=-\frac{u^2{}_{\mathrm{oc}}}{8R_{\mathrm{eq}}^3}<0$$

式（3-15）即为 p 为最大值的条件。因此，由线性一端口传递给可变负载电阻 R_{L} 的功率最大值的条件是负载电阻 R_{L} 与戴维南（或诺顿）等效电路的等效电阻 R_{eq} 相等，即为最大功率传输定理。满足 $R_{\mathrm{L}}=R_{\mathrm{eq}}$ 时，称 R_{L} 与一端口输入电阻 R_{eq} 匹配。此时，负载电阻获得的最大功率为

$$p_{\mathrm{Lmax}}=\frac{u^2{}_{\mathrm{oc}}}{4R_{\mathrm{eq}}} \tag{3-16}$$

由诺顿等效电路，则有

$$p_{\mathrm{L\,max}}=\frac{i^2{}_{\mathrm{sc}}R_{\mathrm{eq}}}{4} \tag{3-17}$$

最大功率传输定理是在负载可变，而 R_{eq} 不变的情况下得到的。如果 R_{eq} 可变，而 R_{L} 不变，则只有在 $R_{\mathrm{eq}}=0$ 时，R_{L} 才获得最大功率。

【例 3-20】 如图 3-35 所示电路，求：（1）R_{L} 获得最大功率时的 R_{L} 值；（2）计算 R_{L} 获得的最大功率 P_{L}；（3）当 R_{L} 获得最大功率时，求电压源产生的电功率传输给 R_{L} 的百分比。

解：（1）求 ab 左端戴维南等效电路。

$$u_{\mathrm{oc}}=\frac{18}{30+60}\times 60=12\mathrm{V}$$

$$R_{\mathrm{eq}}=\frac{30\times 60}{30+60}=20\Omega$$

因此，当 $R_{\mathrm{L}}=20\Omega$ 时，其获得功率最大。

（2）R_{L} 获得功率为

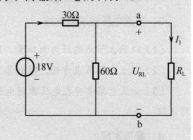

图 3-35　例 3-20 图

$$p_{\mathrm{L\,max}}=\frac{u^2{}_{\mathrm{oc}}}{4R_{\mathrm{eq}}}=\frac{12^2}{4\times 20}=1.8\mathrm{W}$$

（3）当 $R_{\mathrm{L}}=20\Omega$ 时，其两端的电压为

$$U_{\mathrm{RL}}=\frac{u_{\mathrm{oc}}}{R_{\mathrm{eq}}+R_{\mathrm{L}}}\times R_{\mathrm{L}}=\frac{12}{2\times 20}=6\mathrm{V}$$

流过电压源的电流 I 为

$$I=\frac{18-6}{30}=0.4\mathrm{A}$$

电压源电功率为

$$p_{\mathrm{us}}=18\times 0.4=7.2\mathrm{W}$$

负载所获得最大功率的百分比为

$$\eta = \frac{p_{\text{Lmax}}}{p_{\text{us}}} = \frac{1.8}{7.2} = 25\%$$

电源传输给负载的电功率为 25%，这个百分数称为传输效率。

当负载电阻等于电源内阻时，此时的电路状态称为匹配。此时电源所产生的功率一半供给负载，一半消耗在电阻上，效率为 50%。在通信和电子工程中，由于传输的功率不大，因而宁可牺牲效率也要求电路处于匹配状态。但在电力工程中则绝不允许电路工作在匹配状态。

利用 Multisim 仿真计算有源线性一端口电路传输给负载的最大功率时，常把有源一端口电路用戴维南定理或诺顿定理进行等效。由最大功率传输定理得 $R_{\text{L}}=R_{\text{eq}}$ 时，其上获取最大功率，且 $P_{\max} = \dfrac{U_{\text{oc}}^2}{4R_{\text{eq}}}$。从而求出最大功率。在此不再举例，分析过程同戴维南定理完全相同。

本章小结

1．支路电流法分析、求解电路

（1）以 b 个支路的电流为未知量，列 $(n-1)$ 个节点的 KCL 方程；用支路电流表示电阻电压，列 $b-(n-1)$ 个独立回路（常选网孔作为独立回路）的 KVL 方程。

（2）联立求解 b 个方程，得到支路电流，然后再求其余电路变量。

2．网孔电流法求解电路

（1）确定各网孔电流，指定其参考方向并以参考方向作为网孔的绕行方向；

（2）按 KVL 列写 $b-(n-1)$ 个网孔的 KVL 方程；

（3）联立求解得到各网孔电流；

（4）在所得网孔电流基础上，按分析要求再求其余电路变量。

3．节点电压法求解电路

（1）以独立节点电压为未知量，用节点电压表示支路电压、支路电流，列 $(n-1)$ 个独立节点的 KCL 方程。

（2）联立求解节点方程，得到各节点电压，然后再求其余电路变量。

（3）如果电路中存在电压源与电阻串联的组合，先把它们等效变换为电流源与电阻并联的组合，然后再列写方程。

4．叠加定理

（1）叠加定理是线性电路中普遍适用的一个重要原理。

（2）叠加定理体现了电源的独立作用原理。

（3）当只考虑某一电源单独作用时，注意其余电源按"零值"处理。

（4）注意计算某一支路总电流或总电压时各分量正、负符号的处理。

（5）叠加定理只适用于线性电路计算电压及电流，不适用于计算功率。

5．戴维南定理和诺顿定理

戴维南定理和诺顿定理是有源二端网络的等效变换化简的重要方法。

戴维南定理和诺顿定理：含独立源的二端网络，对其外部而言一般可用电压源与电阻串联组合或电流源与电阻并联组合等效。电压源的电压等于网络的开路电压 U_{oc}，电流源的电流等于网络的短路电流 I_{sc}，电阻 R_0 等于网络除源后的等效电阻。

戴维南定理和诺顿定理只适用于线性二端网络，且在只需要计算复杂电路中某一支路的电压电流时，应用该定理十分简便。

6. 最大功率传输定理

由含独立源的二端网络传输给外接可变电阻 R 的功率为最大的条件是 R 应与二端网络的戴维南等效电路的电阻相等。

习题 3

3-1　在以下两种情况下，画出题 3-1 图所示电路，并说明其节点数和支路数各为多少？KCL、KVL 独立方程数各为多少？

（1）每个元件作为一条支路处理；

（2）电压源（独立或受控）和电阻的串联组合，电流源和电阻的并联组合作为一条支路处理。

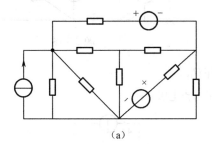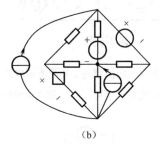

（a）　　　　　　　　　　　　　　（b）

题 3-1 图

3-2　题 3-2 图所示电路中，$R_1=R_2=10\Omega$，$R_3=4\Omega$，$R_4=R_5=8\Omega$，$R_6=2\Omega$，$u_{S3}=10V$，$i_{S6}=10A$。试列出支路电流法的方程，以及求解各支路电压所需的方程。

3-3　如题 3-3 图所示，试用支路电流法求支路电流 I_1、I_2、I_3。

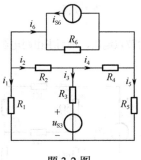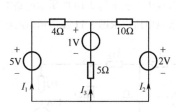

题 3-2 图　　　　　　　　　　　　　题 3-3 图

3-4　如题 3-4 图所示，试用网孔电流法求电流 I_3 以及两个电压源的功率。

3-5　如题 3-5 图所示，试用网孔电流法求电流 I_A，并求受控电流源的功率。

3-6　试按给定的网孔电流方向，写出题 3-6 图所示网孔电流法的规范方程。

3-7　电路如题 3-7 图所示，用网孔电流法求 i 和 u。

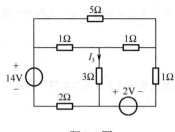

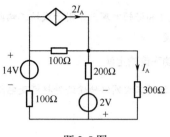

題 3-4 圖　　　　　　　　　　　　　　　　題 3-5 圖

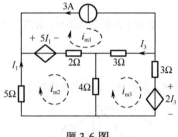

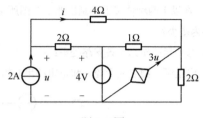

題 3-6 圖　　　　　　　　　　　　　　　　題 3-7 圖

3-8　试用节点电压法求题 3-8 图所示电路中的电压 U_{12}。

3-9　按给定的节点序号，写出题 3-9 图所示电路的节点电压方程。

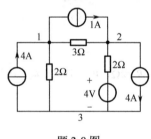

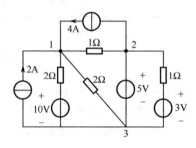

題 3-8 圖　　　　　　　　　　　　　　　　題 3-9 圖

3-10　试用节点电压法求题 3-10 图所示电路中 1、2 两节点的节点电压，进而求出两电源的功率。

3-11　试用节点电压法求题 3-11 图所示电路中的电流 I_S 及 I_0。

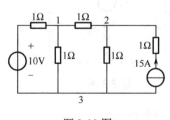

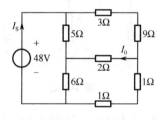

題 3-10 圖　　　　　　　　　　　　　　　　題 3-11 圖

3-12　试用节点电压法求题 3-12 图所示电路中的电流 i。

3-13　试用叠加定理求题 3-13 图示电路中的电压 u。

3-14　在题 3-14 图所示电路中，已知电阻 $R_1=40\Omega$，$R_2=36\Omega$，$R_3=R_4=60\Omega$，电压 $U_{S1}=100\mathrm{V}$，$U_{S3}=90\mathrm{V}$，用叠加定理求电流 I_2。

3-15　试用叠加定理求题 3-15 图所示电路中的电流 I。

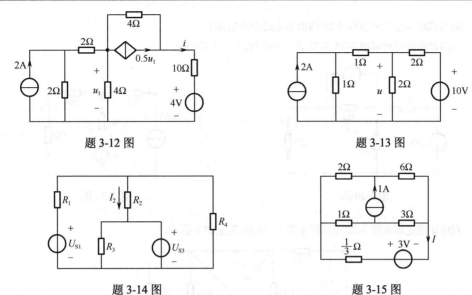

题 3-12 图　　　　　　　　　　　　题 3-13 图

题 3-14 图　　　　　　　　　　　　题 3-15 图

3-16　如题 3-16 图所示电路，N 为不含独立电源的线性电阻电路。已知：当 $u_S = 12V$，$i_S = 4A$ 时，$u = 0V$；当 $u_S = -12V$，$i_S = -2A$ 时，$u = -1V$；求当 $u_S = 9V$，$i_S = -1A$ 时的电压 u。

3-17　如题 3-17 图所示电路。试求 ab 两端的等效电阻 R_{ab} 及电压 U_{ab}。

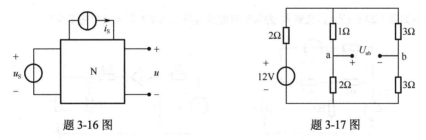

题 3-16 图　　　　　　　　　　　　题 3-17 图

3-18　求题 3-18 图（a）、（b）所示各电路的戴维南或诺顿等效电路。

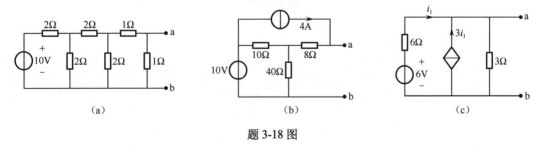

（a）　　　　　　　　　（b）　　　　　　　　　（c）

题 3-18 图

3-19　分别用叠加定理和戴维南定理求解题 3-19 图所示各电路中的电流 I。

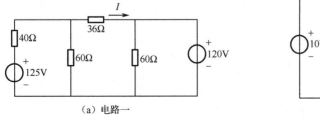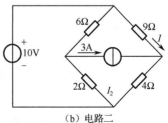

（a）电路一　　　　　　　　　　　　（b）电路二

题 3-19 图

3-20　应用戴维南定理求解题 3-20 图所示电路中的电流 I。

3-21　利用戴维南定理求题 3-21 图所示电路中 6Ω 电阻上的电流 I。

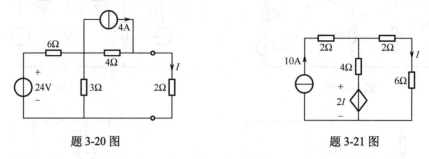

题 3-20 图　　　　　　　　　　　题 3-21 图

3-22　利用诺顿定理求题 3-22 图所示电路中 20Ω 电阻上的电压 U。

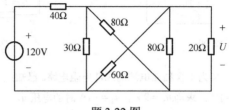

题 3-22 图

3-23　电路如题 3-23 图所示，负载 R_L 为何值时能获得最大功率？最大功率是多少？

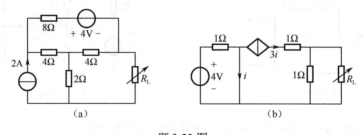

(a)　　　　　　　　　　　(b)

题 3-23 图

第4章 正弦交流电路稳态分析

知识要点

1. 掌握正弦量三要素、相量、阻抗概念；
2. 掌握用相量法分析求解正弦稳态电路的方法；
3. 掌握正弦稳态电路的功率及功率因数的概念和计算；
4. Multisim 10 在交流电路中的应用。

　　线性电路受正弦电压（电流）源的激励，电路中各处的电压、电流都将是同频率的正弦波。本章首先引入正弦量的相量表示法和复阻抗、复导纳及相量图的概念，然后通过实例介绍电路方程的相量形式，重点介绍电路定律、定理的相量描述及正弦电流电路的相量分析法，最后介绍正弦稳态电路的电功率、最大功率传输问题。

4.1 正弦交流的概念

4.1.1 正弦交流电的基本概念

　　随时间按正弦规律变化的电压或电流，称为正弦交流电。在工程上常把正弦电流归为交流（Alternating Current，AC）。通常所说的交流电就是指正弦交流电，对正弦交流电进行数学描述，可采用正弦函数，也可以用余弦函数。本书对正弦交流电采用余弦函数描述。

　　以正弦电流为例，其瞬时表达式为

$$i = I_{\mathrm{m}} \cos(\omega t + \varphi_{\mathrm{i}}) \tag{4-1}$$

其波形如图 4-1 所示（$\varphi_{\mathrm{i}} \geq 0$），横轴可用 ωt 表示，也可用 t 表示。

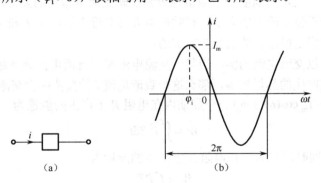

图 4-1　正弦电流的波形

4.1.2 正弦量的三要素

　　在电路分析中把正弦电流、正弦电压统称为正弦量。式（4-1）中的三个常数 I_{m}、ω、φ_{i} 称为正弦量的三要素。其中，I_{m} 称为振幅或幅值（amplitude）。正弦量是一个等幅振荡、正负交替变化的周期函数，振幅是正弦量在整个振荡过程中可达到的最大值，即 $\cos(\omega t + \varphi_{\mathrm{i}}) = 1$ 时，有 $i_{\max} = I_{\mathrm{m}}$。当 $\cos(\omega t + \varphi_{\mathrm{i}}) = -1$ 时，i 为最小值，$i_{\min} = -I_{\mathrm{m}}$。$i_{\max} - i_{\min} = 2I_{\mathrm{m}}$ 称为正弦量的峰-峰值。

　　式（4-1）中，$(\omega t + \varphi_{\mathrm{i}})$ 为正弦量随时间变化的角度，称为正弦量的相位，或相位角。ω 称为正弦量的角频率，它是正弦量的相位随时间变化的角速度，即 $\omega = \dfrac{\mathrm{d}(\omega t + \varphi_i)}{\mathrm{d}t}$，单位为 rad/s。

角频率 ω 与正弦量的周期 T 和频率 f 之间的关系为：$\omega T = 2\pi$，$\omega = 2\pi f$，$f = \dfrac{1}{T}$。若 T 的单位为秒（s），则频率 f 的单位为 $\dfrac{1}{\mathrm{s}}$，称为 Hz（赫兹，简称赫）。

φ_i 是正弦量在 $t = 0$ 时刻的相位，称为正弦量的初相位（角），简称初相，即 $(\omega t + \varphi_i)|_{t=0} = \varphi_i$。初相的单位用弧度或度表示，通常在主值范围内取值，即 $|\varphi_i| \leqslant 180°$。初相与正弦量计时起点的选择有关。如图 4-2 所示电路，图 4-2（a）中 $\varphi_i = 0$，图 4-2（b）中 $\varphi_i < 0$。对任一正弦量，初相是允许任意指定的，但对于一个电路中的许多相关正弦量，它们只能相对于一个共同的计时零点确定各自的相位。工程中画波形图时，常把横坐标定为 ωt 而不是时间 t，两者的差别仅在于比例常数 ω。

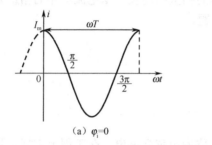
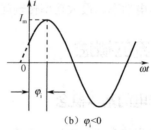

图 4-2　波形图

4.1.3　有效值

交流电的大小和方向随时间变化，如果随意取值，不能反映它在电路中的实际效果，如果采用最大值，会夸大交流电，需要一个数值能等效反映交流电做功的能力。因此，在电工技术中常用有效值来衡量正弦交流电的大小。有效值用大写字母表示，如 I 和 U，与直流量的形式相同。交流电的有效值是根据它的热效应确定的。

有效值的定义：以交流电流为例，当某一交流电流和一直流电流分别通过同一电阻 R 时，如果在一个周期 T 内产生的热量相等，那么这个直流电流 I 的数值叫做交流电流的有效值。

正弦交流电流 $i = I_m \cos(\omega t + \varphi_i)$ 一个周期内在电阻 R 上产生的能量为

$$W = \int_0^T i^2 R \mathrm{d}t$$

直流电流 I 在相同时间 T 内，在电阻 R 上产生的能量为

$$W = I^2 R T$$

根据有效值的定义，有

$$I^2 R T = \int_0^T i^2 R \mathrm{d}t$$

于是得 $\qquad\qquad\qquad\qquad I = \sqrt{\dfrac{1}{T} \int_0^T i^2 \mathrm{d}t} \qquad\qquad\qquad\qquad (4\text{-}2)$

式（4-2）为有效值定义的数学表达式，适用于任何周期变化的电流、电压及电动势。

正弦电流的有效值等于其瞬时电流值 i 的平方在一个周期内积分的平均值再取平方根，所以有效值又称为均方根值。

将正弦交流电流 $i = I_m \cos(\omega t + \varphi_i)$ 代入式（4-2）得

$$I = \sqrt{\frac{1}{T}\int_0^T I_m^2 \cos^2(\omega t + \varphi_i)\mathrm{d}t}$$

$$= \sqrt{\frac{1}{T}\int_0^T I_m^2 \left[\frac{1}{2} - \cos 2(\omega t + \varphi_i)\right]\mathrm{d}t}$$

$$= \frac{1}{\sqrt{2}}I_m = 0.707 I_m \qquad\qquad (4\text{-}3)$$

同理：
$$U = \frac{1}{\sqrt{2}}U_m = 0.707 U_m \qquad\qquad (4\text{-}4)$$

正弦量的最大值与有效值之间有固定的 $\sqrt{2}$ 倍的关系。我们通常所说的交流电的数值都是指有效值。交流电压表、电流表的表盘读数及电气设备铭牌上所标的电压、电流也都是有效值。用有效值表示正弦电流的数学表达式为

$$i = \sqrt{2}I \cos(\omega t + \varphi_i)$$

【例 4-1】　一个正弦电压的初相角为 45°，最大值为 311V，角频率 ω =314rad/s，试求它的有效值、解析式，并求 t=0.1s 时的瞬时值。

解： U_m=380V，所以其有效值为
$$U = \frac{U_m}{\sqrt{2}} = \frac{311}{\sqrt{2}} = 220\text{V}$$

则电压的解析式为
$$u = 220\sqrt{2}\cos\left(314t + \frac{\pi}{4}\right)\text{V}$$

将 t=0.1s 代入上式得
$$u = 220\sqrt{2}\cos\left(314 \times 0.1 + \frac{\pi}{4}\right) = 263.2\text{V}$$

4.1.4　正弦量间的相位差

正弦量的三要素是正弦量之间进行比较和区分的依据。而在正弦交流电路中经常遇到同频率的正弦波，它们仅在最大值及初相上可能有所差别。电路中常引用"相位差"的概念来描述两个同频率的正弦量之间的相位关系。例如，设有两个同频率的正弦量：
$$u_1 = U_m \cos(\omega t + \varphi_1)$$
$$u_2 = U_m \cos(\omega t + \varphi_2)$$

这两个同频率的正弦量的相位差等于它们的相位之差，如设 φ_{12} 表示电压 u_1 与电压 u_2 之间的相位差，则

$$\varphi_{12} = (\omega t + \varphi_1) - (\omega t + \varphi_2) = \varphi_1 - \varphi_2 \qquad\qquad (4\text{-}5)$$

相位差也在主值范围之内取值。上述结果表明：同频率正弦量的相位差等于它们的初相之差，是一个与时间无关的常数。电路中常采用"超前"和"滞后"来说明两个同频率正弦量相位比较的结果。当 $\varphi_{12} > 0$ 时，称电压 u_1 超前电压 u_2；当 $\varphi_{12} < 0$ 时，称电压 u_1 滞后电压 u_2；当 $\varphi_{12} = 0$ 时，称电压 u_1 与 u_2 同相；当 $|\varphi_{12}| = \frac{\pi}{2}$ 时，称电压 u_1 与 u_2 正交；当 $|\varphi_{12}| = \pi$ 时，称电压 u_1 与电压 u_2 彼此反相。图 4-3 表示两个不同相的正弦波。

也可以通过观察波形来确定相位差，如图 4-4 所示。在同一周期内两个波形的极大（小）值之间的角度值（≤180°），即为两个正弦量的相位差，先到达极值点的正弦量为超前波。

图 4-4 所示为电流 i_1 滞后于电压 u_2。相位差与计时起点的选取、变动无关。在进行相关正弦量的分析时常选取某一正弦量作为参考正弦量,参考正弦量的初相位定义为零。

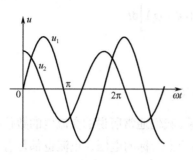

图 4-3　不同相的正弦波

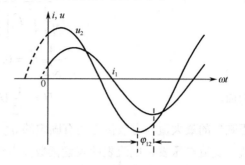

图 4-4　同频率正弦量的相位差

　　由于正弦量的初相与设定的参考方向有关,当改变某一正弦量的参考方向时,则该正弦量的初相将改变 π,它与其他正弦量的相位差也将相应地改变 π。

技能训练 13——正弦交流电三要素的仿真观察

1.实训目的

(1)理解正弦量三要素的含义。

(2)学会用虚拟示波器仿真观察正弦交流电的三要素。

2.实训器材

计算机、仿真软件 Multism10。

3.实训原理

随时间按正弦规律变化的电压和电流,称为正弦量。

设一正弦量电流 $i = I_m \cos(\omega t + \varphi_i)\mathrm{A}$,三个常数 I_m、ω、φ_i 称为正弦量的三要素。

4.实训电路和分析

【例 4-2】　观察 $u = 10\sqrt{2}\cos(100\pi t + 90)\mathrm{V}$ 的波形图。

搭建仿真电路如图 4-5(a)所示,设置电压源参数如图 4-5(b)所示。

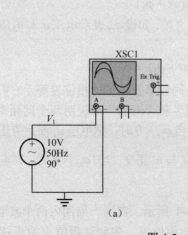

(a)

(b)

图 4-5　例 4-2 图

按下"Analysis"按钮，示波器输出波形如图 4-6 所示，由波形图可以看出 $U_m = 5 \times 2.8 = 14\text{V}$，$\omega = \dfrac{2\pi}{T} = \dfrac{2\pi}{0.02} = 100\pi$，$\varphi = 90°$，因此输出波形与理论给定值完全吻合。

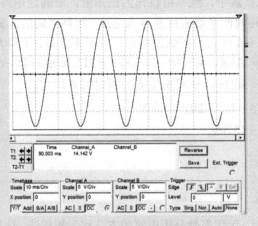

图 4-6　示波器仿真输出波形

5．实训总结

改变初相角，观察示波器输出波形有什么变化？

4.2　正弦交流电的相量表示

　　线性时不变的动态电路在角频率为 ω 的正弦电压源和电流源激励下，随着时间的增长，当暂态响应消失，只剩下正弦稳态响应，电路中全部电压电流都是角频率为 ω 的正弦波时，称电路处于正弦稳态。满足这类条件的动态电路通常称为正弦交流电路或正弦稳态电路。本书中所说的正弦交流电路均指正弦稳态电路。在正弦交流电路中引进相量的概念后，就可以用直流电路的方法来分析正弦交流电路。

4.2.1　相量的基本概念

　　一个复数可以表示为

$$A = r\angle\varphi$$

其中，r 称为模，也叫复数的绝对值。φ 称为"幅角"，取值不超过 $\pm 180°$。而在一个正弦量的解析式 $i = I_m\cos(\omega t + \varphi_i)$ 中，最大值（或有效值）和初相刚好与复数的"模"和"幅角"这两个量相对应，由此使人们联想到能否用复数表示正弦量？答案是肯定的。在正弦交流电路的计算中，由于所有的激励和响应都是同频率的正弦量，因此就可以不必考虑角频率这个要素，而只需表示出正弦量的最大值（或有效值）和初相这两个要素就行了。这样正弦量就可以写成复数形式：

$$\dot{I} = I\angle\varphi_i \quad (\text{或} \; \dot{I}_m = I_m\angle\varphi_i)$$

　　像这样能表示一个正弦量的最大值（或有效值）和初相的复数称为正弦量的相量。其中，$\dot{I}$ 称为有效值的相量，$\dot{I}_m$ 称为最大值的相量。如果知道了一个正弦量的解析式就可以写出它的相量；同样，知道了一个正弦量的相量，也可以解出它的解析式。

　　同理，正弦电压的相量为

$$\dot{U} = U\angle\varphi_{\mathrm{u}} \quad (\text{或} \ \dot{U}_{\mathrm{m}} = U_{\mathrm{m}}\angle\varphi_{\mathrm{u}})$$

用复数形式表示的正弦量称为正弦量的相量表示形式，为了与一般的复数相区别，在大写字母上打"·"表示。在三要素中，频率可以作为已知量，要确定电路中的电压或电流，只需要把电压或电流的幅值和初相角两个要素用复数来描述。相量之间的运算可用复数间的运算完成。应当指出：相量只能表征（或代表）正弦量而并不等于正弦量，i 和 $\dot{I}$，u 和 $\dot{U}$ 相对应。

【例4-3】 （1）已知 $i = 141.4\cos(314t + 30°)\mathrm{A}$，$u = 311.1\cos(314t - 60°)\mathrm{V}$，试用相量表示 i，u；（2）已知 $\dot{I} = 50\angle 15°\mathrm{A}$，$f = 50\mathrm{Hz}$，试写出电流的瞬时值表达式。

解：（1） $\dot{I} = 100\angle 30°\mathrm{A}$，$\dot{U} = 220\angle -60°\mathrm{V}$

（2） $i = 50\sqrt{2}\cos(314t + 15°)\mathrm{A}$

4.2.2 相量法

1. 用相量表示正弦量

正弦相量用复数表示后，运用复数分析电路的方法称为相量法。这里先复习复数的相关知识。

正弦量相量用复数表示后也可以在复平面上用一个矢量来表示，按照正弦量的大小和相位关系用共初始位置的有向线段画出的若干个相量的图形，称为相量图。

相量图能够直观地显示电路中各相量的关系，在相量图上除了按比例反映各相量的模（有效值）以外，还可以根据各相量在图上的位置相对地确定各相量的相位。

当电路元件串联连接时，以电流为参考相量，根据电路上有关元件电流与电压之间的相位关系，画出相应电压、电流的相量，需要求和的相量用平行四边形法则计算。

当电路元件并联连接时，以电压为参考相量，根据电路上有关元件电流与电压之间的相位关系，画出相应电压、电流的相量，需要求和的相量用平行四边形法则计算。

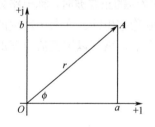

图4-7 相量在复平面上的表示

相量 A 在复平面表示如图4-7所示。应当说明：只有同频率的多个正弦相量对应的相量图画在同一复平面才有意义。

相量 A 复数代数表达式为 $A = a + \mathrm{j}b$，式中 $\mathrm{j} = \sqrt{-1}$ 为虚单位（与数学中常用的 i 等同）。图4-7中 r 表示有向线段 $\boldsymbol{OA}$ 的长度，称为复数的模，a、b 为复数 A 的实部和虚部。有向线段 $\boldsymbol{OA}$ 与实轴正方向间的夹角，称为复数的幅角，用 ϕ 表示，规定幅角的绝对值小于 $180°$。

$$r = \sqrt{a^2 + b^2}, \quad \phi = \arctan\left(\frac{b}{a}\right) \tag{4-6}$$

$$a = r\cos\phi \qquad b = r\sin\phi$$

由图4-7可得，复数的代数式 $A = a + \mathrm{j}b$ 转化为三角形式：$A = r(\cos\phi + \mathrm{j}\sin\phi)$。根据欧拉公式 $\mathrm{e}^{\mathrm{j}\phi} = \cos\phi + \sin\phi$，将复数的三角形式转化为指数形式：$A = r\mathrm{e}^{\mathrm{j}\phi}$。极坐标形式：$A = r\angle\phi$。

实部相等、虚部大小相等而异号的两个复数叫做共轭复数，用 A^* 表示 A 的共轭复数，则有 $A = a + \mathrm{j}b$；$A^* = a - \mathrm{j}b$。

复数可以进行四则运算。两个复数进行乘除运算时，可将其化为指数形式或极坐标形式来进行计算。如两个复数进行加减运算时，用代数形式计算则更简洁。

若设两个复数 $A_1 = a_1 + \mathrm{j}b_1 = r_1\angle\phi_1$，$A_2 = a_2 + \mathrm{j}b_2 = r_2\angle\phi_2$。则复数的四则运算规则如下：

$$A_1 \pm A_2 = (a_1 \pm a_2) + \mathrm{j}(b_1 \pm b_2)$$

$$A_1 \cdot A_2 = r_1\angle\phi_1 \cdot r_2\angle\phi_2 = r_1 \cdot r_2\angle(\phi_1 + \phi_2)$$

$$\frac{A_1}{A_2} = \frac{r_1\angle\phi_1}{r_2\angle\phi_2} = \frac{|r_1|}{|r_2|}\angle(\phi_1 - \phi_2)$$

2. 用旋转相量表示正弦量

如何把正弦相量的概念应用到正弦稳态电路的分析计算？需引进复函数。设有时间 t 的复函数，利用数学中的欧拉公式：

$$e^{j\omega t} = \cos\omega t + j\sin\omega t \tag{4-7}$$

显然，$\cos\omega t = \text{Re}(e^{j\omega t})$，$\sin\omega t = \text{Im}(e^{j\omega t})$。这里的 $\text{Re}(\cdot)$ 和 $\text{Im}(\cdot)$ 分别为取实部和取虚部符号。进一步，有

$$e^{j(\omega t+\varphi)} = \cos(\omega t+\varphi) + j(\sin\omega t + \varphi)$$

显然，一个正弦电流 $i = I_m\cos(\omega t+\varphi_i)$ 可以表示为

$$i(t) = I_m\cos(\omega t+\varphi_i) = \text{Re}\left[I_m e^{j(\omega t+\varphi_i)}\right] = \text{Re}\left[I_m e^{j\varphi_i}e^{j\omega t}\right] \tag{4-8}$$

这样一个实函数 $i(t)$ 就与复函数 $I_m e^{j(\omega t+\varphi_i)}$ 之间建立了关系，$I_m e^{j(\omega t+\varphi_i)}$ 称为复指数电流。复指数电流：

$$\dot{I}_m = I_m e^{j\varphi_i} = |\dot{I}_m|e^{j\varphi_i} = I_m\angle\varphi_i$$

式中，I_m 为 $\dot{I}_m$ 的模，则

$$i(t) = \text{Re}\left[I_m e^{j(\omega t+\varphi_i)}\right] \tag{4-9}$$

与正弦量 $i(t)$ 相对应的复指数函数在复平面上可用旋转相量表示出来，旋转相量即相量乘以旋转因子 $e^{j\omega t}$。$I_m e^{j(\omega t+\varphi)} = I_m e^{j\varphi}\cdot e^{j\omega t}$，其中，$I_m = I_m e^{j\varphi}$ 表示其 $t = 0$ 时旋转相量的位置，称为复振幅，$e^{j\omega t}$ 是一个随时间变化，以角速度 ω 不断逆时针旋转的因子。即表示复振幅在复平面上不断逆时针旋转，这就是复指数函数的几何意义。正弦量是旋转相量在旋转过程中在正实轴上的投影。其波形如图 4-8 所示。

两个同频率正弦量的旋转相量，其角速度相同，旋转相量的相对位置保持不变（同频率正弦量的相位差为常量）。因此，当讨论两个正弦量的振幅和相位关系时，无须考虑它们在旋转，通常只需画出它们在 $t = 0$ 时的位置就可以了，即画出它们的相量图，就完全可以比较它们的振幅大小及相位关系，如图 4-9 所示。

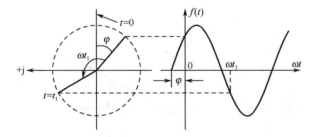
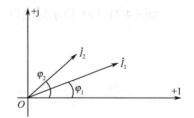

图 4-8　旋转相量在实轴上的投影对应正弦波　　　　　　　　图 4-9　正弦量的相量图

注意：

（1）相量与正弦量之间只是对应关系，而不是相等关系。

（2）相量表示了正弦量的两个要素（有效值和初相），对于角频率 ω，因在同一正弦交流电路中一般各电路变量具有相同的角频率，因此往往不予表示。

相量图：同复数一样，相量可以在复平面上用相量来表示，复平面上表示相量以及相量间关系的图称为相量图。

正弦量用相量表示后，正弦稳态电路常用相量法来分析，其主要的优点有：（1）把时域问题变为复数问题；（2）把微积分方程的运算变为复数方程运算；（3）可以把直流电路的分析方法直接用于交流电路。但要注意的是，相量法只适用于激励为同频正弦量的非时变线性电路。

【例 4-4】 已知正弦相量 A、B 复数表示为 $A = 30 + \mathrm{j}40$，$B = 12 + \mathrm{j}9$，试完成其正弦相量 A、B 的加、减、乘、除运算。

解：
$$A + B = 30 + \mathrm{j}40 + 12 + \mathrm{j}9 = 42 + \mathrm{j}49$$
$$A - B = 30 + \mathrm{j}40 - 12 - \mathrm{j}9 = 18 + \mathrm{j}31$$
$$A \times B = (30 + \mathrm{j}40) \times (12 + \mathrm{j}9) = 50\angle 53.13 \times 15\angle 36.87 = 750\angle 90°$$
$$\frac{A}{B} = \frac{50\angle 53.13}{15\angle 36.87} = 3.33\angle 16.26°$$

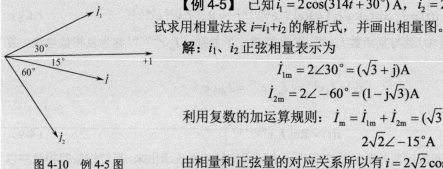

【例 4-5】 已知 $i_1 = 2\cos(314t + 30°)\,\mathrm{A}$，$i_2 = 2\cos(314t - 60°)\,\mathrm{A}$。试求用相量法求 $i = i_1 + i_2$ 的解析式，并画出相量图。

解： i_1、i_2 正弦相量表示为

$$\dot{I}_{1\mathrm{m}} = 2\angle 30° = (\sqrt{3} + \mathrm{j})\,\mathrm{A}$$
$$\dot{I}_{2\mathrm{m}} = 2\angle -60° = (1 - \mathrm{j}\sqrt{3})\,\mathrm{A}$$

利用复数的加运算规则： $\dot{I}_\mathrm{m} = \dot{I}_{1\mathrm{m}} + \dot{I}_{2\mathrm{m}} = (\sqrt{3} + 1 + \mathrm{j}(1 - \sqrt{3})) = 2\sqrt{2}\angle -15°\,\mathrm{A}$

图 4-10 例 4-5 图

由相量和正弦量的对应关系所以有 $i = 2\sqrt{2}\cos(314t - 15°)\,\mathrm{A}$。

以 $\dot{I}_1$ 相量为参考，i_2 与 i_1 的相位差为 $\varphi_{12} = \varphi_1 - \varphi_2 = 90°$，$i_1$ 相位超前于 i_2 $90°$。$\dot{I}_1$、$\dot{I}_2$、$\dot{I}$ 相量图如图 4-10 所示。在画图过程中注意各相的比例关系。

4.3 单一元件伏安关系的相量表示

4.3.1 电阻元件伏安关系的相量形式

1. 电阻元件的电压与电流相量关系

如图 4-11（a）所示为电阻元件电路。

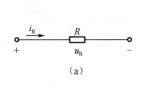
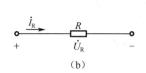
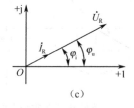

图 4-11 电阻元件伏安关系的相量形式

当电阻元件流过正弦电流 $i_\mathrm{R} = I_\mathrm{m}\cos(\omega t + \varphi_\mathrm{i})$ 时，稳态下的伏安关系为

$$u_\mathrm{R} = Ri_\mathrm{R} = RI_\mathrm{m}\cos(\omega t + \varphi_\mathrm{i})$$

u_R 和 i_R 是同频率的正弦量，其相量形式为

$$\dot{U}_\mathrm{R} = R\dot{I}_\mathrm{R} \tag{4-10}$$

或写成
$$U_\mathrm{R}\angle \varphi_\mathrm{u} = RI_\mathrm{R}\angle \varphi_\mathrm{i}$$

式（4-10）是电阻元件伏安关系的相量形式，由此可得出：

（1）$U_R = RI_R$，即电阻电压有效值等于电流有效值乘以电阻值，有效值符合欧姆定律。正弦电路中，电阻上电压与电流是同频正弦量并同相。在相量图上，电压相量总与电流相量共线或平行。

（2）$\angle \varphi_u = \angle \varphi_i$，即电阻上电压与电流同相位。

2. 电阻电路的功率

在任一瞬间，电阻两端电压瞬时值与流过电流瞬时值的乘积称为瞬时功率，用小写字母 p 表示。波形如图 4-12 所示。

$$\begin{aligned} p_R &= u_R i \\ &= U_{Rm} I_m \cos^2(\omega t + \varphi_i) \qquad (4\text{-}11) \\ &= U_R I[1 + \cos 2(\omega t + \varphi_i)] \end{aligned}$$

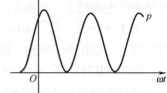

图 4-12　电阻功率的瞬时曲线

由瞬时功率的表达式及曲线图 4-12 可知，$p \geq 0$，表明电阻元件在除过零点的任一瞬间均从电源吸取能量，电阻始终吸收功率，并将电能转化为热能，电阻是耗能元件。

瞬时功率实用意义不大，通常电路的功率是指瞬时功率在一个周期的平均值，称为平均功率（也称有功功率），用 P 表示，即

$$P = \frac{1}{T}\int_0^T U_R I[1 - \cos(2\omega t + \varphi_i)]\mathrm{d}t = U_R I = I^2 R \qquad (4\text{-}12)$$

4.3.2　电感元件伏安关系的相量形式

1. 电感元件的电压与电流相量关系

如图 4-13（a）所示的电感元件电路，设 $i_L = I_m \cos(\omega t + \varphi_i)$，在正弦稳态下伏安关系为

$$u_L = L\frac{\mathrm{d}i_L}{\mathrm{d}t} = -LI_m\omega\sin(\omega t + \varphi_i) = LI_m\omega\cos(\omega t + \varphi_i + 90°)$$

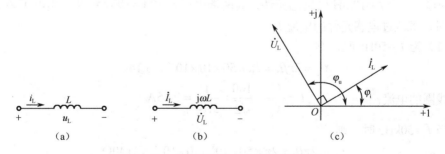

图 4-13　电感元件伏安关系的相量形式

其相量形式为

$$\dot{I}_L = \dot{I}_m \angle \varphi_i$$
$$\dot{U}_L = \mathrm{j}\omega L\dot{I}_L \qquad (4\text{-}13)$$

或写成
$$U_L \angle \varphi_u = \omega L I_L \angle(\varphi_i + 90°) \qquad (4\text{-}14)$$

式（4-13）称为电感元件伏安关系的相量形式，由式（4-13）可得
$$U_L = \omega L I_L \qquad (4\text{-}15)$$

（1）电感元件的端电压有效值等于电流有效值、角频率和电感三者之积。

（2）$\varphi_u = \varphi_i + 90°$，电感上电压相位超前电流相位 $90°$。

$X_L = \omega L = 2\pi f L$，称 X_L 为电感的感抗，单位为欧姆，它反映了电感元件对正弦电流的阻碍作用：L 一定时，f 越高，X_L 越小，电流越难通过。

$B_L = \dfrac{1}{\omega L} = \dfrac{1}{2\pi f L}$，称 B_L 为电感的感纳，单位为西门子。

图 4-13（b）所示的电路给出了电感元件的端电压、电流相量形式的示意图，图 4-13（c）所示的电路给出了电感元件的端电压与电流的相量图。

感抗是用来表示电感元件对电流阻碍作用的一个物理量。在电压一定的条件下，感抗越大，电路中的电流越小，其值正比于频率 f。有两种特殊情况如下：

①$f \to \infty$ 时，$X_L = \omega L \to \infty$，$I_L \to 0$。即电感元件对高频率的电流有极强的抑制作用，在极限情况下，它相当于开路。因此，在电子电路中，常用电感线圈作为高频扼流圈。

②$f \to 0$ 时，$X_L = \omega L \to 0$，$U_L \to 0$。即电感元件对于直流电流相当于短路。

感抗随频率变化的情况如图 4-14 所示。一般电感元件具有通直流隔交流的作用。必须注意，感抗是电感上的电压与电流有效值之比，而不是它们的瞬时值之比。电感上电流和电压及功率瞬时变化曲线如图 4-15 所示。

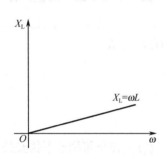

图 4-14　感抗随频率变化曲线

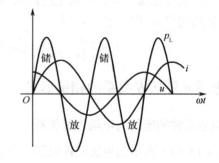

图 4-15　电感上电流和电压及功率瞬时曲线

【例 4-6】　一个 $L=10\text{mH}$ 的电感元件，其两端电压为 $u(t)=100\cos\omega t$，当电源频率为 50Hz 与 50kHz 时，求流过电感元件的电流 I。

解：（1）当 $f=50\text{Hz}$ 时，则
$$X_L = 2\pi f L = 2\pi \times 50 \times 10 \times 10^{-3} = 3.14\Omega$$

通过线圈的电流：
$$I = \frac{U}{X_L} = \frac{100}{\sqrt{2}} \times \frac{1}{3.14} = 22.5\text{A}$$

（2）当 $f=50\text{kHz}$ 时，则
$$X_L = 2\pi f L = 2\pi \times 50 \times 10^3 \times 10 \times 10^{-3} = 3140\Omega$$

通过线圈的电流：
$$I = \frac{U}{X_L} = \frac{100}{\sqrt{2}} \times \frac{1}{3140} = 22.5\text{mA}$$

可见，电感线圈能有效阻止高频电流通过。

2. 电感电路的功率

假设电流的初相角 $\varphi_i = 0$，瞬时功率的表达式为
$$
\begin{aligned}
p_L &= u_L i \\
&= \sqrt{2}U_L \cos\omega t \sqrt{2}I \sin\omega t \\
&= U_L I \sin 2\omega t
\end{aligned}
\tag{4-16}
$$

由表达式可见，p 是一个以 2ω 的角频率随时间交变的正弦量，其变化曲线如图 4-15 所示。在第一和第三个 1/4 周期内，P 为正值，这表示电感从电源吸收电能并把它转换为电磁能储存起来，电感相当于负载。在第二和第四个周期内，P 为负值，表明电感将储存的磁场能转换为电能送还给电源，电感起着一个电源的作用。

电感电路的平均功率为

$$P = \frac{1}{T}\int_0^T p\,\mathrm{d}t = \frac{1}{T}\int_0^T UI\sin 2\omega t\,\mathrm{d}t = 0$$

可见，电感瞬时功率以 2ω 交变，有正有负，一周期内刚好互相抵消，表明电感只储能不耗能。电感电路的平均功率在一个周期内等于零，故没有能量消耗，也就是说电感从电源吸收的能量全部送回电源。

4.3.3　电容元件伏安关系的相量形式

1. 电容电路的电压与电流相位关系

如图 4-16（a）所示为正弦稳态下的电容元件，设 $u_C = U_m\cos(\omega t + \varphi_u)$，在正弦稳态下的伏安关系为

$$i_C = C\frac{\mathrm{d}u_C}{\mathrm{d}t} = -CU_m\omega\sin(\omega t + \varphi_u) = CU_m(\omega t + \varphi_u + 90°)$$

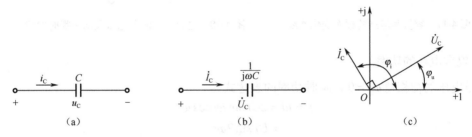

图 4-16　电容元件伏安关系的相量形式

其相量形式：
$$\dot{U}_C = \dot{U}_m\angle\varphi_u$$
$$\dot{I}_C = \mathrm{j}\omega C\dot{U}_C \tag{4-17}$$

或写成
$$I_C\angle\varphi_i = \omega CU_C\angle(\varphi_u + 90°) \tag{4-18}$$

式（4-17）称为电容元件伏安关系的相量形式。由此可得

$$I_C = \omega CU_C \tag{4-19}$$

（1）电容上电流有效值等于电压有效值、角频率、电容量之积；

（2）$\varphi_i = \varphi_u + 90°$，即电容上电流相位超前电压相位 90°。

如图 4-16（b）所示为电容元件的电压、电流相量形式的示意图，如图 4-16（c）所示为电容元件端电压、电流的相量图。

由式（4-19）得

$$\frac{U_C}{I_C} = \frac{1}{\omega C}，\quad \frac{I_C}{U_C} = \omega C$$

式中，$X_C = \frac{1}{\omega C}$ 称为电容元件的容抗，国际单位制（SI）中，其单位为 Ω，其值与频率成反比；$B_C = \omega C$ 称为电容元件的容纳，其单位为西门子 S。

对于两种极端的情况，有：

① $f \to \infty$ 时，$X_C = \dfrac{1}{\omega C} \to 0$，$U_C \to 0$。电容元件对高频率电流有极强的导流作用，在极限情况下，它相当于短路。因此，在电子线路中，常用电容元件作为旁路高频电流元件使用。

② $f \to 0$ 时，$X_C = \dfrac{1}{\omega C} \to \infty$，$I_C \to 0$。即电容对于直流电流相当于开路。因此，电容元件具有隔直流通交流的作用。

在电子线路中，常用电容元件作为隔离直流元件使用。容抗和容纳随频率变化的情况如图 4-17 所示。必须注意，容抗是电压、电流有效值之比，而不是它们的瞬时值之比，电容上电流和电压及功率瞬时曲线如图 4-18 所示。

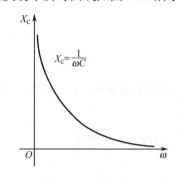
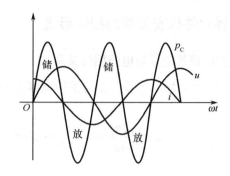

图 4-17　容抗和容纳随频率变化曲线　　　图 4-18　电容上电流和电压及功率瞬时曲线

2．电容电路的功率

假设电压的初相角 $\varphi_u = 0$，瞬时功率的表达式为

$$p = ui = 2UI \sin \omega t \cos \omega t \\ = UI \sin 2\omega t \qquad (4\text{-}20)$$

瞬时功率 P 的波形如图 4-18 所示，在第一和第三个 1/4 周期内，P 为正值，这表示电容从电源吸收电能并把它转换为电场能储存起来。在第二和第四个周期内，P 为负值，表明电容将储存的电场能转换为电能送还给电源。

电容电路的平均功率在一个周期内等于零，也没有能量消耗，只与电源进行能量交换，和电感电路相似。

技能训练 14——正弦电路欧姆定律的验证

1．实训目的

（1）理解单一元件伏安关系的相量表示。

（2）通过仿真电路理解单一元件相量形式的欧姆定律。

2．实训器材

计算机、仿真软件 Multism10。

3．实训原理

（1）电阻元件

有效值关系：$U_R = RI$

相位关系：$\varphi_u = \varphi_i$（u、i 同相）

相量形式：$\dot{U}_R = R\dot{I}_R$

（2）电容元件

有效值关系：$I_C = \omega C U$

相位关系：$\varphi_i = \varphi_u + 90°$（$i$ 超前 u $90°$）

相量形式：$\dot{I}_C = j\omega C \dot{U}_C$

（3）电感元件

有效值关系：$U_L = \omega L I$

相位关系：$\varphi_u = \varphi_i + 90°$（$u$ 超前 i $90°$）

相量形式：$\dot{U}_L = j\omega L \dot{I}_L$

4．实训电路和分析

【例 4-7】　在图 4-19 所示的 R、L 串联电路中，求电路中的电流、电感两端电压的有效值。

（1）理论分析

R、L 串联电路的总阻抗的模 $|Z| = \sqrt{R^2 + X_L^2}$，在如图 4-19

所示的电路中，由于感抗远大于电阻，因此 $|Z| = \sqrt{R^2 + X_L^2} \approx$

$X_L = 2\pi f \times L_1 = 314\Omega$，$I = \dfrac{U}{Z} = \dfrac{10}{314} \approx 0.032A$，$U_L = X_L I = 314 \times$

$0.0318 = 9.98V$。

（2）仿真分析

按图 4-20 建立仿真电路，仿真计算结果如图 4-20 所示，由

图可知仿真结果和理论计算结果基本相同。流过电感上的电流和两端的电压波形如图 4-21 所示，

由图可知电感上的电压超前于电流 $90°$，与理论上电感上的电压超前其电流完全吻合。

图 4-19　例 4-7 图

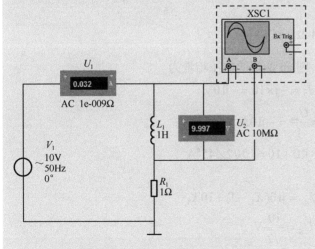

图 4-20　电阻与电感串联的电路

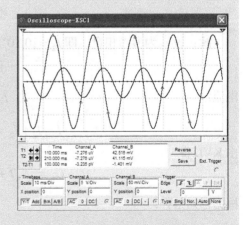

图 4-21　电感电压、电流波形

5．实训总结

电阻元件、电容元件上的电压和电流是什么关系？

4.4　基尔霍夫定律相量表示

在第 1 章所学的基尔霍夫电压、电流定律是普遍适用的定律，对于正弦交流电也是适用的。正弦交流电路中各支路电流、电压都是同频率的正弦量，因此可以用相量法将 KCL 和 KVL 转化为相量形式。

基尔霍夫电流定律指出：在电路中，任一时刻，对任一节点的各支路电流瞬时值的代数和为零。KCL 的瞬时值表达式为 $\sum i = 0$。

KCL 对每一瞬间都适用，那么对正弦交流电也适用。即在电路任一节点的各支路正弦电流的解析式代数和为零。

由于所有支路的电流都是同频率的正弦量，所以 KCL 的相量形式为

$$\sum \dot{I} = 0 \tag{4-21}$$

同理，KVL 的相量形式为

$$\sum \dot{U} = 0 \tag{4-22}$$

需要注意，在正弦稳态下，电流、电压的有效值一般情况下不满足式（4-21）及式（4-22）。

【**例 4-8**】　图 4-22（a）所示正弦稳态电路中，$I_2 = 10\text{A}$，$U_S = \dfrac{10}{\sqrt{2}}\text{V}$，求电流 $\dot{I}$ 和电压 $\dot{U}_S$，并画出电路的相量图。

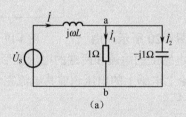
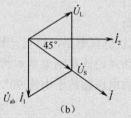

图 4-22　例 4-8 图

解：设 $\dot{I}_2$ 为参考相量，即 $\dot{I}_2 = 10\angle 0°$，则 ab 两端的电压相量为

$$\dot{U}_{ab} = -\text{j} \times \dot{I}_2 = -\text{j} \times 10 = -\text{j}10\text{V}$$

电流：

$$\dot{I}_1 = \frac{\dot{U}_{ab}}{1} = -\text{j}10\text{A}$$

$$\dot{I} = \dot{I}_1 + \dot{I}_2 = -\text{j}10 + 10 = 10\sqrt{2}\angle 45°\text{A}$$

由 KVL 得

$$\dot{U}_S = \text{j}X_L\dot{I} + \dot{U}_{ab} = \text{j}10(X_L - 1) + 10X_L$$

根据已知条件：

$$U_S = \frac{10}{\sqrt{2}}\text{V}$$

$$\left(\frac{10}{\sqrt{2}}\right)^2 = [10(X_L - 1)]^2 + (10X_L)^2$$

从中解得

$$X_L = \frac{1}{2}\Omega$$

$$\dot{U}_S = \text{j}X_L\dot{I} + \dot{U}_{ab} = \text{j}10(X_L - 1) + 10X_L$$

$$= 5 - \mathrm{j}5 = \frac{10}{\sqrt{2}} \angle -45°$$

相量图如图 4-22（b）所示，在水平方向作 $\dot{I}_2$，其初相角为零，称为参考相量，电容的电流超前电压 90°，所以 $\dot{U}_{ab}$ 垂直于 $\dot{I}_2$，并滞后 $\dot{I}_2$，在电阻上电压与电流同相，所以 $\dot{I}_1$ 与 $\dot{U}_{ab}$ 同相，$\dot{I}$ 和 $\dot{U}_S$ 由平行四边形法则求解。

技能训练 15——正弦电路基尔霍夫定律的验证

1．实训目的

（1）理解正弦电路的基尔霍夫定律相量表示。
（2）通过仿真电路进一步理解正弦电路的基尔霍夫定律相量表示。

2．实训器材

计算机、仿真软件 Multism10。

3．实训原理

（1）KCL 的相量形式为 $\sum \dot{I} = 0$。
（2）KVL 的相量形式为 $\sum \dot{U} = 0$。

4．实训电路和分析

（一）正弦电路的基尔霍夫电流定律

【例 4-9】　图 4-23 所示正弦稳态电路中，求流过电源的总电流 I。

（1）理论分析

$$I_R = \frac{V_1}{R_1} = \frac{20}{500} = 0.04\mathrm{A}$$

$$I_L = \frac{V_1}{X_L} = \frac{20}{2\pi \times 2000 \times 0.05} = 0.032\mathrm{A}$$

$$I_C = \frac{V_1}{X_C} = 20 \times 2\pi \times 2000 \times 1 \times 10^{-6} = 0.252\mathrm{A}$$

$$I = \sqrt{I_R^2 + I_x^2} = \sqrt{I_R^2 + (I_L^2 - I_C^2)}$$

$$= \sqrt{0.04^2 + (0.032 - 0.252)^2} = 0.223\mathrm{A}$$

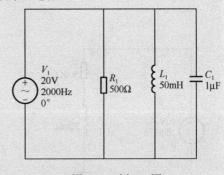

图 4-23　例 4-9 图

（2）仿真分析

建立仿真电路如图 4-24 所示。

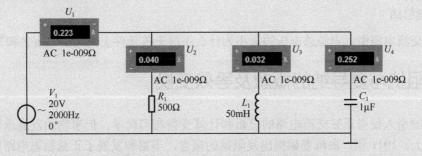

图 4-24　KCL 在正弦稳态电路中的应用

可见，计算结果与 Multisim 10 的仿真结果（见图中电流表的读数，数值为有效值）相同。

（二）正弦电路的基尔霍夫电压定律

【例 4-10】　如图 4-25 所示正弦稳态电路中，求各个元件上的电压。

（1）理论分析

在正弦稳态电路中应用基尔霍夫电压定律时，各个电压相加必须使用相量加法。电路如图 4-25 所示，图中电阻两端的电压相位与电流相同，电感两端的电压相位超前电流 90°，电容两端的电压相位落后电流 90°。所以电容、电感上的总压降 U_x 等于电感电压与电容电压之差，电阻、电容、电感上的总压降 U=20V。

$$Z = \sqrt{R^2 + (X_L - X_x)^2} = \sqrt{1000^2 + \left(2 \times \pi \times 200 \times 0.5 - \frac{1}{2 \times \pi \times 200 \times 1 \times 10^{-6}}\right)^2} \approx 1014\Omega$$

$$I = \frac{V_1}{Z} = \frac{20}{1014} = 0.01972\text{A}$$

$$U_R = RI = 19.723\text{V}$$

$$U_L = X_L I = 12.394\text{V}$$

$$U_C = X_C I = 15.697\text{V}$$

KVL 的相量形式为 $\sum \dot{U} = 0$，求得总电压 U。计算如下：

$$U = \sqrt{U_R^2 + U_x^2} = \sqrt{U_R^2 + (U_L - U_C)^2} = \sqrt{19.723^2 + (12.394 - 15.697)^2} = 20\text{V}$$

（2）仿真分析

仿真电路如图 4-26 所示，可见，计算结果与仿真结果（见图中电压表的读数，数值为有效值）相同。

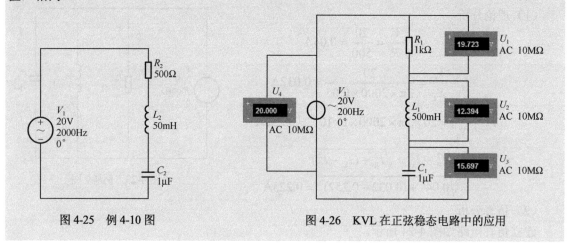

图 4-25　例 4-10 图　　　　　　　　　图 4-26　KVL 在正弦稳态电路中的应用

5. 实训总结

在正弦交流电路中，电源总电压的大小为什么不等于各元件上两端的电压之和？

4.5　复阻抗与复导纳的概念及等效变换

相量法的引入使得正弦交流电路的分析和计算变得相当简单，但事物的发展永远不会停止在一个水平上。1911 年，海维赛德提出复阻抗的概念，丰富和发展了正弦稳态电路的理论，使电阻性电路的分析方法可以运用于正弦交流电路。下面介绍复阻抗和复导纳的概念。

4.5.1　复阻抗与复导纳的概念

在无源二端网络中，如图 4-27（a）所示，在输入端加角频率为 ω 的正弦电压（或正弦电流）激励下，因网络中线性元件端口的电流（或电压）将是同频率的正弦量，在关联参考方向下，定义端口电压相量 $\dot{U}$ 与电流相量 $\dot{I}$ 的比值为该端口的复阻抗（简称阻抗），用大写字母 Z 表示，其图形符号如图 4-27（b）所示。Z 是一个复数，而不是正弦量的相量。

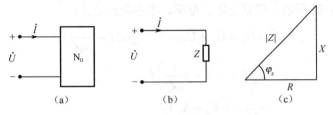

图 4-27　无源二端电路

按照定义得

$$Z = \frac{\dot{U}}{\dot{I}} = \frac{U\angle\varphi_u}{I\angle\varphi_i}$$

$$= \frac{U}{I}\angle(\varphi_u - \varphi_i) = |Z|\angle\varphi_z$$

式中，$|Z|$ 为阻抗的模，等于电压有效值与电流有效值之比。$\varphi_z = \varphi_u - \varphi_i$ 为阻抗角，即电路电压与电流的相位差。也可以用其他形式：

$$Z = |Z|\cos\varphi_z + j|Z|\sin\varphi_z = R + jX \tag{4-23}$$

其中，$R = |Z|\cos\varphi_z$，称为交流电阻，简称电阻；$X = |Z|\sin\varphi_z$，称为交流电抗，简称电抗。

依据上述阻抗的定义得 R、L、C 单个元件的复阻抗分别为

$$Z_R = R \ , \quad Z_L = j\omega L \ , \quad Z_C = \frac{1}{j\omega C} = -j\frac{1}{\omega C}$$

复导纳（简称导纳）定义为在无源二端网络中在输入端加角频率为 ω 的正弦电压（或正弦电流）激励下，在关联参考方向下，同一无源二端口上电流相量 $\dot{I}$ 与电压相量 $\dot{U}$ 之比，单位是西门子（S）。它也是一个复数。

$$Y = \frac{\dot{I}}{\dot{U}} = \frac{I\angle\varphi_i}{U\angle\varphi_u} = \frac{I}{U}\angle(\varphi_u - \varphi_i)$$

$$= |Y|\angle\varphi_Y = |Y|\cos\varphi_Y + j\sin\varphi_Y$$

故

$$Y = G + jB \tag{4-24}$$

其中，$|Y|$ 称为导纳模，等于电流有效值与电压有效值之比；φ_Y 称为导纳角，是电流与电压的相位差；$G = |Y|\cos\varphi_Y$，称为交流电导，简称电导；$B = |Y|\sin\varphi_Y$，称为交流电纳，简称电纳。由导纳的定义得到 R、L、C 单个元件的复导纳分别为

$$Y_R = \frac{1}{R} \ , \quad Y_L = \frac{1}{j\omega L} = -j\frac{1}{\omega L} \ , \quad Y_C = j\omega C$$

由以上定义可知，同一无源二端口的阻抗和导纳互为倒数，即 $Z = \dfrac{1}{Y}$。

复阻抗与复导纳分别联系着串、并联电路端口的电压和电流，由等效概念可知，当端口电压、电流相同时，复阻抗与复导纳相互等效，则串、并联电路亦相互等效。

建立了阻抗和导纳的概念之后，再以相量电压和相量电流相联系，那么建立电路方程的方

法，分流、分压，阻抗的串、并联等，完全与电阻性电路一样，仅是复数的运算而已。

在正弦交流电路中，电压（电流）均为相量形式，元件均为复阻抗（复导纳）形式，表示出的电路图称为电路的相量模型。

4.5.2　R、L、C电路的阻抗计算

图 4-28 所示为 R、L、C 串联电路模型，由 KVL 得 $u = u_R + u_L + u_C$。

相量模型如图 4-29 所示，根据电阻、电感、电容阻抗定义：

$$\dot{U} = \dot{U}_R + \dot{U}_L + \dot{U}_C = R\dot{I} + j\omega L\dot{I} - j\frac{1}{\omega C}\dot{I}$$

$$= \left(R + j\omega L - j\frac{1}{\omega C}\right)\dot{I}$$

$$= [R + j(X_L + X_C)]\dot{I}$$

$$= (R + jX)\dot{I}$$

$$Z = \frac{\dot{U}}{\dot{I}} = R + j\omega L + \frac{1}{j\omega C} = R + j\left(\omega L - \frac{1}{\omega C}\right)$$

$$= R + j(X_L - X_C) = R + jX = |Z|e^{j\varphi_z} \tag{4-25}$$

其中，$X_L = \omega L$ 为感抗，$X_C = \frac{1}{\omega C}$ 为容抗，$X = X_L - X_C = \omega L - \frac{1}{\omega C}$ 称为 R、L、C 串联电路的电抗。

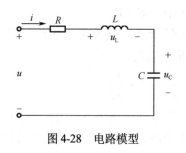

图 4-28　电路模型

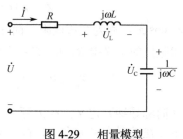

图 4-29　相量模型

按阻抗 Z 的代数形式，R、X、|Z|之间的关系可以用一个直角三角形表示，如图 4-30 所示。这个三角形称为阻抗三角形。可以看出 Z 的模和辐角关系为

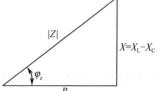

图 4-30　阻抗三角形

$$|Z| = \sqrt{R^2 + X^2}, \quad \varphi_z = \arctan\left(\frac{X}{R}\right)$$

且 $R = |Z|\cos\varphi_z$，$X = |Z|\sin\varphi_z$。

① $\varphi_z > 0$，电压超前电流，电路呈感性；

② $\varphi_z < 0$，电压滞后电流，电路呈容性；

③ $\varphi_z = 0$，电压与电流同相，电路呈阻性。

阻抗也可以直接引用电阻的串、并联计算方法来计算。

【例 4-11】电路如图 4-31（a）所示，已知 $R=15\Omega$，$L=0.3\text{mH}$，$C=0.2\mu\text{F}$，$u_S = 5\sqrt{2}\cos(\omega t + 60°)$，$f = 3\times10^4\text{Hz}$。求 i，u_R，u_L，u_C。

解：画出原电路的相量模型如图 4-31（b）所示，根据已知条件得

$$\dot{U} = 5\angle60°\text{V}$$

$$j\omega L = j2\pi\times3\times10^4\times0.3\times10^{-3} = j56.5\Omega$$

$$-\text{j}\frac{1}{\omega C} = -\text{j}\frac{1}{2\pi \times 3 \times 10^4 \times 0.2 \times 10^{-6}} = -\text{j}26.5\Omega$$

$$Z = R + \text{j}\omega L - \text{j}\frac{1}{\omega C} = 15 + \text{j}56.5 - \text{j}26.5 = 33.54\angle 63.4^\circ \Omega$$

$$\dot{I} = \frac{\dot{U}}{Z} = \frac{5\angle 60^\circ}{33.54\angle 63.4^\circ} = 0.149\angle -3.4^\circ \text{A}$$

$$\dot{U}_\text{R} = R\dot{I} = 15 \times 0.149\angle -3.4^\circ = 2.235\angle -3.4^\circ \text{V}$$

$$\dot{U}_\text{L} = \text{j}\omega L\dot{I} = 56.5\angle 90^\circ \times 0.149\angle -3.4^\circ = 8.42\angle 86.4^\circ \text{V}$$

$$\dot{U}_\text{C} = -\text{j}\frac{1}{\omega C}\dot{I} = 26.5\angle -90^\circ \times 0.149\angle -3.4^\circ = 3.95\angle -93.4^\circ \text{V}$$

$$i = 0.149\sqrt{2}\cos(\omega t - 3.4^\circ)\text{A}$$

$$u_\text{R} = 2.235\sqrt{2}\cos(\omega t - 3.4^\circ)\text{ V}$$

$$u_\text{L} = 8.42\sqrt{2}\cos(\omega t + 86.6^\circ)\text{ V}$$

$$u_\text{C} = 3.95\sqrt{2}\cos(\omega t - 93.4^\circ)\text{ V}$$

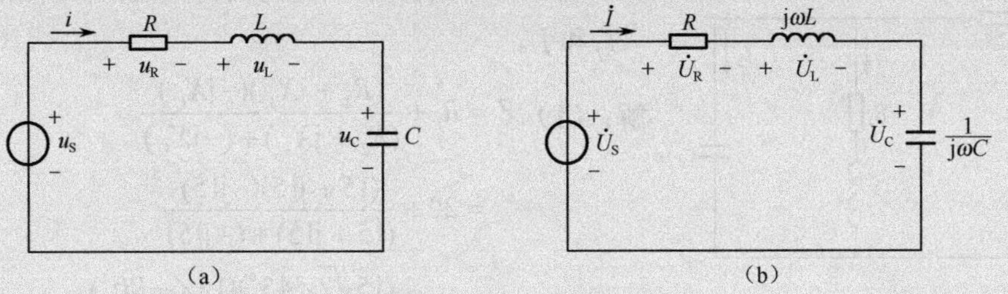

图 4-31　例 4-11 图

4.5.3　阻抗的串、并联计算

在分析交流电路时，常会遇到计算复阻抗（复导纳）的串联与并联问题，在计算时把它们等效为一个复阻抗（复导纳），计算方法与电阻的串、并联相似。

1．阻抗的串联

如图 4-32 所示为 n 个复阻抗串联的电路。

$$Z_\text{eq} = Z_1 + Z_2 + \cdots + Z_n \qquad (4\text{-}26)$$

复阻抗的电压为 $\dot{U}_k = \dfrac{Z_k}{Z_\text{eq}}\dot{U}$，$k=1$，2，3，…，$n$。

当两个复阻抗串联时等效阻抗为 $Z = Z_1 + Z_2$。

两个复阻抗上的电压降 $\dot{U}_1$、$\dot{U}_2$ 为 $\dot{U}_1 = \dfrac{Z_1}{Z_1 + Z_2}\dot{U}$，

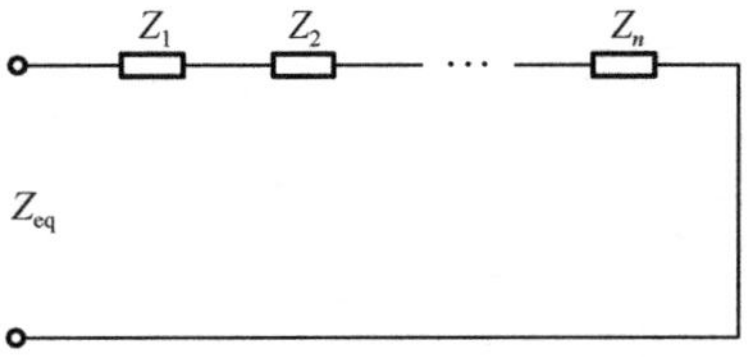

图 4-32　阻抗串联电路

$\dot{U}_2 = \dfrac{Z_2}{Z_1 + Z_2}\dot{U}$。

2．复阻抗的并联

如图 4-33 所示为 n 个复阻抗并联的电路。

$$\frac{1}{Z_\text{eq}} = \frac{1}{Z_1} + \frac{1}{Z_2} + \cdots + \frac{1}{Z_n} \quad \text{或} \quad Y_\text{eq} = Y_1 + Y_2 + \cdots + Y_n \qquad (4\text{-}27)$$

各阻抗的电流为 $\dot{I}_k = \dfrac{Z_{eq}}{Z_k}\dot{I} = \dfrac{Y_k}{Y_{eq}}\dot{I}$，$k$＝1，2，3，…，$n$。

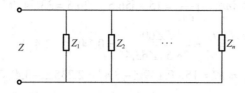

图 4-33　阻抗并联电路

当两个复阻抗并联时，等效阻抗为 $Z = \dfrac{Z_1 \cdot Z_2}{Z_1 + Z_2}$。

两个复阻抗上的电流 $\dot{I}_1$、$\dot{I}_2$ 为 $\dot{I}_1 = \dfrac{Y_1}{Y_1 + Y_2}\dot{I}$，$\dot{I}_2 = \dfrac{Y_2}{Y_1 + Y_2}\dot{I}$。

【例 4-12】　电路如图 4-34 所示，R_1＝20 Ω、R_2＝15 Ω、X_L＝15Ω、X_C＝15Ω，电源电压 $\dot{U}$＝
220∠0° V。试求（1）电路的等效阻抗 Z；（2）电流 $\dot{I}_1$、
$\dot{I}_2$ 和 $\dot{I}$。

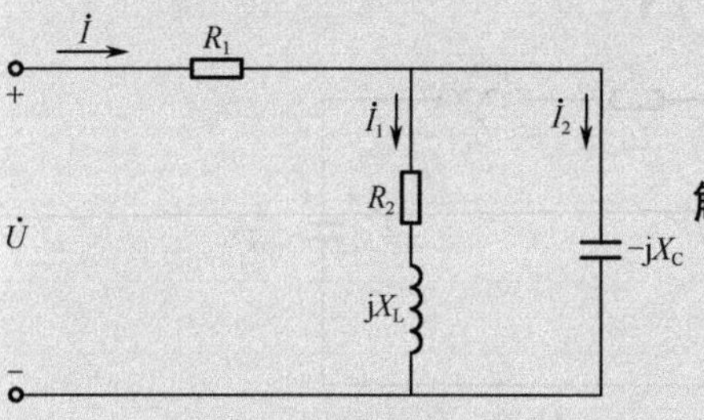

图 4-34　例 4-12 图

解：（1）$Z = R_1 + \dfrac{(R_2 + jX_L)(-jX_C)}{(R_2 + jX_L) + (-jX_C)}$

$= 20 + \dfrac{(15 + j15)(-j15)}{(15 + j15) + (-j15)}$

$= 20 + \dfrac{(15\sqrt{2}\angle45°)(15\angle-90°)}{15}$

$= 20 + 15\sqrt{2}\angle-45° = 35 - j15 = 38.1\angle-23.2°\,\Omega$

（2）$\dot{I} = \dfrac{\dot{U}}{Z} = \dfrac{220\angle0°}{38.1\angle-23.2°} = 5.77\angle23.2°\,A$

由分流公式得

$\dot{I}_1 = \dfrac{-jX_C}{(R_2 + jX_L) + (-jX_C)}\dot{I}$

$= \dfrac{-j15}{(15 + j15) + (-j15)} \times 5.77\angle23.2°$

$= 5.77\angle-66.8°\,A$

$\dot{I}_2 = \dfrac{R_2 + jX_L}{(R_2 + jX_L) + (-jX_C)}\dot{I}$

$= \dfrac{15 + j15}{(15 + j15) + (-j15)} \times 5.77\angle23.2°$

$= 8.16\angle68.2°\,A$

技能训练 16——交流电路参数的仿真测定

测定交流电路的参数常用的方法为三表法，即用交流电压表测 U、用交流电流表测 I、用瓦特表测 P 及功率因数。通过阻抗三角形可以计算下列参数。

阻抗的模：$|Z| = \dfrac{U}{I}$；电阻：$R = |Z|\cos\varphi = \dfrac{P}{I^2}$；电抗 $X = |Z|\sin\varphi$。

【例 4-13】 电路如图 4-35 所示，试求电路的等效阻抗 Z，并判断其特性。

（1）理论分析

$$Z = Z_1 // Z_2 = (R_1 - jX_C) // jX_L$$

$$\varphi > 0$$

代入数据计算化简得：$Z = 7.72 + 41.04j$。显然，$\varphi > 0$，电路呈感性。

（2）仿真分析

在 Multisim 10 用 Zx（子电路）表示图 4-35 所示的电路，在端口处用激励源 V_1，然后用三表法测量，交流电压表测 U、交流电流表测 I、瓦特表测端口有功功率 P 以及功率因数。根据正弦交流电路中阻抗的模、电阻、电抗之间与三表法测量值之间的关系，其仿真电路如图 4-36 所示。

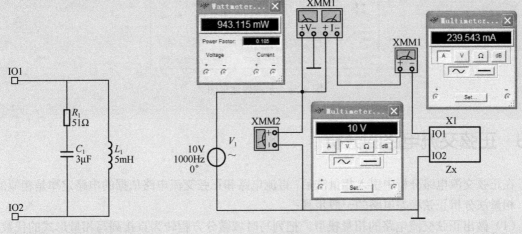

图 4-35　例 4-13 图　　　　　　　　　　图 4-36　三表法仿真测量电路

执行仿真，测得端口有功功率 P=943.115mW，$\cos\varphi$=0.185；端口电流 I=239.543mA；端口电压 U=10V。分别代入阻抗的模、电阻、电抗公式，求 Z。

阻抗的模：$|Z| = \dfrac{U}{I} = \dfrac{10V}{0.239543A} = 41.75\Omega$

电阻：$R = |Z|\cos\varphi = 41.75 \times 0.185 = 7.72\Omega$

电抗：$X = |Z|\sin\varphi = |Z|\sqrt{1 - \cos^2\varphi} = 41.75 \times \sqrt{1 - 0.185^2} = 41.03\Omega$

利用虚拟仪器判断其特性。其仿真电路如图 4-37 所示。在测量电流波形过程中用一较小电阻 R_2=100mΩ 串接在端口片上，用 R_2 上的电压波形表示电流的波形相位关系，电阻 R_2 上的电压电流波形相位相同。

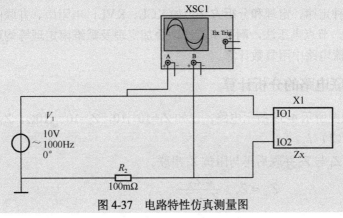

图 4-37　电路特性仿真测量图

如图 4-38 所示,观察电流和电压的波形(Chanel A 表示电压波形,Chanel B 表示电流波形),不难发现其电路是感性的。

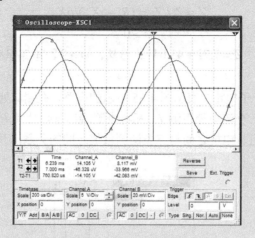

图 4-38　示波器波形图

4.6　正弦交流电路的分析

在正弦交流电路分析中引入相量法后,直流电路和正弦交流电路依据的电路定律是相似的。

相量法分析正弦稳态电路的一般步骤:

(1)做出正弦交流电路的相量模型。把列写时域微分方程转为直接列写相量形式的代数方程。引入复阻抗以后,可将电阻电路中讨论的所有网络定理和分析方法都推广应用于正弦稳态的相量分析中。直流(f=0)是一个特例。

(2)用分析计算直流电路的方法来分析计算,其结果均为正弦量的相量值。

(3)根据题目要求,写出正确的解析式或计算出其他的量。

由上述讨论的方法,将电阻电路和正弦交流电路的 KCL、KVL 及欧姆定律比较如下:

① 对电阻电路,KCL:$\sum i = 0$;KVL:$\sum u = 0$。

欧姆定律:$u = Ri$ 或 $i = Gu$。

② 对正弦交流电路,KCL:$\sum \dot{I} = 0$;KVL:$\sum \dot{U} = 0$。

欧姆定律:$\dot{U} = Z\dot{I}$ 或 $\dot{I} = Y\dot{U}$。

以上公式在形式上完全相同,区别在于在交流电路中电压、电流采用相量表示。因此分析线性电阻电路的各种定律、定理和分析方法,如 KCL、KVL,电阻串、并联的规则和等效变换方法,支路电流法,节点电压法,网孔电流法,叠加定理及戴维南定理等均可推广应用于正弦交流电路中。在交流电路中用复数计算。

4.6.1　复阻抗混联电路的分析计算

【例 4-14】　如图所示 4-39 所示电路,已知 Z_1=10+j10,Z_2=10−j10Ω,Z_3=5+j15Ω。

求:(1)Z_{ab},(2)$\dot{I}_2$。

解:(1)阻抗 Z_1 与 Z_2 并联后再与阻抗 Z_3 串联。

$$Z_{ab} = Z_3 + \frac{Z_1 Z_2}{Z_1 + Z_2}$$

$$= 5 + \mathrm{j}15 + \frac{(10 + \mathrm{j}10)(10 - \mathrm{j}10)}{10 + \mathrm{j}10 + 10 - \mathrm{j}10}$$

$$= 15 + \mathrm{j}15 = 15\sqrt{2}\angle 45^\circ\,\Omega$$

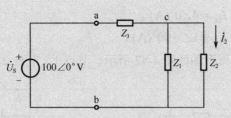

图 4-39　例 4-14 图

（2）由阻抗并联的分流公式得

$$\dot{I}_2 = \frac{\dot{U}_\mathrm{S}}{Z_{\mathrm{ab}}} \times \frac{Z_1}{Z_1 + Z_2} = \frac{100\angle 0^\circ}{15\sqrt{2}\angle 45^\circ} \times \frac{10 + \mathrm{j}10}{10 + \mathrm{j}10 + 10 - \mathrm{j}10}$$

$$= \frac{10}{3}\angle -45^\circ\,\mathrm{A}$$

4.6.2　用网孔电流法和节点电压法分析正弦电路

【例 4-15】　正弦稳态电路相量模型如图 4-40 所示，已知 $\dot{U}_{\mathrm{S1}} = 100\angle 0^\circ\mathrm{V}$，$\dot{U}_{\mathrm{S2}} = 100\angle 90^\circ\mathrm{V}$，$R = 5\Omega$，$\omega L = 5\Omega$，$1/\omega C = 2\Omega$，试用网孔电流法求 $\dot{I}_1$、$\dot{I}_2$、$\dot{I}_3$。

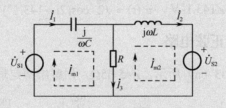

图 4-40　例 4-15 图

解：在正弦交流电中用网孔法求解，设网孔电流 $\dot{I}_{\mathrm{m1}}$、$\dot{I}_{\mathrm{m2}}$ 如图 4-40 所示。

$$(5 - \mathrm{j}2)\dot{I}_{\mathrm{m1}} - 5\dot{I}_{\mathrm{m2}} = 100$$

$$-5\dot{I}_{\mathrm{m1}} + (5 + \mathrm{j}5)\dot{I}_{\mathrm{m2}} = -\mathrm{j}100$$

联立方程求解得

$$\dot{I}_{\mathrm{m1}} = 15.38 - \mathrm{j}23.10 = 27.73\angle -56.34^\circ\mathrm{A}$$

$$\dot{I}_{\mathrm{m2}} = -13.85 - \mathrm{j}29.23 = 32.35\angle -115.35^\circ\mathrm{A}$$

由图 4-40 可知：

$$\dot{I}_1 = \dot{I}_{\mathrm{m1}} = 27.73\angle -56.34^\circ\mathrm{A}$$

$$\dot{I}_2 = \dot{I}_{\mathrm{m2}} = 32.35\angle -115.35^\circ\mathrm{A}$$

$$\dot{I}_3 = \dot{I}_{\mathrm{m1}} - \dot{I}_{\mathrm{m2}} = (15.38 - \mathrm{j}23.10) - (-13.85 - \mathrm{j}29.23) = 29.87\angle 11.84^\circ\mathrm{A}$$

【例 4-16】　正弦稳态电路如图 4-41 所示，$i_{\mathrm{S1}} = \sqrt{2}\cdot 4\cos 2t\,\mathrm{A}$，$i_{\mathrm{S2}} = \sqrt{2}\cdot\cos(2t - \pi/2)\mathrm{A}$，求节点电压法 $u_1(t)$ 的解析式。

解：由题意可知 $\omega = 2\mathrm{rad/s}$，R、L、C 单个元件的复阻抗分别为

$$Z_R = R = 1\Omega, \quad Z_C = \frac{1}{j\omega C} = -j\frac{1}{\omega C} = -j1\Omega, \quad Z_{L1} = j\omega L = j1\Omega \;(L_1 = 0.5H), \quad Z_{L2} = j\omega L = j2\Omega$$

$(L_2 = 1H)$

电流源 i_{S1} 的相量表示：$\dot{I}_{S1} = 4\angle 0°(A)$。

电流源 i_{S2} 的相量表示：$\dot{I}_{S2} = 1\angle -90°(A)$。

作出图 4-41 对应的相量模型图如图 4-42 所示。节点 1、节点 2、节点 3 如图 4-42 所示。

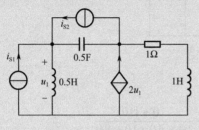
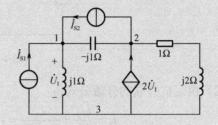

图 4-41　例 4-16 图　　　　　　　　　图 4-42　相量模型

用节点电压法求解，以图 4-42 中节点 3 为参考点，节点电压方程为

$$\left(\frac{1}{j1} + \frac{1}{-j1}\right)\dot{U}_1 - \left(\frac{1}{-j1}\right)\dot{U}_2 = \dot{I}_{S1} + \dot{I}_{S2}$$

$$-\left(\frac{1}{-j1}\right)\dot{U}_1 + \left(\frac{1}{1+j2} + \frac{1}{-j1}\right)\dot{U}_2 = 2\dot{U}_1 - \dot{I}_{S2}$$

联立方程求解得：$\dot{U}_1 = 1\angle 143.1°V$，$u_1(t) = \sqrt{2} \cdot \cos(2t + 143.1°)V$。

4.6.3　用戴维南定理分析正弦电路

【例 4-17】 电路如图 4-43 (a) 所示，$Z = 5 + j5\Omega$，用戴维南定理求解 $\dot{I}$。

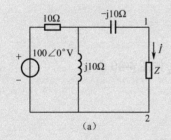
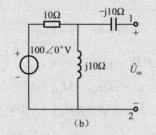
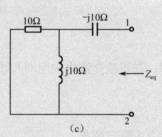

（a）　　　　　　　　　　（b）　　　　　　　　　　（c）

图 4-43　例 4-17 电路图

解： 如图 4-43 (b) 所示电路，将负载断开，求开路电压。

$$\dot{U}_{oc} = \frac{100\angle 0°}{10 + j10} \times j10 = 50\sqrt{2}\angle 45°V$$

如图 4-43 (c) 所示，求等效内阻抗 Z_{eq}，得

$$Z_{eq} = \frac{10 \times j10}{10 + j10} + (-j10) = 5\sqrt{2}\angle -45°\Omega$$

戴维南等效电路如图 4-44 所示，电流为

图 4-44　戴维南等效电路

$$\dot{I} = \frac{\dot{U}_{oc}}{Z_{eq} + Z} = \frac{50\sqrt{2}\angle 45°}{5\sqrt{2}\angle -45° + 5 + j5} = 5\sqrt{2}\angle 45°A$$

4.6.4 用叠加定理分析正弦电路

【例 4-18】 如图 4-45（a）所示，$\dot{U}_S = 100\angle 45°\text{V}$，$\dot{I}_S = 4\angle 0°\text{A}$，$Z_2 = 50\angle -30°\Omega$，$Z_3 = 50\angle 30°\Omega$，用叠加定理计算电流 $\dot{I}_2$。

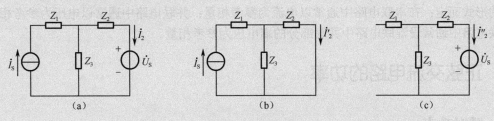

图 4-45 例 4-18 图

解： 电流源 $\dot{I}_S$ 单独存在时等效电路如图 4-45（b）所示，$\dot{U}_S$ 短路，$\dot{I}_2'$ 为

$$\dot{I}_2' = \dot{I}_S \frac{Z_3}{Z_2 + Z_3}$$

$$= 4\angle 0° \times \frac{50\angle 30°}{50\angle -30° + 50\angle 30°} = \frac{200\angle 30°}{50\sqrt{3}} = 2.31\angle 30°\text{A}$$

电压源 $\dot{U}_S$ 单独存在时等效电路如图 4-45（c）所示，$\dot{I}_S$ 断路，$\dot{I}_2''$ 为

$$\dot{I}_2'' = -\frac{\dot{U}_S}{Z_2 + Z_3}$$

$$= \frac{-100\angle 45°}{50\sqrt{3}} = 1.155\angle -135°\text{A}$$

则 $\dot{U}_S$ 和 $\dot{I}_S$ 同时存在时，由叠加定理可得 $\dot{I}_2$ 为

$$\dot{I}_2 = \dot{I}_2' + \dot{I}_2''$$

$$= 2.31\angle 30° + 1.155\angle -135° = 1.23\angle -15.9°\text{A}$$

4.6.5 用相量图法分析正弦交流电路

【例 4-19】 如图 4-46 所示，$I_1 = 7\text{A}$，$I_2 = 9\text{A}$，$Z_2 = -jX_C$，则 I 应是多大？
（1）设 $Z_1 = R$，Z_2 为何种参数才能使 I 最大？最大值应是多少？
（2）设 $Z_1 = jX_L$，Z_2 为何种参数才能使 I 最小？最小值应是多少？

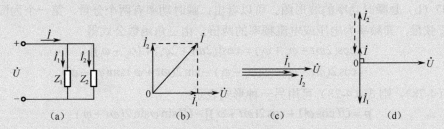

图 4-46 例 4-19 图

解：（1）设电压 $\dot{U}$ 为参考相量，当 $Z_1 = R$ 时，$\dot{I}_1$ 和 $\dot{U}$ 同相位，$Z_2 = -jX_C$ 时，$\dot{I}_2$ 超前 $\dot{U}$ 90°，相量图如图 4-46（b）所示。所以，$I = \sqrt{I_1^2 + I_2^2} = \sqrt{7^2 + 9^2} = 11.4\text{A}$。

（2）从相量图 4-46（c）上看，当 $Z_1 = R$ 时，Z_2 只有为电阻，$\dot{I}_1$ 和 $\dot{I}_2$ 同相位时，总电流 I 最

大，即 $I = I_1 + I_2 = 7 + 9 = 16\text{A}$ 。

（3）当 $Z_1 = jX_L$ ，Z_2 为电容参数时，电流 I 最小，相量图如图 4-46（d）所示，即 $I = I_2 - I_1 = 9 - 7 = 2\text{A}$ 。

注意：交流电路分析计算中，一般要设定参考相量，初学者往往忽略这一点。参考相量依电路的形式而定；在串联电路中通常以电流为参考相量；并联电路中通常以电压为参考相量；在混联电路中通常设混联电路中并联部分的端电压为参考相量。

4.7　正弦交流电路的功率

4.7.1　瞬时功率

无源一端口网络 N_0 如图 4-47（a）所示，由电阻、电容、电感等无源元件组成，在正弦稳态情况下，设端口电压、电流分别为

$$u = \sqrt{2}U\cos(\omega t + \varphi_u) \qquad\qquad i = \sqrt{2}I\cos(\omega t + \varphi_i)$$

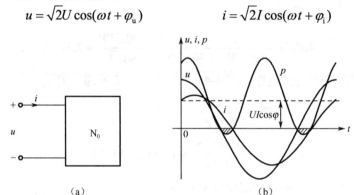

图 4-47　一端口网络的功率

N_0 所吸收的功率为

$$p = u \cdot i = 2UI\cos(\omega t + \varphi_u)\cos(\omega t + \varphi_i)$$

据三角公式：$\qquad\qquad 2\cos\alpha\cos\beta = \cos(\alpha + \beta) + \cos(\alpha - \beta)$

设电压超前于电流的相位为 $\varphi = \varphi_u - \varphi_i$ ，则

$$p = UI\cos\varphi + UI\cos(2\omega t + \varphi_u + \varphi_i) \tag{4-28}$$

图 4-47（b）是瞬时功率的波形图。可以看出：瞬时功率有两个分量，第一个为恒定分量，第二个为正弦量，其频率为电压或电流频率的两倍。由三角函数公式得

$$\cos(2\omega t + \varphi_u + \varphi_i) = \cos[(2\omega t + 2\varphi_i) + (\varphi_u - \varphi_i)]$$
$$= \cos 2(\omega t + \varphi_i)\cos(\varphi_u - \varphi_i) - \sin 2(\omega t + \varphi_i)\sin(\varphi_u - \varphi_i)$$

代入到式（4-28），则式（4-28）可用另一种形式表示：

$$p = UI\cos\varphi[1 + \cos 2(\omega t + \varphi_i)] - UI\sin\varphi\sin 2(\omega t + \varphi_i) \tag{4-29}$$

式（4-29）表示一端口网络所吸收的瞬时功率，式中第一项始终大于零$\left(\varphi \leqslant \dfrac{\pi}{2}\right)$，表示一端口网络吸收的能量；第二项是时间的正弦函数，其值正负交替，说明能量在外施电源与一端口之间来回交换进行。

4.7.2　有功功率和功率因数

瞬时功率不便于测量，且有时为正，有时为负，在工程中实际意义不大。通常引入平均功率的概念来衡量功率的大小。

平均功率又称有功功率（active power），是瞬时功率在一个周期（T）内的平均值，用大写字母 P 表示。

$$P = \frac{1}{T}\int_0^T p\mathrm{d}t = \frac{1}{T}\int_0^T UI[\cos\varphi + \cos(2\omega t + \varphi_\mathrm{u} + \varphi_\mathrm{i})]\mathrm{d}t = UI\cos\varphi \tag{4-30}$$

有功功率代表一端口网络实际消耗的功率，是式（4-28）的恒定分量，单位为瓦特（W）。它不仅与电压电流有效值的乘积有关，还与它们之间的相位差有关。定义 $\cos\varphi$ 为功率因数（power factor），并用 λ 表示。则

$$\lambda = \cos\varphi \tag{4-31}$$

式（4-31）中，$\varphi = \varphi_\mathrm{u} - \varphi_\mathrm{i}$，称为功率因数角，对于不含独立源的网络，$\varphi = \varphi_\mathrm{z}$。

4.7.3　无功功率

式（4-29）中的右端第二项反映一端口与电源进行能量交换，其能量交换的最大速率定义为无功功率，用 Q 表示。

$$Q = UI\sin\varphi \tag{4-32}$$

当电压 u 超前于电流 i 时，复阻抗为感性时，Q 值代表感性无功功率。反之，复阻抗为容性时，电压 u 滞后于电流 i，Q 值代表容性无功功率。无功功率并非一端口所实际消耗的功率，而仅仅是为了衡量一端口与电源之间能量交换的速度快慢，所以单位上也应与有功功率有所区别，无功功率的单位为乏（Var）。

4.7.4　视在功率

二端网络电压有效值和电流有效值的乘积称为视在功率，用 S（apparent power）表示，则

$$S = UI \tag{4-33}$$

为了与有功功率和无功功率相区别，把视在功率的单位用伏安（VA）或千伏安（kVA）表示。

视在功率表示允许电源设备提供的最大有功功率，也称为电源的容量。一般交流电源设备的铭牌上都标出它的输出电压和电流的额定值。这就是说，电源的视在功率是给定的，至于输出的有功功率，不取决于电源本身，而取决于电源相连接的二端网络。实际输出的功率与负载的功率有关，功率因数越高，有功功率越大。如负载的功率因数等于 1，则有功功率与额定容量相等。若功率因数等于 0.5，虽然电压、电流达到了额定值，但电源设备供给负载的有功功率只有 $P = 0.5S$，这就是说电源设备未得到充分利用。

显然，有功功率 P、无功功率 Q 和视在功率 S 三者之间具有以下关系，即

$$P = UI\cos\varphi = S\cos\varphi$$
$$Q = UI\sin\varphi = S\sin\varphi$$
$$S = \sqrt{P^2 + Q^2} \tag{4-34}$$
$$\varphi = \arctan\frac{Q}{P} \tag{4-35}$$

因此 P、Q、S 三个量之间的关系可用直角三角形表示，如图 4-48 所示。该三角形叫功率三角形。它与网络的电压三角形或电流三角形相似。

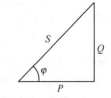

图 4-48　功率三角形

4.7.5　电阻、电感、电容电路的功率

1．纯电阻电路的功率

由式（4-29），对纯电阻电路有 $\varphi = 0$，所以电阻的瞬时功率 $p = UI[1 + \cos 2(\omega t + \varphi_\mathrm{u})]$。$p$ 始终大于或等于零，这说明电阻一直在吸收能量。

有功功率：$P_\mathrm{R} = UI \cos\varphi = UI = I^2 R = \dfrac{U^2}{R}$

无功功率：$Q_\mathrm{R} = UI \sin\varphi = 0$

视在功率：$S = \sqrt{P^2 + Q^2} = P_\mathrm{R}$

2．纯电感电路的功率

由式（4-29），对纯电感电路有 $\varphi = \dfrac{\pi}{2}$，所以电感的瞬时功率 $p = UI \sin\varphi \sin 2(\omega t + \varphi_\mathrm{u})$。电感的平均功率为零，所以它不消耗能量。但是 P 正负交替变化，说明有能量的往返交换。

有功功率：$P_\mathrm{L} = UI \cos\varphi = 0$

无功功率：$Q_\mathrm{L} = UI = I^2 X_\mathrm{L} = \dfrac{U^2}{X_\mathrm{L}} = \omega L I^2 = 2\omega\left[\dfrac{1}{2} L I^2\right] = 2\omega \cdot W_\mathrm{L}$

视在功率：$S = \sqrt{P^2 + Q^2} = Q_\mathrm{L}$

3．纯电容电路的功率

由式（4-29），对纯电容电路有 $\varphi = -\dfrac{\pi}{2}$，所以电容的瞬时功率 $p = UI \sin\varphi \sin 2(\omega t + \varphi_\mathrm{u}) = -UI \sin 2(\omega t + \varphi_\mathrm{u})$。

电容的平均功率为零，所以电容也不消耗能量，但 P 正负交替变化，说明有能量的往返交换。

有功功率：$P_\mathrm{C} = UI\cos\varphi = 0$

无功功率：$Q_\mathrm{C} = -UI \sin\varphi = -UI = -\dfrac{1}{\omega C} I^2 = -\omega C U^2 = -2\omega \dfrac{1}{2} C U^2 = -2\omega \cdot W_\mathrm{C}$

视在功率：$S = \sqrt{P^2 + Q^2} = Q_\mathrm{C}$

4.7.6　功率因数的提高

1．提高功率因数的意义

在交流电力系统中，负载多为感性负载。例如常用的感应电动机，接上电源时要建立磁场，所以它除了需要从电源取得有功功率外，还要由电源取得磁场的能量，并与电源做周期性的能量交换。在交流电路中，负载从电源接受的有功功率 $P = UI\cos\varphi$，显然与功率因数有关。功率因数低会引起下列不良后果。

（1）负载的功率因数低，使电源设备的容量不能被充分利用。因为电源设备（发电机、变压器等）是依照它的额定电压与额定电流设计的。例如一台容量为 S=100kVA 的变压器，若负载的功率因数 λ=1，则此变压器就能输出 100kW 的有功功率；若 λ=0.6，则此变压器只能输出 60kW 功率了，也就是说变压器的容量未能充分利用。

（2）在一定的电压 U 下，向负载输送一定的有功功率 P 时，负载的功率因数越低，输电线

路的电压降和功率损失越大。这是因为输电线路电流 $I=P/(U\cos\varphi)$，当$\lambda=\cos\varphi$较小时，I 必然较大。从而输电线路上的电压降也要增加，因电源电压一定，所以负载的端电压将减小，影响负载的正常工作。从另一方面看，电流 I 增大，输电线路中的功率损耗也要增加。因此，提高负载的功率因数对合理科学地使用电能以及国民经济发展都有着重要的意义。

常用的感应电动机在空载时的功率因数约为 0.2～0.3，而在额定负载时约为 0.83～0.85，不装电容器的日光灯，功率因数为 0.45～0.6，应设法提高这类感性负载的功率因数，以降低输电线路电压降和功率损耗。

2. 提高功率因数的方法

提高感性负载功率因数的最简便的方法，是用适当容量的电容器与感性负载并联，如图 4-49（a）所示。

这样就可以使电感中的磁场能量与电容器的电场能量进行交换，从而减少电源与负载间能量的互换。在感性负载两端并联一个适当的电容后，对提高电路的功率因数十分有效。

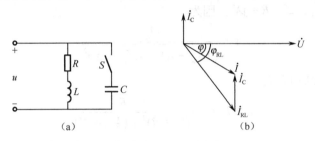

图 4-49　提高功率因数的方法

借助相量图容易证明：对于额定电压为 U、额定功率为 P、工作频率为 f 的感性负载 R_L 来说，将功率因数从 $\lambda_1=\cos\varphi_1$ 提高到 $\lambda_2=\cos\varphi_2$，所需并联的电容为

$$C = \frac{P}{2\pi f U^2}(\tan\varphi_1 - \tan\varphi_2)$$

其中，$\varphi_1=\arccos\lambda_1$，$\varphi_2=\arccos\lambda_2$，且$\varphi_1>\varphi_2$，$\lambda_1<\lambda_2$。

【例 4-20】　有一台 220V、50Hz、100kW 的电动机，功率因数为 0.8。（1）在使用时，电源提供的电流是多少？无功功率是多少？（2）如欲使功率因数达到 0.85，需要并联的电容器电容值是多少？此时电源提供的电流是多少？

解：（1）由于 $P=UI\cos\varphi$，所以电源提供的电流为

$$I_L = \frac{P}{U\cos\varphi} = \frac{100\times10^3}{220\times0.8} = 568.18\text{A}$$

无功功率：$Q_L = UI_L\sin\varphi = 220\times568.18\sqrt{1-0.8^2} = 74.99\text{kvar}$

（2）使功率因数提高到 0.85 时所需电容容量为

$$C = \frac{P}{\omega U^2}(\tan\varphi_1 - \tan\varphi_2)$$

$$= \frac{100\times10^3}{314\times220^2}(0.75-0.62) = 855.4\mu\text{F}$$

此时电源提供的电流：$I = \frac{P}{U\cos\varphi} = \frac{100\times10^3}{220\times0.85} = 534.76\text{A}$。

可见，用电容进行无功补偿时，可以使电路的电流减小，提高供电质量。

4.7.7 最大功率传输

如图 4-50 所示电路，有源一端口 N_S 向负载 Z 传输功率，在不考虑传输效率时，研究负载获得最大功率（有功功率）的条件。利用戴维南定理将电路简化为图 4-51 所示电路。

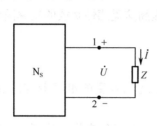

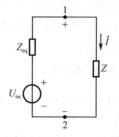

图 4-50　最大功率传输　　　　　图 4-51　最大功率传输等效电路

设 $Z_{eq} = R_{eq} + jX_{eq}$，$Z = R + jX$，因为

$$I = \frac{U_{oc}}{\sqrt{(R_{eq} + R)^2 + (X_{eq} + X)^2}}$$

所以负载 Z 获得的有功功率为

$$P = I^2 R = \frac{U_{oc}^2 R}{(R_{eq} + R)^2 + (X_{eq} + X)^2}$$

可见，当 $X = -X_{eq}$ 时，对任意的 R，负载获得的功率最大，其表达式为

$$P = \frac{U_{oc}^2 R}{(R_{eq} + R)^2}$$

此时改变 R 可使 P 最大，可以证明 $R = R_{eq}$ 时，负载获得最大功率，于是有

$$P_{max} = \frac{U_{oc}^2}{4R_{eq}}$$

因此负载获得最大功率的条件为：$X = -X_{eq}$，$R = R_{eq}$，即 $Z = Z_{eq}^*$。

还可证明，当电路用诺顿等效电路表示时，获得最大功率的条件可表示为 $Y = Y_0^*$。上述获得最大功率的条件称为最佳匹配，此时电路的传输效率为 50%。

【例 4-21】 图 4-52 所示电路中，$Z_1 = 5\angle 30° \Omega$，$Z_2 = 8\angle -45° \Omega$，$Z_3 = 10\angle 60° \Omega$，$\dot{U}_S = 100\angle 0° V$。$Z_L$ 取何值时可获得最大功率？并求最大功率。

解：将 Z_L 拿掉形成含源一端口，其等效戴维南参数为

$$\dot{U}_{abo} = \frac{\dot{U}_S Z_3}{Z_1 + Z_3} = \frac{100\angle 0° \times 10\angle 60°}{5\angle 30° + 10\angle 60°} = 68.745\angle 9.896° V$$

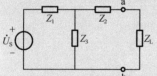

图 4-52　例 4-21 图

$$Z_{eq} = Z_2 + Z_1 \| Z_3 = 8\angle -45° + \frac{5\angle 30° \times 10\angle 60°}{5\angle 30° + 10\angle 60°} = (8.294 - j3.452)\Omega$$

即 $Z_L = Z_{eq}^* = (8.294 + j3.452)\Omega$ 时，Z_L 可获得最大功率，其值为

$$P_{max} = \frac{U_{abo}^2}{4R_{eq}} = \frac{68.745^2}{4 \times 8.294} = 142.449 W$$

本章小结

1. 正弦量的三要素是振幅、角频率和初相。初相与计时点的选择及参考方向的选择相关。同频率正弦量的相位差与计时起点无关。

2. 正弦电压和电流的有效值与最大值的关系为

$$I = \frac{I_m}{\sqrt{2}} , \quad U = \frac{U_m}{\sqrt{2}}$$

3. 阻抗和导纳。

（1）阻抗

$$Z = |Z| \angle \varphi_z = R + jX$$

$$|Z| = \sqrt{R^2 + X^2} , \quad \varphi_z = \arctan\left(\frac{X}{R}\right)$$

$$R = |Z| \cos\varphi_z , \quad X = |Z| \sin\varphi_z$$

其中，φ_z 表示电压和电流的相位差。

（2）导纳

导纳为阻抗的倒数，$Y = \dfrac{1}{Z}$，$Y = |Y| \angle \varphi_Y = G + jB$。

其中，$|Y|$ 称为导纳的模，φ_Y 称为导纳角，表示电流和电压的相位差。

$$|Y| = \sqrt{G^2 + B^2} , \quad \varphi_Y = \arctan\left(\frac{B}{G}\right)$$

$$G = |Y| \cos\varphi_Y , \quad B = |Y| \sin\varphi_Y$$

4. KCL 和 KVL 的相量表示。

正弦交流电路，KCL：$\sum \dot{I} = 0$；KVL：$\sum \dot{U} = 0$。

欧姆定律：$\dot{U} = Z\dot{I}$ 或 $\dot{I} = Y\dot{U}$。

5. 正弦稳态一端口网络功率关系。

有功功率 P、无功功率 Q 和视在功率 S 三者之间具有以下关系，即

$$P = UI\cos\varphi = S\cos\varphi$$

$$Q = UI\sin\varphi = S\sin\varphi$$

$$S = \sqrt{P^2 + Q^2}$$

$$\varphi = \arctan\frac{Q}{P}$$

6. 在电源的内阻 Z_0 一定的条件下，负载阻抗 Z_L 获得最大功率的条件为 $X_L = -X_{eq}$，以及 $R_L = R_{eq}$，即 $Z_L = Z_{eq}^*$。

满足这一条件时，称为最佳功率匹配，或共轭匹配。此时的最大功率为 $P_{max} = \dfrac{U_{oc}^2}{4R_{eq}}$。

习题 4

4-1　已知 $u_A = 220\sqrt{2}\cos 314t\,\text{V}$，$u_B = 220\sqrt{2}\cos(314t - 120°)\,\text{V}$。

（1）试指出各正弦量的振幅值、有效值、初相、角频率、频率、周期及两者之间的相位差各为多少？

（2）画出 u_A、u_B 的波形。

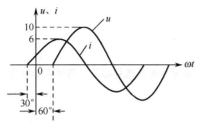

题 4-2 图

4-2　题 4-2 图所示电压 u 和电流 i 的波形, 问 u 和 i 的初相各为多少? 相位差为多少? 若将计时起点向右移 $\pi/3$, 则 u 和 i 的初相有何改变? 相位差有何改变? u 和 i 哪一个超前?

4-3　写出下列各组正弦量的相量表达式, 并画出各组的相量图。

（1）$u_1(t)=220\sqrt{2}\cos314t$, $u_2(t)=220\sqrt{2}\cos(314t-30°)$

（2）$i_1(t)=\sqrt{2}\cos\left(200\pi t+\dfrac{\pi}{3}\right)$, $i_2(t)=\sin\left(200\pi t+\dfrac{\pi}{3}\right)$

（3）$u_1(t)=10\sqrt{2}\cos(100\pi t-120°)$, $u_2(t)=20\sqrt{2}\cos(100\pi t+120°)$

（4）$u(t)=20\cos(50\pi t+120°)$, $i(t)=-10\sqrt{2}\cos(50\pi t-60°)$

4-4　写出下列各相量对应的正弦量的瞬时表达式, 设正弦量的频率为 ω。

（1）$\dot{U}=220\angle40°$　　（2）$\dot{U}_m=\text{j}100$　　（3）$\dot{I}_m=-10$　　（4）$\dot{I}=4-\text{j}3$　　（5）$\dot{U}=60\text{e}^{-\text{j}45°}$

4-5　在如题 4-5 图所示的 R、L、C 并联电路中, 已知电流表 A、A_1、A_3 的读数分别为 5A、4A、8A, 求电流表 A_2 的读数。

4-6　在如题 4-6 图所示的 R、L、C 串联电路中, 已知 $U_R=20\text{V}$、$U_L=15\text{V}$、$U_C=30\text{V}$, 求电压 U 的值。

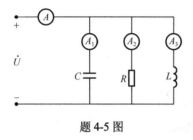

题 4-5 图

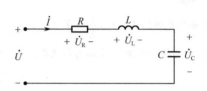

题 4-6 图

4-7　把 $L=51\text{mH}$ 的线圈（其电阻极小, 可忽略不计）, 接在电压为 220V、频率为 50Hz 的交流电路中, 要求: （1）绘出电路图; （2）求出电流 I 的有效值; （3）求出 X_L。

4-8　$C=140\mu\text{F}$ 的电容器接在电压为 220V、频率为 50Hz 的交流电路中, 要求: （1）绘出电路图; （2）求出电流 I 的有效值; （3）求 X_C。

4-9　具有电阻为 4Ω 和电感为 25.5mH 的线圈串联接到频率为 50Hz、电压为 115V 的正弦电源上。求通过线圈的电流。如果这只线圈接到电压为 115V 的直流电源上, 则电流又是多少?

4-10　如题 4-10 图所示, 各电容、交流电源的电压和频率均相等, 问哪一个安培表的读数最大? 哪一个为零? 为什么?

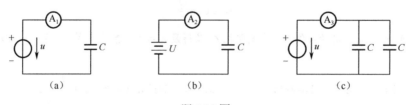

题 4-10 图

4-11　题 4-11 图所示网络中, $\dot{U}=100\underline{/53.1°}$ V, $R=8\Omega$, $X_L=6\Omega$, $X_C=3\Omega$。试求: $\dot{I}_R$、$\dot{I}_L$、$\dot{I}_C$, 并画出电压、电流相量图。

4-12　题 4-12 图所示电路中, 已知 $R_2=8\Omega$, $X_C=6\Omega$, $I=5\text{A}$, $\dot{U}$ 与 $\dot{I}$ 同相, 电路的有功功率 $P=172\text{W}$。求 R_1 及 X_L。

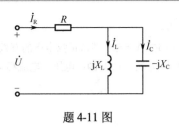

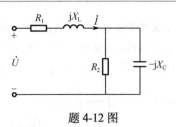

题 4-11 图　　　　　　　　　　　　　　题 4-12 图

4-13　题 4-13 图所示电路中，$R=20\Omega$、$L=100\text{mH}$ 的线圈与 $C=40\mu\text{F}$ 的电容并联，接于 50Hz、220V 的正弦电源，求总电流及电路的阻抗角。

4-14　题 4-14 图所示正弦电流电路中，$\dot{U}_\text{S} = 10\underline{/30^\circ}$ V，$R = \omega L = \dfrac{1}{\omega C} = 4\Omega$，试求各支路电流，作电流、电压相量图。

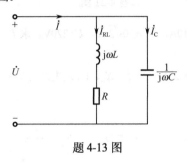

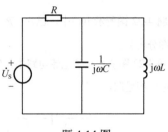

题 4-13 图　　　　　　　　　　　　　　题 4-14 图

4-15　题 4-15 图所示正弦电流电路中，$Z_1=(1-\text{j}5)\Omega$，$Z_2=(4+\text{j}10)\Omega$，如 $\dot{I}_2$ 与 $\dot{U}$ 同相，试求 R。

4-16　题 4-16 图所示正弦电流电路中的 $\dot{U}_\text{C} = 100\underline{/0^\circ}$ V，试求 $\dot{U}$、$\dot{I}$ 及功率因数 λ，并作电路的相量图。

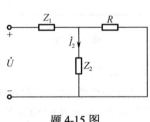

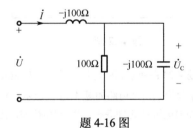

题 4-15 图　　　　　　　　　　　　　　题 4-16 图

4-17　题 4-17 图所示电路中，$\dot{I}_\text{R} = 2\underline{/0^\circ}$ A，试求 $\dot{U}$。

4-18　题 4-18 图所示正弦电流电路中，$U_\text{S1}=U_\text{S2}=100\text{V}$，$\dot{U}_\text{S1}$ 比 $\dot{U}_\text{S2}$ 超前 60°，$Z_1=(1-\text{j}1)\Omega$，$Z_2=(2+\text{j}3)\Omega$，$Z_3=(3+\text{j}6)\Omega$。试求两电压源的功率。

4-19　题 4-19 图所示并联网络中，$R_1=20\Omega$，$R=6\Omega$，$L=20\text{mH}$，$C=30\mu\text{F}$。试求端口正弦电压有效值为 220V、频率为 50Hz 时的端口电流，并求端口电压与电流的相位差。

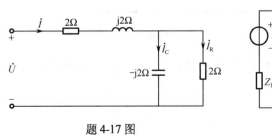

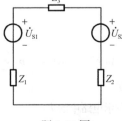

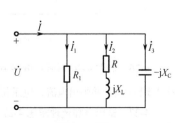

题 4-17 图　　　　　　　　　　题 4-18 图　　　　　　　　　　题 4-19 图

4-20　题 4-20 图所示电路中，U_{AB}=10V，I_2=10A，求 I_1 及 U。

4-21　题 4-21 图所示电路中，R、L、C 并联，已知 R=10Ω，X_L=15Ω，X_C=8Ω，端口正弦电压的有效值 U=120V，频率 f=50Hz。试求：（1）电流 $\dot{I}_R$、$\dot{I}_L$、$\dot{I}_C$ 及总电流 $\dot{I}$；（2）导纳 Y；（3）画出电压、电流相量图。

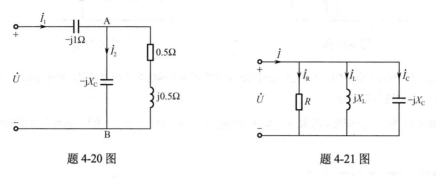

题 4-20 图　　　　　　　　　　　　　　　题 4-21 图

4-22　题 4-22 图所示电路中，已知：R_1=10Ω，R_2=X_L，I_1=10A，$I_2 = 10\sqrt{2}$ A，U=220V。求 I、R_2、X_L 及 X_C（用相量图分析）。

4-23　题 4-23 图所示正弦电流电路中，U_1=25V，总功率 P=225W，求 $\dot{I}$、X_L、$\dot{U}_2$ 及电路的总无功功率 Q，画出电流、电压相量图。

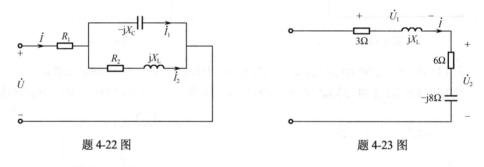

题 4-22 图　　　　　　　　　　　　　　　题 4-23 图

4-24　题 4-24 图所示正弦电流电路中，R=8Ω，X_L=6Ω，I_1=I_2=0.2A，试求 I。

4-25　某仪表的内部电路如题 4-25 图所示，其中 R_1、X_1 和 R_2、X_2 是两个电感线圈。为使通过 R_2、X_2 线圈的电流 $\dot{I}_2$ 与外加电压 $\dot{U}$ 之间获得 90° 的相位差，在线圈两端并联一个电阻 R_3。已知 R_1=200Ω，X_1=1000Ω，R_2=500Ω，X_2=1500Ω。试计算满足上述条件的 R_3 的电阻值。

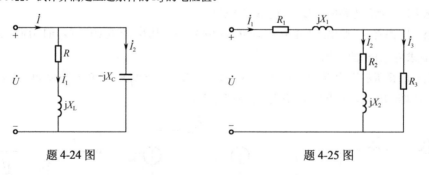

题 4-24 图　　　　　　　　　　　　　　　题 4-25 图

4-26　如题 4-26 图所示电路中，已知 $\dot{I}_C = 4\underline{/90°}$ A，R=X_L=X_C=2Ω。试求 $\dot{U}$、$\dot{I}_L$、$\dot{I}_R$、电路的有功功率 P 及功率因数 λ，并画出电流、电压相量图。

4-27　试用叠加定理求题 4-27 图所示电路中的 $\dot{I}$。

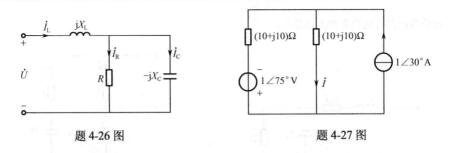

題 4-26 图　　　　　　　　　　　題 4-27 图

4-28　试列出如题 4-28 图所示电路的节点电压方程组（激励的角频率为 ω）。

4-29　电路如题 4-29 图所示，问阻抗 Z_L 为多大时获得最大功率？此最大功率为多少？

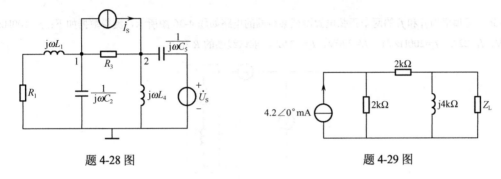

題 4-28 图　　　　　　　　　　　題 4-29 图

4-30　列写如题 4-30 图所示电路的网孔电流方程组。

4-31　如题 4-31 图所示正弦电流电路中电压源的角频率 $\omega=10^7$rad/s，$C=100$pF，问负载 Z_L 为多大时获得最大功率？

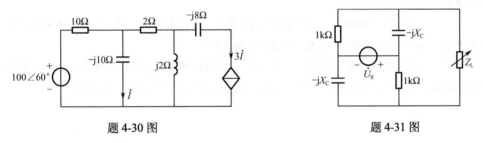

題 4-30 图　　　　　　　　　　　題 4-31 图

4-32　如题 4-32 图所示，$u=5\sqrt{2}\cos 2t$V，求该网络的 P、Q、S 及 $\cos\varphi$。

4-33　如题 4-33 图所示，已知 $R=16\Omega$，$X_L=16\Omega$，$X_C=14\Omega$，端口电压有效值 $U=100$V。试求各支路电流和电路的 P、Q、S，并作电压、电流相量图。

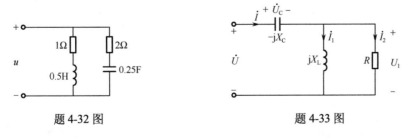

題 4-32 图　　　　　　　　　　　題 4-33 图

4-34　如题 4-34 图所示，已知 $\dot{U}_C=1\underline{/0°}$ V，求端口的电压 $\dot{U}$、电流 $\dot{I}$、电路的有功功率 p 及功率因数 λ。

4-35　如题 4-35 图所示，$\dot{U}=100\underline{/0°}$V，$R=\omega L=\dfrac{1}{\omega C}=2\Omega$。试求：（1）各支路电流相量并画出电流相

量图；（2）电路吸收的有功功率和无功功率。

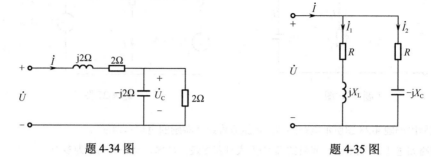

题 4-34 图   题 4-35 图

4-36 用频率为 f_1 和 f_2 的两个正弦电源测试某线圈的电路如题 4-36 图所示，测得数据如下：f_1=100Hz 时，U=220V，I_1=22A；f_2=200Hz 时，U=220V，I_2=12.9A。求该线圈的 R 和 L。

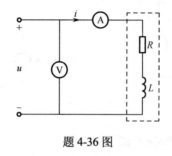

题 4-36 图

4-37 一个线圈接至 220V 的直流电源时，功率 P_1=1.2kW；接到工频 220V 正弦交流电源时，功率 P_2=0.6kW。试求线圈的 R 和 L。

4-38 有一个 U=220V、P=40W、$\cos\varphi = 0.443$ 的日光灯，为了提高功率因数，并联一个 C=4.75μF 的电容器，试求并联电容后电路的电流和功率因数（电源频率为 50Hz）。

4-39 功率为 60W，功率因数为 0.5 的日光灯负载与功率为 100W 的白炽灯各 50 只，并联在 220V 的正弦电源上（电源频率为 50Hz）。如果要把电路的功率因数提高到 0.92，应并联多大的电容？

第5章　三相交流电路

知识要点

1. 掌握三相电源的概念;
2. 掌握将对称三相电路化为一相的计算方法;
3. 掌握三相电路中线、相电压（电流）间的关系;
4. 了解三相电路的功率及测量方法;
5. Multisim 10 在三相交流电路中的应用。

日常生活和生产中的用电，基本上是由三相交流电源供给的，我们最熟悉的 220V 单相交流电，实际上就是三相交流发电机发出来的三相交流电中的一相。因此，三相电路可以看成三个频率相同但相位不同的单相电源的组合。对本章研究的三相电路而言，前面讨论的单相电流电路的所有分析计算方法完全适用。

5.1　三相电路

5.1.1　三相电源

目前我国乃至世界各国电力系统在发电、输电和配电方面大多采用三相制。三相制就是由三相电源供电的体系。而对称三相电源是由三个等幅值、同频率、相位依次相差 120° 的正弦电压源组成的。它们的电压为

$$u_A = \sqrt{2}\, U_P \cos\omega t \ \text{V}$$
$$u_B = \sqrt{2}\, U_P \cos(\omega t - 120°)\text{V}$$
$$u_C = \sqrt{2}\, U_P \cos(\omega t + 120°)\text{V}$$

式中，U_P 为每相电源电压的有效值。三个电源依次称为 A 相、B 相和 C 相。三相电压相位依次落后 120° 的相序（次序），A—B—C—A 称为正序或顺序。与此相反，若相位依次超前 120°，即 B 超前于 A，C 超前于 B，这种相序称为负序或逆序。若以 A 相电压 u_A 作为参考，则三相电压的相量形式为

$$\dot{U}_A = U_P \angle 0°$$
$$\dot{U}_B = U_P \angle -120° = \alpha^2 \dot{U}_A$$
$$\dot{U}_C = U_P \angle 120° = \alpha \dot{U}_A$$

式中，$\alpha = 1\angle 120°$，称为相量因子。对称三相电压的波形和相量图如图 5-1（a）、（b）所示。

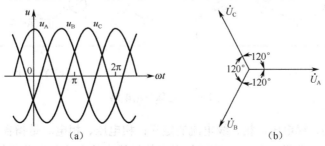

(a)　　　　　　　　　　　　(b)

图 5-1　对称三相电压的波形及相量图

对称三相电压满足：

$$u_A + u_B + u_C = 0, \quad \dot{U}_A + \dot{U}_B + \dot{U}_C = 0$$

对称三相电源有两种连接方式，星形（Y 形）和三角形（Δ 形），分别如图 5-2（a）、（b）所示。

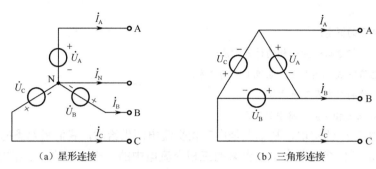

（a）星形连接　　　　　　　　（b）三角形连接

图 5-2　三相电源

图 5-2（a）是把三相电源的负极接在一起，形成一个中（性）点 N，从三个正极端子引出三条导线，这种星形连接方式的三相电源，简称星形或 Y 形电源。从中点引出的导线称为中线，从端点 A、B、C 引出的三根导线称为端线或火线。端线之间的电压称为线电压，分别用 $\dot{U}_{AB}$、$\dot{U}_{BC}$、$\dot{U}_{CA}$ 表示。每一相电源的电压称为相电压，分别为 $\dot{U}_A$、$\dot{U}_B$、$\dot{U}_C$。端线中的电流称为线电流，分别为 $\dot{I}_A$、$\dot{I}_B$、$\dot{I}_C$。各相电源中的电流称为相电流。显然在 Y 形电源中的线电流等于相电流。

图 5-2（b）是把三相电源依次按正、负极连接成一个回路，再从端子 A、B、C 引出导线，称其为三角形或 Δ 形电源。三角形电源的相、线电压，相、线电流的定义与 Y 形电源相同。显然，三角形电源的相电压与线电压相等。

5.1.2　三相负载

三相电路的负载也是由三个阻抗连接成星形（Y）或三角形（Δ）组成的。当这三个阻抗相等时，称为对称三相负载。将对称三相电源与对称三相负载进行适当的连接就形成了对称三相电路。根据三相电源与负载的不同连接方式可以组成 Y-Y、Y-Δ、Δ-Y、Δ-Δ 连接的三相电路。如图 5-3（a）、（b）为 Y-Y 连接方式和 Y-Δ 连接方式。

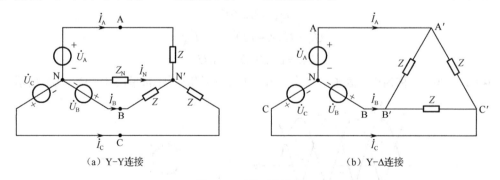

（a）Y-Y连接　　　　　　　　（b）Y-Δ连接

图 5-3　对称三相电路

三相负载中的相、线电压，相、线电流的定义：相电压、相电流是指各相负载阻抗的电压、电流。三相负载的三个端子 A′、B′、C′向外引出的导线中的电流称为负载的线电流，任意两个端子之间的电压称为负载的线电压。

图 5-3 （a）Y-Y 连接的对称三相电路中，电源中点 N 和负载中点 N'用一条阻抗为 Z_N 的中线连接起来，这种连接方式称为三相四线制，其他连接方式均属三相三线制。

5.1.3　线电压（电流）与相电压（电流）的关系

无论是三相电源还是三相负载，其相、线电压，相、线电流之间的关系都与连接方式有关，讨论方法是一样的。

图 5-4 （a）所示的对称星形连接，线电流等于相电流，线电压与相电压的关系为

$$\left.\begin{array}{l}\dot{U}_{AB}=\dot{U}_A-\dot{U}_B=(1-\alpha^2)\dot{U}_A=\sqrt{3}\dot{U}_A\angle30° \\ \dot{U}_{BC}=\dot{U}_B-\dot{U}_C=(1-\alpha^2)\dot{U}_B=\sqrt{3}\dot{U}_B\angle30° \\ \dot{U}_{CA}=\dot{U}_C-\dot{U}_A=(1-\alpha^2)\dot{U}_C=\sqrt{3}\dot{U}_C\angle30°\end{array}\right\}\qquad(5-1)$$

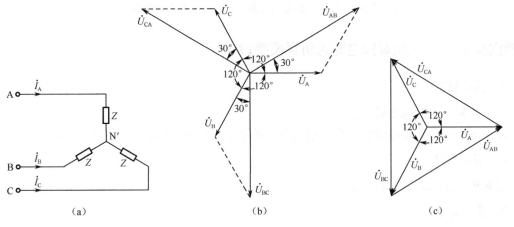

图 5-4　对称星形连接负载及相、线电压相量图

若设 $\dot{U}_A=U_P\angle0°$，则 Y 形连接线电压与相电压的相量关系可以用图 5-4 （b）或图 5-4 （c）的相量图表示。由相量图及式（5-1）可得

$$\left.\begin{array}{l}\dot{U}_{AB}=\sqrt{3}U_P\angle30° \\ \dot{U}_{BC}=\sqrt{3}U_P\angle-90° \\ \dot{U}_{CA}=\sqrt{3}U_P\angle150°\end{array}\right\}\qquad(5-2)$$

由此可见，相电压对称时，线电压也一定对称，它的有效值是相电压有效值的 $\sqrt{3}$ 倍，相位依次超前 $\dot{U}_A$、$\dot{U}_B$、$\dot{U}_C$ 30°，计算时只要算出 $\dot{U}_{AB}$ 就可依次写出 $\dot{U}_{BC}$、$\dot{U}_{CA}$。

对于图 5-5 （a）所示的三角形连接，线电压等于相电压。设每相负载中的电流分别为 $\dot{I}_{AB}$、$\dot{I}_{BC}$、$\dot{I}_{CA}$ 且对称，线电流为 $\dot{I}_A$、$\dot{I}_B$、$\dot{I}_C$，由 KCL 得

$$\left.\begin{array}{l}\dot{I}_A=\dot{I}_{AB}-\dot{I}_{CA}=(1-\alpha)\dot{I}_{AB}=\sqrt{3}\dot{I}_{AB}\angle-30° \\ \dot{I}_B=\dot{I}_{BC}-\dot{I}_{AB}=(1-\alpha)\dot{I}_{BC}=\sqrt{3}\dot{I}_{BC}\angle-30° \\ \dot{I}_C=\dot{I}_{CA}-\dot{I}_{BC}=(1-\alpha)\dot{I}_{CA}=\sqrt{3}\dot{I}_{CA}\angle-30°\end{array}\right\}\qquad(5-3)$$

三角形连接相、线电流的相量图如图 5-5 （b）或图 5-5 （c）所示。由于相电流是对称的，所以线电流也是对称的，即 $\dot{I}_A+\dot{I}_B+\dot{I}_C=0$。只要求出一个线电流，其他两个可以依次写出。

线电流有效值是相电流有效值的 $\sqrt{3}$ 倍，相位依次滞后 $\dot{I}_{AB}$、$\dot{I}_{BC}$、$\dot{I}_{CA}$ 的相位30°。

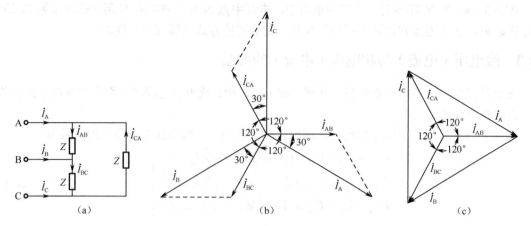

图 5-5　对称三角形连接负载及相、线电流相量图

技能训练 17——三相对称电源的仿真模型设计

1．实训目的

（1）理解三相对称电源的含义。

（2）学会用仿真软件设计一个三相电源的子电路，作为三相电源来进行仿真。

2．实训器材

计算机、仿真软件 Multism10。

3．实训原理

对称三相电源是由三个等幅值、同频率、相位依次相差 120° 的正弦电压源组成的。

4．实训电路和分析

设三相对称电源采用 A—B—C—A 相序，三相电压相位依次落后 120° 的相序（次序）称为正序或顺序，每相的电压的有效值 $U_P=220V$。三相电源 Y 形连接仿真模型如图 5-6（a）所示，在 Multisim 10 中将其设成子电路如图 5-6（b）所示，在后面的例子中就直接利用图 5-6（b）作为三相电源 Y 形连接进行仿真分析。

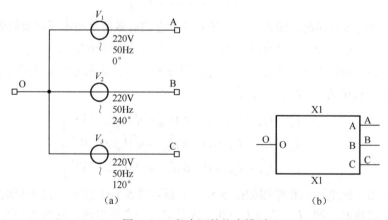

图 5-6　三相电源的仿真模型

验证图 5-6（b）三相电源的时序关系，在 Multisim 10 中进行 "Transient Analysis" 分析，瞬态分析的结果通常是被分析节点的电压波形。

将图 5-6（b）O 点接地。执行菜单命令 "Simulate" → "Analysis" → "Transient Analysis"，其执行对话框如图 5-7 所示，输出参数设计如图 5-8 所示。

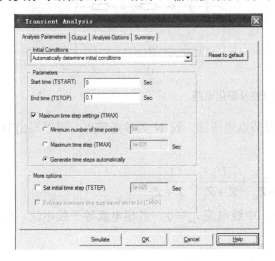

图 5-7　"Transient Analysis" 分析对话框

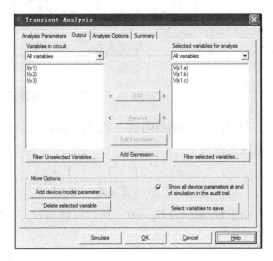

图 5-8　"Output" 输出选择对话框

单击 "Simulate" 按钮进行仿真分析，其仿真输出波形如图 5-9 所示。

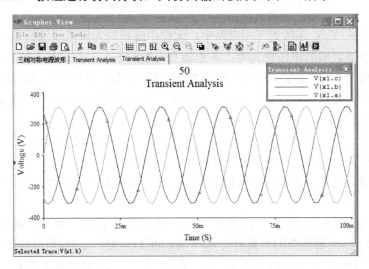

图 5-9　三相电源 Y 形连接仿真波形图

5. 实训总结

自行通过仿真软件设计一个三相电源的子电路，并设计一个相序测试电路。

5.2　对称三相电路的计算

对称三相电路的计算属于正弦稳态电路的计算，在前面章节中所用的相量法也可用于对称三相电路的分析。如图 5-10（a）所示为一对称 Y-Y 连接的三相电路。

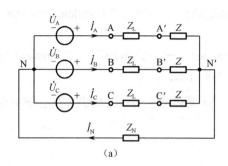

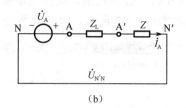

（a）　　　　　　　　　　　　　（b）

图 5-10　对称三相电路及简化电路

图中，Z_L 为端线阻抗，Z_N 为中线阻抗。应用节点电压法，设 N 为参考节点，可以写出节点电压方程为

$$\left(\frac{3}{Z+Z_L}+\frac{1}{Z_N}\right)\dot{U}_{N'N}=\frac{\dot{U}_A}{Z+Z_L}+\frac{\dot{U}_B}{Z+Z_L}+\frac{\dot{U}_C}{Z+Z_L}$$

由于 $\dot{U}_A+\dot{U}_B+\dot{U}_C=0$，所以可解得 $\dot{U}_{N'N}=0$，中线电流 $\dot{I}_N=0$，各相电流等于线电流，分别为

$$\dot{I}_A=\frac{\dot{U}_A}{Z+Z_L}，\quad \dot{I}_B=\frac{\dot{U}_B}{Z+Z_L}=\alpha^2\dot{I}_A$$

$$\dot{I}_C=\frac{\dot{U}_B}{Z+Z_L}=\alpha\dot{I}_A，\quad \dot{I}_N=\dot{I}_A+\dot{I}_B+\dot{I}_C=0$$

由此可见，对称 Y-Y 连接的三相电路中，无论中线阻抗为何值（包括 $Z_N=0$ 或 ∞），负载中性点和电源中性点之间的电压恒为零。各相独立，彼此无关，并且相电流是对称的。根据这一特点，可将对称 Y-Y 连接的三相电路简化成一相进行计算。求出任一线电流、线电压后，其他线电流、线电压可依次按对称顺序写出。注意在一相计算电路中，N-N′用短路线连接，与原三相电路中 Z_N 的取值无关。

对于其他两种连接方式的对称三相电路，可根据 Y-Δ 等效变换关系，化为 Y-Y 连接的对称三相电路，再将其简化成一相电路进行计算。

由于对称负载的电压和电流都是对称的，因此在负载对称的三相电路中，只需要计算一相电路即可。

【例 5-1】　如图 5-11 所示三相对称电路，电源线电压为 380V，星形连接负载阻抗 $Z_Y=22\angle-30°\ \Omega$，三角形连接的负载阻抗 $Z_\Delta=38\angle60°\ \Omega$。求：（1）三角形连接的各相电压 $\dot{U}_A$、$\dot{U}_B$、$\dot{U}_C$；（2）三角形连接的负载相电流 $\dot{I}_{AB}$、$\dot{I}_{BC}$、$\dot{I}_{CA}$；（3）传输线电流 $\dot{I}_A$、$\dot{I}_B$、$\dot{I}_C$。

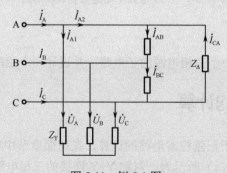

图 5-11　例 5-1 图

解： 根据题意，设 $\dot{U}_{AB} = 380\angle 0° \text{ V}$。

（1）由线电压和相电压的关系，可得出三角形连接的负载各相电压为

$$\dot{U}_A = \frac{380\angle(0° - 30°)}{\sqrt{3}} = 220\angle -30° \text{ V}$$

$$\dot{U}_B = 220\angle -150° \text{ V}$$

$$\dot{U}_C = 220\angle 90° \text{ V}$$

（2）三角形连接的负载相电流为

$$\dot{I}_{AB} = \frac{\dot{U}_{AB}}{Z_\Delta} = \frac{380\angle 0° \text{ V}}{38\angle 60° \text{ }\Omega} = 10\angle -60° \text{ A}$$

因为对称，所以：

$$\dot{I}_{BC} = 10\angle -180° \text{ A}$$

$$I_{CA} = 10\angle 60° \text{ A}$$

（3）传输线 A 上的电流为星形负载的线电流 $\dot{I}_{A1}$ 与三角形负载线电流 $\dot{I}_{A2}$ 之和。其中：

$$\dot{I}_{A1} = \frac{\dot{U}_A}{Z_Y} = \frac{220\angle -30° \text{ V}}{22\angle -30° \text{ }\Omega} = 10\angle 0° \text{ A}$$

$\dot{I}_{A2}$ 是相电流 $\dot{I}_{AB}$ 的 $\sqrt{3}$ 倍，相位滞后 $\dot{I}_{AB}$ 相位 30°，即

$$\dot{I}_{A2} = \sqrt{3}\dot{I}_{AB}\angle -30° = \sqrt{3}\times 10\angle(-60° - 30°)\text{A} = 10\sqrt{3}\angle -90° \text{ A}$$

$$\dot{I}_A = \dot{I}_{A1} + \dot{I}_{A2} = 10\angle 0° \text{ A} + 10\sqrt{3}\angle -90° \text{ A} = (10 - \text{j}10\sqrt{3})\text{A} = 20\angle -60° \text{ A}$$

因为对称，所以：

$$\dot{I}_B = 20\angle -180° \text{ A}$$

$$\dot{I}_C = 20\angle 60° \text{ A}$$

技能训练 18——三相四线制 Y 形对称负载测量电路的仿真计算

1. 实训目的

（1）掌握三相四线制对称电路的特点。

（2）学会用仿真软件对三相四线制 Y 形对称负载电路进行测量。

2. 实训器材

计算机、仿真软件 Multism 10。

3. 实训原理

三相电源和三相负载之间用四根导线连接的电路系统称为三相四线制。在对称三相四线制电路中，$\dot{I}_N = \dot{I}_A + \dot{I}_B + \dot{I}_C = 0$。当负载 Y 形连接时，线电压与相电压之间的关系为：$U_L = \sqrt{3}U_P$，每相线电压都超前各自相电压 30°，并且 $I_L = I_P$。当负载△形连接时，线电压与相电压之间的关系为：$U_L = U_P$，如果负载对称，每相线电流都滞后各自相电流 30°，并且 $I_L = \sqrt{3}I_P$。

4. 实训电路和分析

【例 5-2】 设三相电源为 220V 的 Y 形连接，有中线且负载对称，每相负载均为纯电阻 1kΩ。仿真测量中线电流，以及各相负载电压、电流以及线电压。

分析： 利用 Multisim 10 的虚拟仪表进行测量，其仿真电路如图 5-12 所示。由相电流和中

线电流的指示读数，不难验证 $\dot{I}_A + \dot{I}_B + \dot{I}_C = 0$，$U_L = \sqrt{3}U_P$，线电压是相电压的 $\sqrt{3}$ 倍。

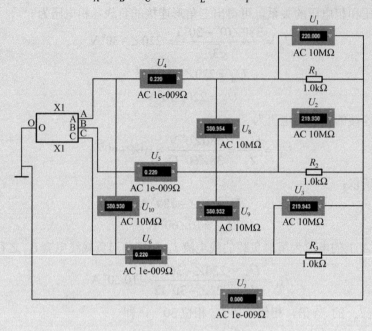

图 5-12　　三相四线制 Y 形对称负载仿真测电路

5. 实训总结

（1）中线在电路中的作用是什么？

（2）对称电路中，去掉中线对整个电路会不会有影响？

5.3　不对称三相电路

三相电力系统是由三相电源、三相负载和三相输电线路三部分组成的，只要有一部分不对称就称为不对称三相电路，不对称三相电路中各相电流之间一般不存在幅值相等、相位相差 120° 的关系，所以不能直接化为单相电路计算，而要作为一般正弦稳态电路分析。产生不对称的原因很多，例如对称三相电路发生短路、断路等故障时，就成为不对称三相电路。其次，有的电气设备或仪器正是利用不对称三相电路的某些特性而工作的。本节主要讨论由对称三相电源向不对称三相负载供电而形成的不对称三相电路的特点。图 5-13（a）所示为 Y-Y 连接的三相三线制不对称三相电路。

由图 5-13（a）写出节点电压方程为

$$\left(\frac{1}{Z_A + Z_L} + \frac{1}{Z_B + Z_L} + \frac{1}{Z_C + + Z_L} \right)\dot{U}_{N'N} = \frac{\dot{U}_A}{Z_A + Z_L} + \frac{\dot{U}_B}{Z_B + Z_L} + \frac{\dot{U}_C}{Z_C + + Z_L}$$

可得

$$\dot{U}_{N'N} = \frac{\dfrac{\dot{U}_A}{Z_A + Z_L} + \dfrac{\dot{U}_B}{Z_B + Z_L} + \dfrac{\dot{U}_C}{Z_C + Z_L}}{\dfrac{1}{Z_A + Z_L} + \dfrac{1}{Z_B + Z_L} + \dfrac{1}{Z_C + Z_L}}$$

虽然电源是对称的，但由于负载的不对称，一般 $\dot{U}_{N'N} \neq 0$，即 N′ 点和 N 点电位不同了。负载电压与电源电压的相量图如图 5-13（b）所示，由图可见，N′ 点和 N 点不再重合，工程上称其为中点位移，这导致负载电压不对称。当中点位移较大时，会造成负载电压的严重不对称，可能会使负载工作不正常，甚至损坏设备。另外，由于负载电压相互关联，每一相负载的变动都会对其他相造成影响。因此工程中常采用三相四线制，在 N′N 间用一阻抗趋于零的中线连接，$Z_N \approx 0$，则可强使 $\dot{U}_{N'N} = 0$。这样尽管负载阻抗不对称也能保持负载相电压对称，彼此独立，各相可单独计算。这就克服了无中线带来的缺点。因此，在负载不对称的情况下中线的存在是非常重要的。为了避免因中线断路而造成负载相电压严重不对称，要求中线安装牢固，而且在中线上不安装开关或熔断器。

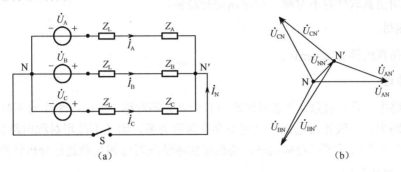

图 5-13　不对称三相电路

由于相电流不对称，一般情况下中线电流不为零，即 $\dot{I}_N = \dot{I}_A + \dot{I}_B + \dot{I}_C \neq 0$。

（1）负载不对称而且没有中性线时，负载两端的电压就不对称，则必将引起有的负载两端电压高于负载的额定电压；有的负载两端电压却低于负载的额定电压，负载无法正常工作。

（2）中性线的作用在于使星形连接的不对称负载的两端电压对称。不对称负载的星形连接一定要有中性线；这样，各相相互独立，一相负载的短路或开路，对其他相无影响，例如照明电路。因此，中性线（指干线）上不能接入熔断器或闸刀开关。

【例 5-3】　若把图 5-13（a）所示电路中 A 相负载阻抗接成一个电容，即 $Z_A = \dfrac{1}{\mathrm{j}\omega C}$，B 相、C 相接上两个同功率的灯泡，若使阻值 $R = \dfrac{1}{\omega C}$，即 $Z_B = Z_C = R$，同时假设端线阻抗 $Z_L = 0$。这就组成了一个测定三相电源相序的仪器，称为相序指示器。试说明在相电压对称的情况下，如何根据两个灯泡的亮度确定电源的相序。

解：由图 5-13（a）可得中点电压为　$\dot{U}_{N'N} = \dfrac{\mathrm{j}\omega C \dot{U}_A + \dfrac{1}{R}\dot{U}_B + \dfrac{1}{R}\dot{U}_C}{\mathrm{j}\omega C + \dfrac{2}{R}}$。

令 $G = \dfrac{1}{R}$，$\dot{U}_A = U\angle 0°$ V，则

$$\dot{U}_{N'N} = \frac{\mathrm{j}\omega C \dot{U}_A + G\alpha^2 \dot{U}_A + G\alpha \dot{U}_A}{\mathrm{j}\omega C + 2G} = \frac{\mathrm{j} + \alpha^2 + \alpha}{\mathrm{j} + 2}\dot{U}_A = (-0.2 + \mathrm{j}0.6)\dot{U}_A = 0.63U\angle 108.4°$$

B 相、C 相灯泡承受的电压分别为

$$\dot{U}_{BN'} = \dot{U}_{BN} - \dot{U}_{N'N} = \alpha^2 \dot{U}_A - (-0.2 + \mathrm{j}0.6)\dot{U}_A = 1.5U\angle -101.5°$$

所以

$$U_{BN'} = 1.5U$$

$$\dot{U}_{CN'} = \dot{U}_{CN} - \dot{U}_{N'N} = \alpha \dot{U}_A - (-0.2 + \mathrm{j}0.6)\dot{U}_A = 0.4U\angle 138°$$

得 $$U_{CN'} = 0.4U$$

由此判断：若把接电容器的一端作为 A 相，则灯泡较亮的一相为 B 相，较暗的是 C 相。

技能训练 19——不对称三相电路的仿真测量

1．实训目的

（1）掌握不对称三相电路的特点。

（2）学会用仿真软件对不对称三相电路进行测量。

2．实训器材

计算机、仿真软件 Multism10。

3．实训原理

在三相电路中，只要电源、负载和线路中有一部分不对称，则此电路称为不对称三相电路。不对称三相电路中，一般各组电压、电流不存在对称关系。因此不能用对称电路先求一相电量再推知其他两相的方法求解不对称电路。需根据实际情况对每相负载进行分析计算。

4．实训电路和分析

（1）有中线的 Y 形非对称负载工作方式的仿真测量

【例 5-4】 在图 5-14 所示电路中，C 相用 2 个 1kΩ 的电阻并联，仿真测量中线电流，以及各相负载电压、电流以及线电压。

由于三相负载不对称，执行仿真，测量相电压、相电流、中线电流和线电压如图 5-14 所示。

对仿真测量结果进行分析，由相电流和线电流的指示读数，不难验证 $\dot{I}_A + \dot{I}_B + \dot{I}_C = I$。$U_L = \sqrt{3} U_P$，线电压是相电压的 $\sqrt{3}$ 倍。

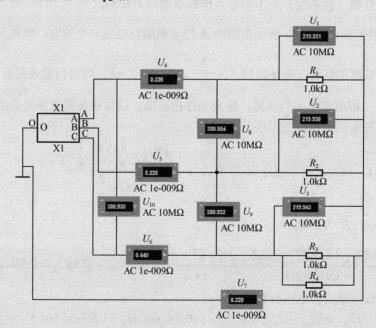

图 5-14 三相四线制不对称负载仿真测量电路

（2）无中线的 Y 形非对称负载工作方式的仿真测量

【例 5-5】 在图 5-12 所示电路中，在 C 相用 2 个 1kΩ 的电阻并联，且去掉中线。执行仿真，测量相电压、相电流和线电压如图 5-15 所示。

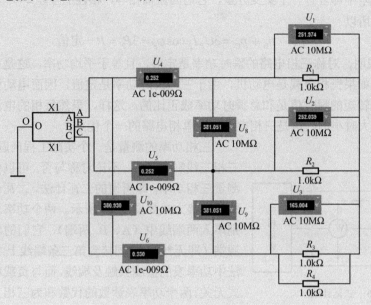

图 5-15　三相三线制不对载负载仿真测电路图

由仿真测量结果可知，相电压有的超过 220V，在实际使用过程中，三相三线制负载非对称负载时，可能容易造成某相电压过高，从而烧坏用电器，故当负载不对称时采用三相四线制是一种比较可靠的接线方法。

5．实训总结

在不对称三相负载电路中，中线有无对线电流有何影响？

5.4　三相电路的功率

在三相电路中，三相负载所吸收的功率等于各相功率之和，即
$$P = P_A + P_B + P_C$$

在对称三相电路中，显然各相功率相等，且为
$$P_A = P_B = P_C = U_P I_P \cos \varphi_z = P_P$$
$$P = 3P_P = 3U_P I_P \cos \varphi_z \tag{5-4}$$

式中，U_P、I_P 为相电压、相电流，φ_z 为相电压和相电流的相位差。根据前面所讨论的三角形连接、星形连接相、线电流，相、线电压的关系，三相负载所吸收的总功率的另一种表达方式为
$$P = \sqrt{3} U_L I_L \cos \varphi_z \tag{5-5}$$

三相电路的瞬时功率也为三相负载瞬时功率之和，对称三相电路各相的瞬时功率分别为
$$p_A = u_A i_A = \sqrt{2} U_P \cos \omega t \sqrt{2} I_P \cos(\omega t - \varphi_z) = U_P I_P [\cos \varphi_z + \cos(2\omega t - \varphi_z)]$$
$$p_B = u_B i_B = \sqrt{2} U_P \cos(\omega t - 120°) \sqrt{2} I_P \cos(\omega t - 120° - \varphi_z)$$
$$= U_P I_P [\cos \varphi_z + \cos(2\omega t - 240° - \varphi_z)]$$

$$p_C = u_C i_C = \sqrt{2}U_P \cos(\omega t + 120°)\sqrt{2}I_P \cos(\omega t + 120° - \varphi_z)$$
$$= U_P I_P[\cos\varphi_z + \cos(2\omega t + 240° - \varphi_z)]$$

p_A、p_B、p_C中都含有一个交变分量，它们的振幅相等，相位上互差240°，这三个交变分量相加等于零，所以

$$p_A + p_B + p_C = 3U_P I_P \cos\varphi_z = 3P_P = P = 定值 \tag{5-6}$$

式（5-6）表明，对称三相电路的瞬时功率是定值，且等于平均功率，这是对称三相电路的一个优越性能。如果三相负载是电动机，由于三相瞬时功率是定值，因而电动机的转矩是恒定的。因为电动机转矩的瞬时值是和总瞬时功率成正比的，这样，虽然每相的电流随时间变化，但转矩却不是时大时小的，这是三相电路胜于单相电路的一个优点。

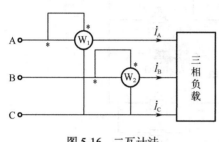

图 5-16　二瓦计法

三相功率的测量是一个实际工程问题，可以证明，在三相三线制电路中，不论对称与否，可以使用两个功率表测量三相功率，即所谓的二瓦计法。二瓦计法测量三相功率的连接方式如图 5-16 所示。两个功率表的电流线圈分别串入两端线中（A、B 两端），它们的电压线圈的非电源端（即无*端）共同接到第三条端线上（C 端）。二瓦计法中功率表的接线只触及端线，而与负载和电源的连接方式无关。两个功率表读数的代数和为三相三线制中三相负载吸收的平均功率。

根据功率表的工作原理，并设其读数分别为 P_1、P_2，则

$$\left.\begin{array}{l} P_1 = U_{AC}I_A \cos(\varphi_{\dot{U}_{AC}} - \varphi_{i_A}) \\ P_2 = U_{BC}I_B \cos(\varphi_{\dot{U}_{BC}} - \varphi_{i_B}) \end{array}\right\} \tag{5-7}$$

$$P_1 = \text{Re}[\dot{U}_{AC}\dot{I}_A^*]$$
$$P_2 = \text{Re}[\dot{U}_{BC}\dot{I}_B^*]$$
$$P_1 + P_2 = \text{Re}[\dot{U}_{AC}\dot{I}_A^* + \dot{U}_{BC}\dot{I}_B^*]$$

因为 $\quad\dot{U}_{AC} = \dot{U}_A - \dot{U}_B$，$\dot{U}_{BC} = \dot{U}_B - \dot{U}_C$，$\dot{I}_A^* + \dot{I}_B^* = -\dot{I}_C^*$

代入上式有

$$P_1 + P_2 = \text{Re}[\dot{U}_A\dot{I}_A^* + \dot{U}_B\dot{I}_B^* + \dot{U}_C\dot{I}_C^*] = \text{Re}[\bar{S}_A + \bar{S}_B + \bar{S}_C] = \text{Re}[\bar{S}]$$

$\text{Re}[\bar{S}]$ 表示三相负载吸收的有功功率。在对称三相制中，可以证明：

$$\left.\begin{array}{l} P_1 = \text{Re}[\dot{U}_{AC}\dot{I}_A^*] = U_{AC}I_A \cos(\varphi_z - 30°) \\ P_2 = \text{Re}[\dot{U}_{BC}\dot{I}_B^*] = U_{BC}I_B \cos(\varphi_z + 30°) \end{array}\right\} \tag{5-8}$$

式中，φ_z 为负载的阻抗角，当 φ_z 取一定值时，两个功率表之一的读数可能为负值（例如 $\varphi_z > 60°$），求代数和时该表的读数应取负值。用二瓦计法测量三相功率，一般来讲一个功率表的读数是没有意义的。

除对称情况外，三相四线制不能用二瓦计法测量三相功率，这是因为一般情况下 $\dot{I}_A + \dot{I}_B + \dot{I}_C \neq 0$。

【例 5-6】　如图 5-17 所示为一对称三相电路，已知对称三相负载吸收的功率为 3kW，功率因数 $\lambda = \cos\varphi = 0.866$（感性），线电压为 380V，求图中两个功率表的读数。

解：要求功率表的读数，只要求出与它们相关联的电压、电流相量即可。

由 $$P = \sqrt{3}U_L I_L \cos\varphi_z$$

则
$$I_{\mathrm{L}} = \frac{P}{\sqrt{3}U_{\mathrm{L}}\cos\varphi_{\mathrm{z}}} = 5.263\mathrm{A}, \quad \varphi_{\mathrm{z}} = \arccos 0.866 = 30°$$

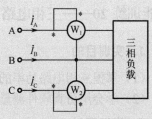

令 A 相电压 $\dot{U}_{\mathrm{A}} = 220\angle 0°$ V，则 $\dot{I}_{\mathrm{A}} = 5.263\angle -30°$ A，
$\dot{U}_{\mathrm{AB}} = 380\angle 30°$ V，$\dot{I}_{\mathrm{C}} = a\dot{I}_{\mathrm{A}} = 5.263\angle 90°$ A，$\dot{U}_{\mathrm{CB}} = -\dot{U}_{\mathrm{BC}} = -a^2\dot{U}_{\mathrm{AB}} = 380\angle 90°$ V。

两功率表的读数分别为
$$P_1 = \mathrm{Re}[\dot{U}_{\mathrm{AB}}\dot{I}_{\mathrm{A}}^*] = U_{\mathrm{AB}}I_{\mathrm{A}}\cos\varphi_1 = 380 \times 5.263\cos 60° = 999.97 \text{ W}$$
$$P_2 = \mathrm{Re}[\dot{U}_{\mathrm{CB}}\dot{I}_{\mathrm{B}}^*] = U_{\mathrm{CB}}I_{\mathrm{C}}\cos\varphi_2 = 380 \times 5.263\cos 0° = 1999.97 \text{ W}$$

图 5-17　例 5-6 图

则
$$P_1 + P_2 = 3000 \text{ W}$$

【例 5-7】 对称三相电路如图 5-18（a）所示。已知 $\dot{U}_{\mathrm{A}} = 100\angle 0°$ V，$\dot{U}_{\mathrm{B}} = 100\angle -120°$ V，$\dot{U}_{\mathrm{C}} = 100\angle 120°$ V，$Z = 10\angle 45° \Omega$。求（1）线电流 $\dot{I}_{\mathrm{A}}$、$\dot{I}_{\mathrm{B}}$、$\dot{I}_{\mathrm{C}}$，三相功率以及电流表 A、电压表 V 的读数；（2）要求与（1）相同，但负载改为 Δ 形连接，如图 5-18（b）所示。

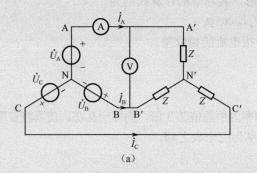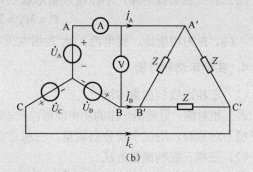

（a）　　　　　　　　　　　　　　　（b）

图 5-18　例 5-7 图

解：（1）根据 Y–Y 对称连接三相电路的特点 $\dot{U}_{\mathrm{N'N}} = 0$，则
$$\dot{I}_{\mathrm{A}} = \frac{\dot{U}_{\mathrm{A}}}{Z} = \frac{100\angle 0°}{10\angle 45°} = 10\angle -45° \text{ A}$$

其他两相电流：$\dot{I}_{\mathrm{B}} = \alpha^2\dot{I}_{\mathrm{A}} = 10\angle -165°$ A，$\dot{I}_{\mathrm{C}} = \alpha\dot{I}_{\mathrm{A}} = 10\angle 75°$ A

三相功率：$P = 3U_{\mathrm{P}}I_{\mathrm{P}}\cos\varphi_{\mathrm{z}} = 3 \times 100 \times 10\cos 45° = 2121.32\mathrm{W}$

电流表 A 的读数为 10A，电压表 V 的读数即为线电压的有效值：$U_{\mathrm{V}} = \sqrt{3} \times 100 = 173.2\mathrm{V}$。

（2）负载 Δ 形连接，如图 5-18（b）所示。线电压有效值 $\sqrt{3} \times 100 = 173.2\mathrm{V}$，则
$$\dot{I}_{\mathrm{A'B'}} = \frac{\dot{U}_{\mathrm{A'B'}}}{Z} = \frac{173.2\angle 30°}{10\angle 45°} = 17.32\angle -15° \text{ A}$$
$$\dot{I}_{\mathrm{B'C'}} = \alpha^2\dot{I}_{\mathrm{A'B'}} = 17.32\angle -135° \text{ A}$$
$$\dot{I}_{\mathrm{C'A'}} = \alpha\dot{I}_{\mathrm{A'B'}} = 17.32\angle 105° \text{ A}$$

根据三角形连接线电流与相电流的关系：
$$\dot{I}_{\mathrm{A}} = \sqrt{3}\dot{I}_{\mathrm{A'B'}}\angle -30° = 30\angle -45° \text{ A}$$

同理：
$$\dot{I}_{\mathrm{B}} = 30\angle -165° \text{ A}, \quad \dot{I}_{\mathrm{C}} = 30\angle 75° \text{ A}$$

三相功率：
$$P = \sqrt{3}U_{\mathrm{L}}I_{\mathrm{L}}\cos\varphi_{\mathrm{z}} = 6363.96\mathrm{W}$$

电流表 A 的读数为 30A，电压表 V 的读数仍为 173.2V。

由本题可以看出，把负载由 Y 形改为 Δ 形连接，其线电流增为 3 倍，功率增为 3 倍，相电

压增为 $\sqrt{3}$ 倍。

技能训练 20——三相电路功率的仿真测量

1．实训目的

（1）掌握三相电路功率的特点。

（2）学会用仿真软件测量三相电路的功率。

2．实训器材

计算机、仿真软件 Multism10。

3．实训原理

（1）对于不对称三相电路，则

$$P = P_A + P_B + P_C$$

（2）若三相负载对称，不论接成星形或三角形，其功率的计算式均为

$$P = 3P_P = 3U_P I_P \cos\varphi_z$$

式中，U_P、I_P 为相电压、相电流，φ_z 为相电压和相电流的相位差。

4．实训电路和分析

（1）三相四线制测量方法

若三相对称，只需测一相的功率即可，三相功率为所测值的 3 倍，简称一瓦法。仿真测量略。若三相不对称时，用三个表分别测量，三相总功率为三个表之和。

（2）三相三线制测量方法

在三相三线制电路中，不论对称与否，可以使用两个功率表的方法测量三相功率，简称二瓦计法。下面给出不对称负载的三相三线制的二瓦计法测量仿真电路，如图 5-19 所示。故电路的三相不对称电路的功率为

$$P = P_1 + P_2 = 72.607 + 108.897 = 181.504\text{W}$$

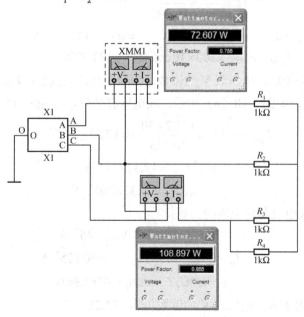

图 5-19　二瓦计法测三相三线制电路的三相总功率

5. 实训总结

在线路中每相接上相应的电流表和电压表进行测量，计算所得的功率与用功率表直接测量的结果进行比较，试分析误差原因。

本章小结

1. 三相电源

（1）三相制就是由三相电源供电的体系。对称三相电源是由三个等幅值、同频率、相位依次相差 120° 的正弦电压源组成的。

（2）对称三相电压满足 $\dot{U}_A + \dot{U}_B + \dot{U}_C = 0$，即对称三相电压的相量之和为零。通常三相发电机产生的都是对称三相电源，本书今后若无特殊说明，提到三相电源时均指对称三相电源。

（3）三相电源有 Y 形和 △ 形两种接法。

Y 形连接时，相电压和线电压是对称的，线电压等于相电压的 $\sqrt{3}$ 倍，相位比对应的相电压超前 30°。△ 形连接时，线电压等于相电压。注意电源绕组的正确接法。

2. 三相负载

三相负载的接法，也有星形连接和三角形连接两种。

当负载星形连接时，线电压与相电压之间的关系为：$U_L = \sqrt{3}U_P$，每相线电压都超前各自相电压 30°，并且 $I_L = I_P$。

当负载 △ 形连接时，线电压与相电压之间的关系为：$U_L = U_P$，如果负载对称，每相线电流都滞后各自相电流 30°，并且 $I_L = \sqrt{3}I_P$。

3. 对称三相电路的计算

三相对称负载接成星形时，无论有无中线，负载的相电压都等于电源线电压的 $1/\sqrt{3}$，负载的相电流等于线电流。三相对称负载接成三角形时，负载的相电压等于电源的线电压，负载的相电流等于线电流的 $1/\sqrt{3}$。因此，三相负载接成星形还是三角形，取决于每相负载的额定电压是电源线电压的 $1/\sqrt{3}$，还是等于电源的线电压。

4. 三相功率

（1）对于不对称三相电路：
$$P = P_A + P_B + P_C$$

（2）若三相负载对称，不论接成星形或三角形，其功率的计算式均为
$$P = 3P_P = 3U_P I_P \cos\varphi_z$$

式中，U_P、I_P 为相电压、相电流，φ_z 为相电压和相电流的相位差。

习题 5

5-1　已知对称三相电源 A、B 火线间的电压解析式为 $u_{AB} = 380\sqrt{2}\sin(314t + 30°)\mathrm{V}$，试写出其余各线电压和相电压的解析式。

5-2　已知对称三相负载各相复阻抗均为 8+j6Ω，Y 接于工频 380V 的三相电源上，若 u_{AB} 的初相为 60°，求各相电流。

5-3　题 5-3 图所示三相电路接至线电压为 380V 的对称三相电源，$R = \omega L = 38\Omega$。求各相电流和线电流有效值。

5-4　已知对称三相电路的线电压为 380V（电源端），三角形负载阻抗 $Z=(4.5+j14)\Omega$，端线阻抗 $Z_L=(1.5+j2)\Omega$。求线电流和负载的相电流，并画出相量图。

5-5　题 5-5 图所示对称三相电路中，负载阻抗 $Z=(6+j8)\Omega$，电源线电压为 380V，$f=50$Hz。（1）求负载相电流有效值；（2）写出相电流 i_A，线电压 u_{AB} 的瞬时值表达式；（3）求三相负载的有功功率、无功功率。

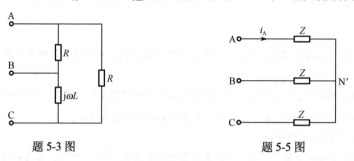

题 5-3 图　　　　　　　　　　　　　　　题 5-5 图

5-6　题 5-6 图所示对称三相电路中，负载线电压 $U_{A'B'}=380$V，$Z_L=(5+j2)\Omega$，$Z=j90\Omega$，求三相电源提供的有功功率和无功功率。

5-7　题 5-7 图所示电路阻抗 $Z=(8+j6)\Omega$，接至对称三相电源，设电压 $\dot{U}_{AB}=380\angle0°$ V。（1）求线电流 $\dot{I}_A$；（2）求三相负载总的有功功率。

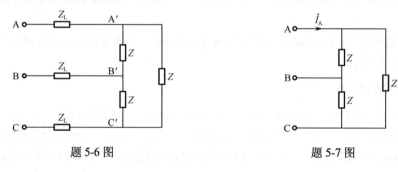

题 5-6 图　　　　　　　　　　　　　　　题 5-7 图

5-8　题 5-8 图所示三相电路中，对称三相电源线电压为 380V，$X_L=314\Omega$。B、C 两相负载均为 220V、40W 的灯泡，试问哪只灯泡较亮？

5-9　题 5-9 图所示对称三相电路中，电源线电压为 380V，端线阻抗 $Z_L=(3+j4)\Omega$，负载阻抗 $Z=(90+j120)\Omega$。（1）求线电流和负载线电压有效值；（2）三相电源产生的有功功率。

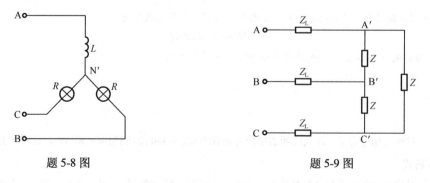

题 5-8 图　　　　　　　　　　　　　　　题 5-9 图

5-10　题 5-10 图所示对称三相电路中，线电压有效值为 100V，$Z=5\angle45°\ \Omega$。（1）求线电流；（2）求三相负载的有功功率、无功功率和视在功率。

5-11　题 5-11 图所示为对称 Y–Y 三相电路，电源相电压为 220V，负载阻抗 $Z=(30+j20)\Omega$。

求：（1）图中电流表的读数；

（2）三相负载吸收的功率；

（3）如果 A 相的负载阻抗等于零（其他不变），再求（1）、（2）；

（4）如果 A 相负载开路，再求（1）、（2）。

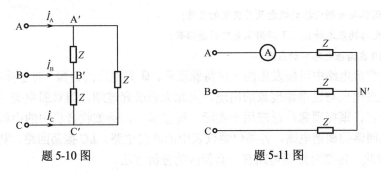

题 5-10 图　　　　　　　　　　题 5-11 图

5-12　题 5-12 图所示为三相对称的 Y–Δ 三相电路，$U_{AB}=380V$，$Z=27.5+j47.64\Omega$，求（1）图中功率表的读数及其代数和有无意义？（2）若开关 S 打开，再求（1）。

5-13　题 5-13 图所示为对称三相电路，线电压为 380V，$R=200\Omega$，负载吸收的无功功率为 $1520\sqrt{3}$ var。试求：

（1）各线电流；

（2）电源发出的复功率。

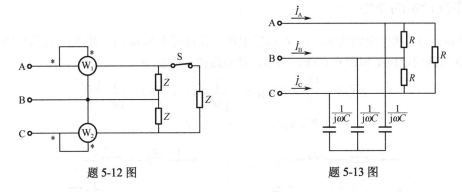

题 5-12 图　　　　　　　　　　题 5-13 图

5-14　一台 Y 接三相异步电动机，接入 380V 线电压的电网中，当电动机满载时其额定输出功率为 10kW，效率为 0.9，线电流为 20A。当该电动机轻载运行时，输出功率为 2kW 时，效率为 0.6，线电流为 10.5A。试求在上述两种情况下电路的功率因数，并对计算结果进行比较后讨论。

5-15　题 5-15 图所示为对称三相电路，线电压为 380V，相电流 $I_{A'B'}=2A$。求图中功率表的读数。

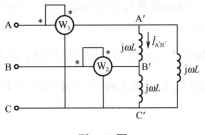

题 5-15 图

第6章 谐振电路

知识要点

1. 掌握串联谐振与并联谐振的概念及其发生的条件;
2. 掌握谐振电路的基本特征,了解谐振电路的通频带;
3. Multisim 10 在谐振电路中的应用。

谐振是正弦交流电路中可能发生的一种特殊现象。研究电路的谐振,对于强电类专业来讲,主要是为了避免过电压与过电流现象的出现,因此无须研究过细。但对弱电类(电子、自动化控制类)专业而言,谐振现象广泛应用于实际工程技术中,例如收音机中的中频放大器,电视机或收音机输入回路的调谐电路,各类仪器仪表中的滤波电路、LC 振荡回路,利用谐振特性制成的 Q 表等。因此,需要对谐振电路有一套相应的分析方法。

6.1 串联谐振

对于包含电容和电感及电阻元件的无源一端口网络,其端口可能呈现容性、感性及电阻性,电路端口的电压 $\dot{U}$ 和电流 $\dot{I}$ 出现同相位,即呈电阻性的现象称为谐振现象。实际中,谐振现象有着广泛的应用,但有时又必须避免谐振现象的出现,因此研究谐振电路具有实际的意义。

6.1.1 串联谐振的条件

如图 6-1(a)所示电路为 R、L、C 串联电路,在角频率为 ω 的正弦电压 u_S 的作用下,R、L、C 串联电路相量模型如图 6-1(b)所示。该电路的复阻抗为

$$Z(\mathrm{j}\omega) = \frac{\dot{U}_S}{\dot{I}} = R + \mathrm{j}\omega L + \frac{1}{\mathrm{j}\omega C} = R + \mathrm{j}\left(\omega L - \frac{1}{\omega C}\right) \tag{6-1}$$
$$= R + \mathrm{j}(X_L - X_C) = R + \mathrm{j}X$$

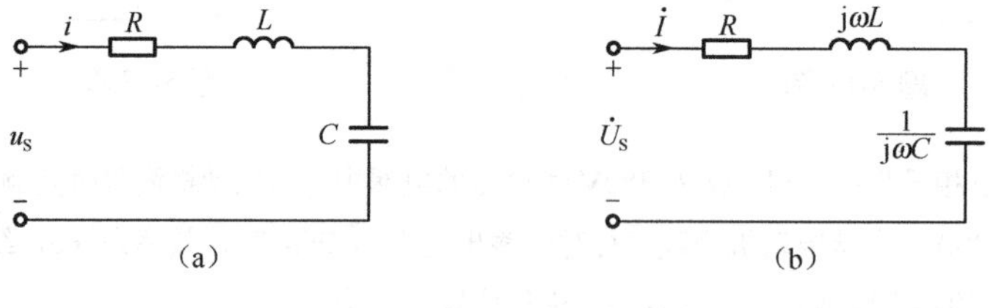

图 6-1 串联谐振电路

R、L、C 串联电路中,若调整电路参数后使得电路阻抗为纯电阻性,则称该电路发生了串联谐振(series resonant)或共振。

由此可知,R、L、C 串联电路谐振的条件为电路呈电阻性,当 $X = X_L - X_C = \omega L - \dfrac{1}{\omega C} = 0$ 时,$Z(\mathrm{j}\omega) = R$,电路呈电阻性,电压 $\dot{U}_S$ 和电流 $\dot{I}$ 同相,电路发生串联谐振。令此时的角频率为 ω_0,解上式得

$$\omega_0 = \frac{1}{\sqrt{LC}} \tag{6-2}$$

ω_0 称为谐振角频率，对应的谐振频率为

$$f_0 = \frac{1}{2\pi\sqrt{LC}} \qquad (6\text{-}3)$$

谐振时 ω_0 或 f_0 仅取决于电路本身的参数 L 和 C，与电流、电压无关，所以称 ω_0 或 f_0 为电路的固有角频率（频率），当电源频率等于电路的固有角频率时，电路谐振。

当电源频率一定时，可调节电路中的电感 L 和电容 C 的数值，使电路谐振。例如在无线电接收机中，就是调节电容达到谐振的办法来选择所要接收的信号的。

可见，串联电路的谐振频率由 L 和 C 两个参数决定。为了实现谐振或消除谐振，在激励频率确定时，可改变 L 或 C；在固定 L 和 C 时，可改变激励频率。

【例 6-1】 收音机磁性天线中，$L=300\mu H$ 的电感与一可变电容组成串联电路。我们在中波段需要从 550kHz 调到 1.6MHz。求可变电容 C 的数值范围。

解： 因串联谐振时有 $f_0 = \frac{1}{2\pi\sqrt{LC}}$，故得 $C = \frac{1}{(2\pi f_0)^2 L}$。

代入数据得：频率在 550kHz 和 1.6MHz 时，电容的值调到 $C=279pF$ 和 $C=33pF$。故可变电容 C 在 279pF～33pF 之间进行调谐。

6.1.2 串联谐振时的特征

1．串联谐振的阻抗、电路的特性阻抗

串联谐振时电路的电抗 $X=0$，所以此时的复阻抗为

$$Z(j\omega_0) = Z_0 = R + j\left(\omega_0 L - \frac{1}{\omega_0 C}\right) = R + jX = R \qquad (6\text{-}4)$$

因此串联谐振时，阻抗最小且为纯阻抗。

串联谐振时，感抗 X_{L0} 和容抗 X_{C0} 分别为

$$X_{L0} = \omega_0 L = \frac{1}{\sqrt{LC}}L = \sqrt{\frac{L}{C}} = \rho$$

$$X_{C0} = \frac{1}{\omega_0 C} = \sqrt{LC}\frac{1}{C} = \sqrt{\frac{L}{C}} = \rho$$

$$\rho = \omega_0 L = \frac{1}{\omega_0 C} = \sqrt{\frac{L}{C}} \qquad (6\text{-}5)$$

式中，ρ 称为电路的特性阻抗，单位为 Ω，ρ 的大小仅由 L 和 C 决定，式（6-5）说明谐振时感抗和容抗相等，并且等于特性阻抗。

2．串联谐振时的电流

$$\dot{I}_0 = \frac{\dot{U}_S}{Z_0} = \frac{\dot{U}_S}{R} \qquad (6\text{-}6)$$

串联谐振时，由于阻抗为纯电阻且最小，$\dot{I}_0$ 与 $\dot{U}_S$ 同相，且在外加电压一定时，电流 $\dot{I}_0$ 为最大值。

3．串联谐振时的电压

（1）串联谐振时，电感元件和电容元件上的电压

谐振时，电路中感抗或容抗吸收的无功功率与电阻吸收的有功功率之比称为电路的品质因

数，用字母 Q 表示。

由品质因数定义可得 Q 的表达式为

$$Q = \frac{I_0^2 \omega_0 L}{I_0^2 R} = \frac{\omega_0 L}{R} = \frac{1}{\omega_0 CR} = \frac{1}{R}\sqrt{\frac{L}{C}} = \frac{\rho}{R} \tag{6-7}$$

串联谐振时，L 和 C 上电压的大小分别记做 U_{L0} 和 U_{C0}，即

$$U_{L0} = I_0 X_L = \frac{U_s}{R}\omega_0 L = \frac{\omega_0 L}{R}U_s = QU_s$$

$$U_{C0} = I_0 X_C = \frac{U_s}{R}\frac{1}{\omega_0 C} = \frac{\frac{1}{\omega_0 C}}{R}U_s = \frac{\rho}{R}U_s = QU_s$$

在实际电路中，Q 的取值从几十到几百，由上述推导可知，谐振时，电感两端和电容两端的电压大小相等，相位相反，其大小为电源电压的 Q 倍，即

$$U_{L0} = U_{C0} = QU_s \tag{6-8}$$

由于 Q 值一般较大，所以串联谐振时，电感和电抗上的电压往往高出电源电压很多倍，因此，串联谐振常称为电压谐振。实际电路中，应特别注意电感、电容元件的耐压问题。

（2）串联谐振时，电阻上的电压

$$U_R = I_0 R = \frac{U_s}{R}R = U_s \tag{6-9}$$

谐振时，电阻两端电压等于电源电压，即电源电压全加在电阻 R 上；L、C 上电压大小为电源电压 U_s 的 Q 倍，但 $\dot{U}_L$ 与 $\dot{U}_C$ 大小相等，相位相反，相互抵消。如果 $Q>1$，则 $U_L = U_C > U_s$，尤其当 $Q\gg1$ 时，L、C 两端出现远远高于外施电压 U 的高电压，这种现象称为谐振过电压现象。

（3）R、L、C 串联谐振电路端口电压和电流的关系

在复平面内，以 R、L、C 串联回路中的电流 $\dot{I}$ 为参考相量，R、L、C 串联谐振电路端口电压和电流的相量图如图 6-2 所示。谐振时 $\omega = \omega_0 = \dfrac{1}{\sqrt{LC}}$ 的相量图如图 6-2（b）所示。

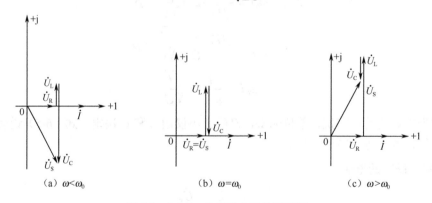

图 6-2　R、L、C 串联电路的相量图

谐振时各元件上电压分量为

$$\dot{U}_R = R\dot{I} = R\frac{\dot{U}_s}{R} = \dot{U}_s$$

$$\dot{U}_L = Z_L\dot{I} = \mathrm{j}\omega_0 L\frac{\dot{U}_s}{R} = \mathrm{j}Q\dot{U}_s$$

$$\dot{U}_{\mathrm{C}} = Z_{\mathrm{C}}\dot{I} = -\mathrm{j}\frac{1}{\omega_0 C}\frac{\dot{U}_{\mathrm{s}}}{R} = -\mathrm{j}Q\dot{U}_{\mathrm{s}}$$

电路参数一定时，电抗 X 随电源 ω 改变，当：

① $\omega < \omega_0$ 时，电抗 $X = X_{\mathrm{L}} - X_{\mathrm{C}} = \omega L - \dfrac{1}{\omega C} < 0$，由相量图 6-2（a），此时 Z 为容性，R、L、C 串联谐振电路端口电压滞后电流。

② $\omega = \omega_0$ 时，电抗 $X = X_{\mathrm{L}} - X_{\mathrm{C}} = \omega L - \dfrac{1}{\omega C} = 0$，由相量图 6-2（b），此时 Z 为阻性，R、L、C 串联谐振电路端口电压和电流同相。

③ $\omega > \omega_0$ 时，电抗 $X = X_{\mathrm{L}} - X_{\mathrm{C}} = \omega L - \dfrac{1}{\omega C} > 0$，由相量图 6-2（c），此时 Z 为感性，R、L、C 串联谐振电路端口电压超前电流。

电抗 X 随电源 ω 变化的关系如图 6-3（a）所示。复阻抗 Z 的模随回路中电压与电流的相位差 $\varphi = \varphi_{\mathrm{u}} - \varphi_{\mathrm{i}}$ 之间的变化如图 6-3（b）所示。

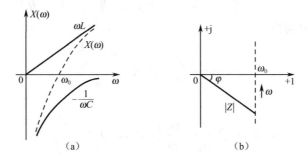

（a）　　　　　　　　　（b）

图 6-3　电抗频率特性

4．串联谐振时的功率

谐振时回路电压和电流相位相同，即 $\varphi = \varphi_{\mathrm{u}} - \varphi_{\mathrm{i}} = 0$，此时功率因数最大，即 $\cos\varphi = 1$，有功功率为最大，$P = UI_0\cos\varphi = UI_0 = I_0^2 R$；无功功率为 $Q = UI_0\sin\varphi = 0$，故有 $Q_{\mathrm{L}} = -Q_{\mathrm{C}}$。

谐振时，电路中只有电阻消耗功率，电感和电容不消耗功率，仅在 L、C 之间进行磁场能和电场能的交换。

【例 6-2】 已知 R、L、C 串联电路中端口电源电压 $U = 10\mathrm{mV}$，当电路元件的参数为 $R = 5\Omega$，$L = 20\mu\mathrm{H}$，$C = 200\mathrm{pF}$ 时，若电路产生串联谐振，求回路的特性阻抗 ρ，品质因数 Q，以及 U_{C}。

解：

$$\rho = \sqrt{\frac{L}{C}} = \sqrt{\frac{20\times 10^{-6}}{200\times 10^{-12}}} = 316.23\Omega$$

$$Q = \frac{\rho}{R} = \frac{316.23}{5} = 63.25$$

$$U_{\mathrm{C}} = QU = 63.25\times 10\times 10^{-3} = 0.63\mathrm{V}$$

6.1.3　R、L、C 串联谐振时的频率特性

1．阻抗和导纳的频率特性

阻抗的 $|Z|$ 随角频率变化的特性称为阻抗的幅频特性，阻抗的复角 φ 随角频率变化的特性称

为阻抗的相频特性。

由式（6-1）得阻抗的模为

$$|Z| = \sqrt{R^2 + \left(\omega L - \frac{1}{\omega C}\right)^2} = R\sqrt{1 + \left(\frac{\omega L}{R} - \frac{1}{\omega CR}\right)^2} \qquad (6\text{-}10)$$

串联谐振时有 $\omega_0 = \frac{1}{\sqrt{LC}}$ ，电路的品质因数 $Q = \frac{\omega_0 L}{R} = \frac{1}{\omega_0 CR}$ ，代入上式，得

$$|Z| = \sqrt{R^2 + \left(\omega L - \frac{1}{\omega C}\right)^2} = R\sqrt{1 + Q^2\left(\frac{\omega}{\omega_0} - \frac{\omega_0}{\omega}\right)^2} \qquad (6\text{-}11)$$

设 $\eta = \frac{\omega}{\omega_0}$ 为归一化角频率，由角频率和频率的关系有 $\frac{f}{f_0} = \frac{\omega}{\omega_0}$ 。

式（6-11）可写成：

$$|Z| = R\sqrt{1 + Q^2\left(\frac{\omega}{\omega_0} - \frac{\omega_0}{\omega}\right)^2} = R\sqrt{1 + Q^2\left(\eta - \frac{1}{\eta}\right)^2} \qquad (6\text{-}12)$$

由式（6-1）得阻抗的复角为

$$\varphi = \arctan\frac{X}{R} = \arctan\frac{\omega L - \dfrac{1}{\omega C}}{R}$$

代入 ω_0、Q、η 得

$$\varphi = \arctan Q\left(\frac{\omega}{\omega_0} - \frac{\omega_0}{\omega}\right) = \arctan Q\left(\eta - \frac{1}{\eta}\right) \qquad (6\text{-}13)$$

当电源频率变化时，串联谐振电路的复阻抗 Z 随频率变化，其中复阻抗的模值随频率的变化称为幅频特性，如图 6-4（a）所示。阻抗角随频率的变化称为相频特性，如图 6-4（b）所示。

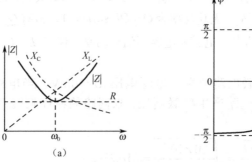

图 6-4　串联谐振电路复阻抗的频率特性曲线

由于人耳听觉对于相位特性引起的信号失真不敏感，所以早期的无线电通信在传递声音信号时，对于相频特性并不重视。

但是，近代无线电技术中，普遍遇到数字信号与图像信号的传输问题，在这种情况下，相位特性失真要严重影响通信质量。

根据 $|Y| = \dfrac{1}{|Z|}$ ，可以类似地画出复导纳的模值随频率的变化曲线，也可称为复导纳的幅频

特性曲线，如图 6-5 所示。

2. 电流的谐振曲线

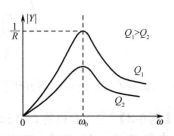

图 6-5　串联谐振电路复导纳的幅频特性

在串联电路中，回路电流为

$$\dot{I} = \frac{\dot{U}_S}{Z} = \dot{U}_S Y$$

上式中，回路电流模值为

$$I = \frac{U_S}{\sqrt{R^2 + \left(\omega L - \dfrac{1}{\omega C}\right)^2}} = \frac{U_S}{|Z|} = U_S |Y| \qquad (6\text{-}14)$$

由式（6-14）可知，由于 Y 随 ω 变化，所以 I 也随 ω 变化，在上式中代入 ω_0、Q 得

$$I = \frac{U_S}{R\sqrt{1 + Q^2 \left(\dfrac{\omega}{\omega_0} - \dfrac{\omega_0}{\omega}\right)^2}} = I_0 \frac{1}{\sqrt{1 + Q^2 \left(\dfrac{\omega}{\omega_0} - \dfrac{\omega_0}{\omega}\right)^2}} = I_0 \frac{1}{\sqrt{1 + Q^2 \left(\eta - \dfrac{1}{\eta}\right)^2}} \qquad (6\text{-}15)$$

在外加电压 U_S 且电路参数 L、C 均不变时，以 $\dfrac{\omega}{\omega_0}$ 为横坐标，以 $\dfrac{I}{I_0}$ 为纵坐标，绘出不同 Q 值的回路电流的谐振曲线，如图 6-6 所示。从图 6-6 可知，$\omega = \omega_0$ 时，回路中的电流最大，若选 ω 偏离 ω_0，电流将减小，即远离 ω_0 的频率，回路产生的电流很小。这说明串联谐振电路具有选择所需频率信号的能力，即可通过调谐选出 ω_0 点附近的信号，同时对远离 ω_0 的信号给予抑制。因此，串联谐振电路在实际电路常作为选频电路。

从图 6-6 所示曲线还可看出：Q 值越大，谐振曲线越尖锐，回路的选择性越好；相反，若 Q 值越小，则曲线越平坦，回路的选择性越差。

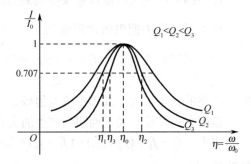

图 6-6　不同 Q 值的串联谐振电路的电流的谐振曲线

下面讨论 R、L、C 串联回路电流与角频率的关系，在式（6-15）两边同除以 I_0 得

$$\frac{I}{I_0} = \frac{1}{\sqrt{1 + Q^2 \left(\dfrac{\omega}{\omega_0} - \dfrac{\omega_0}{\omega}\right)^2}} = \frac{1}{\sqrt{1 + Q^2 \left(\eta - \dfrac{1}{\eta}\right)^2}} \qquad (6\text{-}16)$$

在实际应用中，回路的 Q 值一般满足 $Q \geqslant 1$，因此电流的谐振曲线较尖锐。当信号频率 ω 偏离 ω_0 时，回路的电流已经很小，即远离 ω_0 的信号对电路的影响可以忽略，此时只考虑 ω 接近 ω_0 时的情况，认为 $\omega + \omega_0 \approx 2\omega$，则式（6-16）可简化为

$$\frac{I}{I_0} = \frac{1}{\sqrt{1+Q^2\left(\dfrac{\omega}{\omega_0}-\dfrac{\omega_0}{\omega}\right)^2}} \approx \frac{1}{\sqrt{1+\left(Q\dfrac{2\Delta f}{f_0}\right)^2}} \qquad (6\text{-}17)$$

式中，$\Delta f = f - f_0$ 是频率离开谐振点的绝对值，称为绝对失调，$\dfrac{2\Delta f}{f_0}$ 称为相对失调。

【例 6-3】 某收音机的 $L=0.3\text{mH}$，$R=10\Omega$，为收到中央人民广播电台 560kHz 信号，求：（1）调谐电容 C 值；（2）如输入电压为 1.5μV，求谐振电流和此时的电容电压。

解：（1）$C = \dfrac{1}{(2\pi f)^2 L} = 269\text{pF}$

（2）$I_0 = \dfrac{U}{R} = \dfrac{1.5}{10} = 0.15\mu\text{A}$

$U_C = I_0 X_C = 158.5\mu\text{V} \gg 1.5\mu\text{V}$ 或者 $U_C = QU = \dfrac{\omega_0 L}{R}U$，同样可算出此时电容电压。

6.1.4　R、L、C 串联谐振电路的通频带

1．通频带的概念

由前述可知，串联谐振电路对于频率具有一定的选择性，Q 值越高，电流谐振曲线越尖锐，选择性越好，即选择用较高 Q 值的谐振回路有利于从众多的信号中选择所需频率信号，抑制其他信号的干扰。实际信号都具有一定的频率范围，例如，无线电调幅广播电台信号的频率宽度

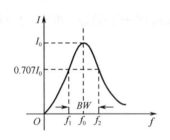

图 6-7　串联谐振电路的通频带

为 9kHz，调频广播信号的频率宽带为 200kHz。这样，当具有一定频率范围的信号通过串联谐振电路时，要求各频率成分的电压在回路中产生的电流尽量保持原来的比例，以减少失真。因此，在实际应用中把电流谐振曲线上 $I \geqslant \dfrac{1}{\sqrt{2}}I_0$ 所对应的频率范围称为该回路的通频带，用 BW（bandwidth）表示。图 6-7 所示为某电路的通频带，其中 f_2 和 f_1 是通频带的上、下边界频率。要选择回路的通频带大于或等于信号的频带，使信号频带落在通频带的范围之内，信号通过回路后产生的失真是允许的，即

$$BW = f_2 - f_1 = (f_2 + f_0) - (f_1 - f_0) \approx 2\Delta f \qquad (6\text{-}18)$$

2．通频带与品质因数的关系

由通频带的定义可知，在通频带的边界频率上有

$$\frac{I}{I_0} = \frac{1}{\sqrt{2}}$$

当 $Q \geqslant 1$ 时，有

$$\frac{I}{I_0} = \frac{1}{\sqrt{1+Q^2\left(\dfrac{\omega}{\omega_0}-\dfrac{\omega_0}{\omega}\right)^2}} \approx \frac{1}{\sqrt{1+\left(Q\dfrac{2\Delta f}{f_0}\right)^2}} = \frac{1}{\sqrt{2}}$$

则有 $Q\dfrac{2\Delta f}{f_0} = 1$，可得

$$BW = 2\Delta f = \frac{f_0}{Q} \qquad\qquad (6\text{-}19)$$

式（6-19）表明，串联谐振电路的 BW 与电路的品质因数 Q 成反比，Q 值越大，谐振曲线越尖锐，通频带越窄，回路的选择性能越好；Q 值越小，通频带宽度越大，曲线越平坦，选择性能越差；但 Q 值过高又极易造成通频带过窄而使传输信号不能完全通过，从而造成失真。因此，在实际应用中，应根据需要适当选择 BW 和 Q 的取值。

【例 6-4】　串联谐振电路谐振于 770kHz，已知电路的电阻 R=10Ω，若要求电路的通频带 BW=10kHz，则电路的品质因数是多少？电路的参数 L 和 C 分别为何值？

解：由 $BW = \dfrac{f_0}{Q}$，所以 $Q = \dfrac{f_0}{BW} = \dfrac{770}{10} = 77$。

特性阻抗：$\qquad\qquad\qquad \rho = QR = 77 \times 10 = 770\,\Omega$

$$L = \frac{\rho}{2\pi f_0} = \frac{770}{2 \times 3.14 \times 770 \times 10^3} = 159\,\mu\text{H}$$

$$C = \frac{1}{2\pi f_0 \rho} = \frac{1}{2 \times 3.14 \times 770 \times 10^3 \times 770} = 268\,\text{pF}$$

技能训练 21——串联谐振仿真分析

1．实训目的

（1）掌握串联谐振的特点和发生谐振的条件。

（2）学会用仿真软件分析串联谐振的特点。

2．实训器材

计算机、仿真软件 Multism10。

3．实训原理

含有 L、C 的一端口无源电路中，正弦激励下，当端口 $\dot{U}$ 与 $\dot{I}$ 同相时，电路发生谐振，可表示为：$\varphi = \varphi_u - \varphi_i = 0$。谐振条件：$X_L = X_C$，谐振频率：$f_0 = \dfrac{1}{2\pi\sqrt{LC}}$。

4．实训电路和分析

【例 6-5】　已知 R、L、C 串联电路中 R_1=10Ω，L_1=100μH，C_1=100nF，观察 R、L、C 串联电路的幅频特性和相频特性，求谐振频率 f_0、品质因数 Q、通频带 BW。

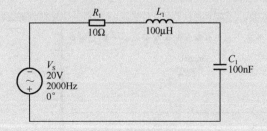

图 6-8　例 6-5 图

（1）理论分析

$$f_0 = \frac{1}{2\pi\sqrt{LC}} = \frac{1}{2\pi\sqrt{100 \times 10^{-6} \times 100 \times 10^{-9}}} \approx 50.4\text{Hz}$$

$$Q = \frac{1}{R}\sqrt{\frac{L}{C}} = \frac{1}{10}\sqrt{\frac{100 \times 10^{-6}}{100 \times 10^{-9}}} \approx 3.16$$

$$BW = \frac{f_0}{Q} = \frac{50.4}{3.16} \approx 15.95\text{Hz}$$

（2）仿真分析

方法一：交流分析法分析电路的谐振频率。

在 Multisim 10 中创建如图 6-9 所示的仿真电路图，图中电压表是测量在谐振频率为 f_0 时，电容器上的电压 U_C。由 U_C 与 V_S 的电压之比计算出品质因数 Q，为了便于计算，V_S 在以下均用单位 1V 表示，即直接由电压法的读数指示 Q 的大小。

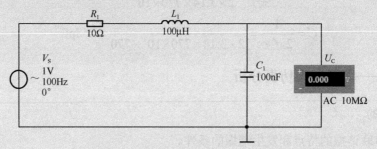

图 6-9　交流分析法的仿真分析电路图

当 R、L、C 串联电路的电流最大时，电路发生串联谐振。通过测 I–f 曲线，找到 I_{max} 所对应的 f 便是 f_0。谐振时，曲线尖峰的尖锐程度标志着谐振电路的频率选择性，通常规定 I 值为 I_{max} 的 $\frac{1}{\sqrt{2}}$ 所对应的两个频率 f_1 和 f_2 之差为"通频带宽度"，以 Δf 表示，则 $\Delta f = f_2 - f_1$，由 $\Delta f = \frac{f_0}{Q}$ 计算出通频带。

执行菜单命令 "Simulate" → "Analysis" → "AC Analysis"，输出变量 I(vs) 即串联谐振电路的电流（设置交流分析的起始频率，设置交流分析的终止频率，设置扫描方式，包括：十倍频程、八倍频程和线性。设置每十倍频率的取样数，选择纵坐标刻度，包括：线性、对数、十倍频程和八倍频程）。

先行频率粗扫仿真分析，大致观察 f_0 的大小，仿真结果如图 6-10 所示。

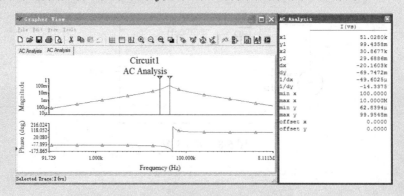

图 6-10　频率粗扫仿真分析结果图

由图 6-10 可知，f_0=50kHz 时，串联电路电流最大，为此进一步精确扫描 f_0 与 I 的关系，确定扫描频率在 30kHz～70kHz，其参数设计如图 6-11 所示，扫描结果如图 6-12 所示。

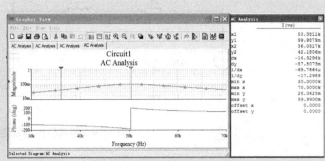

图 6-11　精确扫描时参数设计　　　　　　　图 6-12　精确扫描时仿真结果图

谐振时，曲线尖峰的尖锐程度标志着谐振电路的频率选择性，可知 f_0=50.3811kHz；把 V_S 的频率设成 f_0，测量电容 C_1 上的电压。其仿真结果如图 6-13 所示。

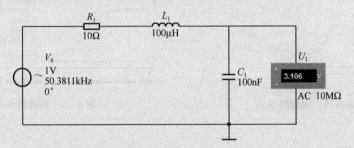

图 6-13　品质因数测量仿真电路

由图可知 Q=3.106/1=3.106，此时电容上的电压远高于电源电压 V_S，这个特点在实际中有广泛的应用。将 f_0 和 Q 代入下式计算通频带 Δf。

$$\Delta f = \frac{f_0}{Q} = \frac{50.3811\text{kHz}}{3.106} = 16.22\text{kHz}$$

方法二：虚拟仪器分析电路的谐振频率。

利用波特仪和电压表测量谐振电路的频率，由串联谐振的特点可知，当发生谐振时电容的电压降最大。其仿真测量电路如图 6-14 所示。

由幅频特性图 6-15 可知 f_0=49.255kHz；再把 V_S 的频率设成 f_0，测量电容 C_1 上的电压。其测量同图 6-14。其结果与图 6-12 有点不同，但在误差范围内，主要是跟踪最大峰值点，选取误差所致。图 6-16 所示为其相频特性图。

并联谐振电路是串联谐振电路的对偶电路，其主要性质与串联谐振电路相同。示例用示波器观察谐振电路波形，并用波特图仪测定其频率特性。

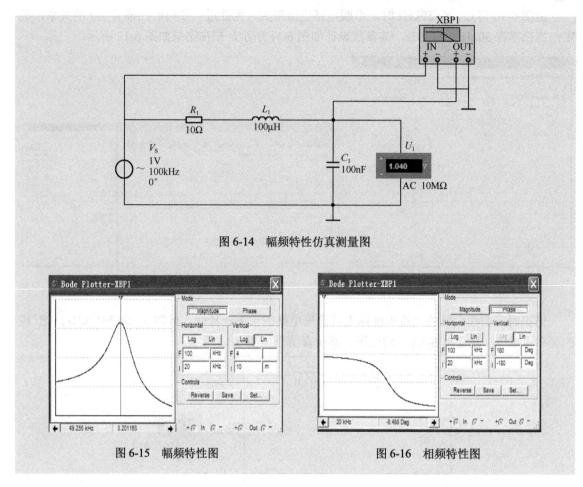

图 6-14　幅频特性仿真测量图

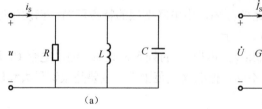

图 6-15　幅频特性图

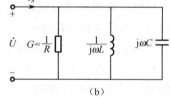

图 6-16　相频特性图

6.2　并联谐振

　　串联谐振电路适用于信号源内阻比较小的情况，如果信号源内阻很大，串联谐振电路的品质因数 Q 很低，使谐振特性显著变坏，在这种情况下应采用并联谐振电路。并联谐振电路是由电阻 R、电感线圈 L 和电容器 C 并联组成的，电路如图 6-17（a）所示。在角频率为 ω 的正弦电流 i_S 的作用下，R、L、C 并联电路相量模型如图 6-17（b）所示。

图 6-17　并联谐振电路

　　为便于与串联谐振电路比较，并联电路的特性阻抗 ρ、品质因数 Q 的定义与串联谐振电路相同。

　　下面对并联谐振的条件、谐振时的特征、谐振曲线和通频带进行分析。

6.2.1 并联谐振的条件

图 6-16（a）所示 R、L、C 并联电路是一种典型的谐振电路。当端口电压 $\dot{U}$ 与端口电流 $\dot{I}_\mathrm{S}$ 同相，此时电路表现为纯阻性，则称该电路发生了并联谐振。可知发生并联谐振的条件：电路的电纳为零，即复导纳的虚部为零。

R、L、C 并联电路的复导纳为

$$Y(\mathrm{j}\omega) = \frac{\dot{I}_\mathrm{S}}{\dot{U}} = G + \mathrm{j}\left(\omega C - \frac{1}{\omega L}\right) = G + \mathrm{j}(B_\mathrm{C} - B_\mathrm{L}) \tag{6-20}$$

当发生并联谐振 $Y(\mathrm{j}\omega)$ 的虚部为 0，即 $\omega C - \dfrac{1}{\omega L} = 0$ 时，解得

$$\omega_0 = \frac{1}{\sqrt{LC}} \tag{6-21}$$

ω_0 称为并联谐振电路的谐振角频率。

$$f_0 = \frac{1}{2\pi\sqrt{LC}} \tag{6-22}$$

f_0 称为并联谐振电路的谐振频率。

调节 L、C 参数，或者改变电源频率，均可使并联电路发生谐振。

6.2.2 并联谐振时的特征

1. 并联谐振的导纳、电路的特性阻抗

并联谐振时电路的电纳 $B=0$，所以此时的复导纳为

$$Y(\mathrm{j}\omega) = \frac{\dot{I}_\mathrm{S}}{\dot{U}} = G + \mathrm{j}\left(\omega C - \frac{1}{\omega L}\right) = G + \mathrm{j}(B_\mathrm{C} - B_\mathrm{L}) = G \tag{6-23}$$

因此并联谐振时，导纳最小（阻抗最大）且为纯阻性。

并联谐振时，感纳 B_L0 和容纳 B_C0 分别为

$$B_\mathrm{L0} = \frac{1}{\omega_0 L} = \frac{\sqrt{LC}}{L} = \sqrt{\frac{C}{L}} = \frac{1}{\rho}$$

$$B_\mathrm{C0} = \omega_0 C = \frac{1}{\sqrt{LC}}C = \sqrt{\frac{C}{L}} = \frac{1}{\rho}$$

式中，ρ 的定义见式（6-5），为谐振电路的特性阻抗。并联谐振时感纳和容纳相等，并且等于 $\dfrac{1}{\rho}$。

2. 并联谐振时的电压

$$\dot{U} = \frac{\dot{I}_\mathrm{S}}{G} = R\dot{I}_\mathrm{S} \tag{6-24}$$

并联谐振时，由于导纳最小阻抗最大，$\dot{I}_\mathrm{S}$ 与 $\dot{U}$ 同相，且在外加电流 $\dot{I}_\mathrm{S}$ 一定时，电压 $\dot{U}$ 为最大值。

3. 并联谐振时的电流

（1）并联谐振时，电感元件和电容元件上的电流

谐振时电抗（感抗和容抗）吸收的无功功率为 $\dfrac{U^2}{\omega_0 L}$（或 $\omega_0 C U^2$），电阻吸收的有功功率为 $\dfrac{U^2}{R}$，所以电路品质因数 Q 为

$$Q=\frac{Q_L}{P_R}=\frac{U^2 B_L}{U^2 G}=\frac{R}{\omega_0 L}=\omega_0 CR=R\sqrt{\frac{C}{L}}=\frac{R}{\rho} \tag{6-25}$$

需要注意的是，式（6-7）中的电阻 R 是与 L（或 C）并联的，而式（6-25）中的 R 是与 L（或 C）串联的，因而品质因数表示式也不相同。

并联谐振时，L 和 C 上电流的大小分别记做 I_{L0} 和 I_{C0}，为

$$I_{L0}=\frac{U}{\omega_0 L}=\frac{U}{R}\frac{R}{\omega_0 L}=QI_s$$

$$I_{C0}=\omega_0 CU=\frac{U}{R}R\omega_0 C=QI_s$$

在实际电路中，Q 的取值从几十到几百，由上述推导可知，谐振时，电感两端和电容两端的电压大小相等，相位相反，其大小为电源电压的 Q 倍，即

$$I_{L0}=I_{C0}=QI_s \tag{6-26}$$

由于 Q 值一般较大，所以并联谐振时，电感和电抗上的电流往往高出电源电流很多倍，因此，并联谐振常称为电流谐振。实际电路中，应特别注意电感、电容元件的过流问题。

（2）并联谐振时，电阻上的电流与电压

$$I_{R0}=GU=\frac{U}{R}=I_s \tag{6-27}$$

$$U_{R0}=I_s R \tag{6-28}$$

谐振时，电阻上电流等于外加电源电流，即电源电流全部流过电阻 R；L、C 上电流大小为电源电流 I_s 的 Q 倍，但 I_L 与 I_C 大小相等，相位相反，相互抵消。如果 $Q>1$，则 $I_L=I_C>I_s$，尤其当 $Q\gg1$ 时，L、C 上电流远远高于外施电源电流 I_s 的高电流，这种现象称为谐振过电流现象。

（3）R、L、C 并联谐振电路端口电压和电流的关系

在复平面内以 R、L、C 并联回路中的电压 $\dot{U}$ 为参考相量，R、L、C 并联谐振电路端口电压和电流的相量图如图6-18（a）所示。谐振时 $\omega=\omega_0=\dfrac{1}{\sqrt{LC}}$，相量图如图6-18（b）所示。

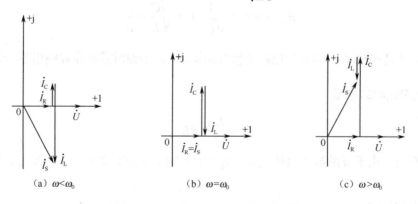

图 6-18　R、L、C 并联电路的相量图

谐振时各元件上电压分量为

$$\dot{I}_{\mathrm{R}} = G\dot{U} = \frac{\dot{U}}{R} = \dot{I}_{\mathrm{S}}$$

$$\dot{I}_{\mathrm{L}} = \frac{\dot{U}}{\mathrm{j}\omega_0 L} = -\mathrm{j}\frac{R}{\omega_0 L}\dot{I}_{\mathrm{S}} = -\mathrm{j}Q\dot{I}_{\mathrm{S}}$$

$$\dot{I}_{\mathrm{C}} = \mathrm{j}\omega_0 CR\dot{I}_{\mathrm{S}} = \mathrm{j}Q\dot{I}_{\mathrm{S}}$$

电路参数一定时，电纳 B 随电源的 ω 改变，当：

① $\omega < \omega_0$ 时，电纳 $B = B_{\mathrm{C}} - B_{\mathrm{L}} = \omega C - \dfrac{1}{\omega L} < 0$，此时 Z 为感性，R、L、C 并联谐振电路端口电流滞后电压。

② $\omega = \omega_0$ 时，电纳 $B = B_{\mathrm{C}} - B_{\mathrm{L}} = \omega C - \dfrac{1}{\omega L} = 0$，此时 Z 为阻性，R、L、C 并联谐振电路端口电流和电压同相。

③ $\omega > \omega_0$ 时，电纳 $B = B_{\mathrm{C}} - B_{\mathrm{L}} = \omega C - \dfrac{1}{\omega L} > 0$，此时 Z 为容性，R、L、C 并联谐振电路端口电流超前于电压。

电纳 B 随电源的 ω 变化的关系如图 6-19（a）所示，复导纳 Y 的模随回路中电流与电压的相位差 $\varphi = \varphi_{\mathrm{i}} - \varphi_{\mathrm{u}}$ 之间的变化如图 6-19（b）所示。

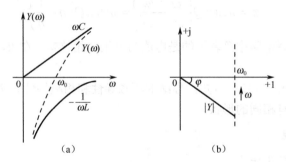

图 6-19　电纳频率特性

4．并联谐振时的功率

谐振时回路电压和电流相位相同，即 $\varphi = \varphi_{\mathrm{i}} - \varphi_{\mathrm{u}} = 0$，此时功率因数最大，即 $\cos\varphi = 1$，有功功率为最大，$P = UI_{\mathrm{S}}\cos\varphi = UI_{\mathrm{S}} = I_{\mathrm{S}}^2 R$；无功功率为 $Q = UI_{\mathrm{S}}\sin\varphi = 0$，故有 $Q_{\mathrm{L}} = -Q_{\mathrm{C}}$，且 $Q_{\mathrm{L}} = \dfrac{1}{\omega_0 L}U^2$，$Q_{\mathrm{C}} = -\omega_0 CU^2$。

谐振时，电路中只有电阻消耗功率，电感和电容不消耗功率，仅在 L、C 之间进行磁场能和电场能的交换。

6.2.3　R、L、C 并联谐振时的频率特性

1．导纳和阻抗的频率特性

导纳的 $|Y|$ 随角频率变化的特性称为导纳的幅频特性，导纳的复角 φ 随角频率变化的特性称为阻抗的相频特性。其分析过程与前述 R、L、C 串联分析过程类似。

由式（6-23）得导纳的模为

$$|Y| = \sqrt{G^2 + \left(\omega C - \frac{1}{\omega L}\right)^2} = G\sqrt{1 + \left(\frac{\omega C}{G} - \frac{1}{\omega L G}\right)^2} \qquad (6\text{-}29)$$

并联谐振时有 $\omega_0 = \frac{1}{\sqrt{LC}}$，电路的品质因数 $Q = \frac{R}{\omega_0 L} = \omega_0 CR$，代入上式，得

$$|Y| = \sqrt{G^2 + \left(\omega C - \frac{1}{\omega L}\right)^2} = G\sqrt{1 + Q^2\left(\frac{\omega}{\omega_0} - \frac{\omega_0}{\omega}\right)^2} \qquad (6\text{-}30)$$

设 $\eta = \frac{\omega}{\omega_0}$ 为归一化角频率，由角频率和频率的关系有 $\frac{f}{f_0} = \frac{\omega}{\omega_0}$。式（6-30）可写成：

$$|Y| = G\sqrt{1 + Q^2\left(\frac{\omega}{\omega_0} - \frac{\omega_0}{\omega}\right)^2} = G\sqrt{1 + Q^2\left(\eta - \frac{1}{\eta}\right)^2} \qquad (6\text{-}31)$$

由式（6-23）得导纳的复角为

$$\varphi = \arctan\frac{B}{G} = \arctan\frac{\omega C - \dfrac{1}{\omega L}}{G}$$

代入 ω_0、Q、η 得

$$\varphi = \arctan Q\left(\frac{\omega}{\omega_0} - \frac{\omega_0}{\omega}\right) = \arctan Q\left(\eta - \frac{1}{\eta}\right) \qquad (6\text{-}32)$$

注意，R、L、C 并联电路中 φ 表示的是电流与电压初相位差，在 R、L、C 串联电路中表示电压与电流的初相位差。

对比式（6-30）和式（6-12）可知，导纳的幅频导性和相频特性和 R、L、C 串联的阻抗的幅频特性和相频特性具有相同的形状。

2. 电压的谐振曲线

在并联电路中，端口电压为

$$\dot{U} = \dot{I}_S Z = \frac{\dot{I}_S}{Y}$$

上式中，端口电压的模值为

$$U = \frac{I_S}{|Y|} = \frac{I_S}{\sqrt{G^2 + \left(\omega C - \dfrac{1}{\omega L}\right)^2}} \qquad (6\text{-}33)$$

由式（6-33）可知，由于 Y 随 ω 变化，所以 U 也随 ω 变化，在上式中代入 ω_0、Q 得

$$U = \frac{I_S}{G\sqrt{1 + Q^2\left(\dfrac{\omega}{\omega_0} - \dfrac{\omega_0}{\omega}\right)^2}} = U_{R0}\frac{1}{\sqrt{1 + Q^2\left(\dfrac{\omega}{\omega_0} - \dfrac{\omega_0}{\omega}\right)^2}} = U_{R0}\frac{1}{\sqrt{1 + Q^2\left(\eta - \dfrac{1}{\eta}\right)^2}} \qquad (6\text{-}34)$$

对比式（6-34）和式（6-17）可知，在 R、L、C 并联电路中，在外加电源 I_S 且电路参数 L、C 均不变时，以 $\frac{\omega}{\omega_0}$ 为横坐标，以 $\frac{U}{U_{R0}}$ 为纵坐标，绘出不同 Q 值的回路电压的谐振曲线与 R、L、C 串联电路电流的谐振曲线具有相同的形状。

同样，Q 值越大，谐振曲线越尖锐，回路的选择性越好；相反，若 Q 值越小，则曲线越平坦，回路的选择性越差。

下面讨论 R、L、C 并联回路电压与角频率的关系，在式（6-34）两边同除以 U_{R0} 得

$$\frac{U}{U_{R0}} = \frac{1}{\sqrt{1 + Q^2\left(\dfrac{\omega}{\omega_0} - \dfrac{\omega_0}{\omega}\right)^2}} = \frac{1}{\sqrt{1 + Q^2\left(\eta - \dfrac{1}{\eta}\right)^2}} \tag{6-35}$$

在实际应用中，回路的 Q 值一般满足 $Q \geqslant 1$，因此电流的谐振曲线较尖锐。当信号频率 ω 偏离 ω_0 时，回路的电流已经很小，即远离 ω_0 的信号对电路的影响可以忽略，此时只考虑 ω 接近 ω_0 时的情况，认为 $\omega + \omega_0 \approx 2\omega$，则式（6-35）可简化为

$$\frac{U}{U_{R0}} = \frac{1}{\sqrt{1 + Q^2\left(\dfrac{\omega}{\omega_0} - \dfrac{\omega_0}{\omega}\right)^2}} \approx \frac{1}{\sqrt{1 + \left(Q\dfrac{2\Delta f}{f_0}\right)^2}} \tag{6-36}$$

式中，$\Delta f = f - f_0$ 是频率离开谐振点的绝对值，称为绝对失调，$\dfrac{2\Delta f}{f_0}$ 称为相对失调。

6.2.4　R、L、C 并联谐振电路的通频带

R、L、C 并联谐振电路的通频带的定义和串联电路的相同，一般规定把电压谐振曲线上 $U \geqslant \dfrac{1}{\sqrt{2}} U_{R0}$ 所对应的频率范围称为该回路的通频带，同样用字母 BW 表示。公式同 R、L、C 串联谐振电路的式（6-19）。

并联谐振电路同样存在通频带与选择性之间的矛盾，应根据需要选择参数。例如某电视机在接收某频道射频信号时，其接收信号部分既要有较宽的通频带（8MHz），又要选择性好（抑制相邻频道信号）。

6.2.5　实际电感和电容并联谐振电路

工程上经常采用电感线圈和电容器组成并联谐振电路，如图 6-20（a）所示，其中 R（代表线圈损耗电阻）和 L 的串联支路表示实际的电感线圈。以电压作为参考相量，其相量图如图 6-20（b）所示。当电路端口的电压 $\dot{U}$ 和电流 $\dot{I}$ 出现同相位，即呈电阻性的现象称为谐振现象。

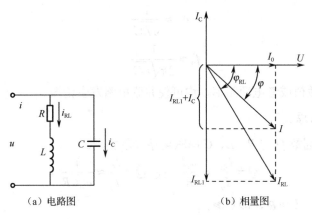

（a）电路图　　　　　　　　（b）相量图

图 6-20　实际电感线圈与电容器并联谐振

1. 总电流计算、电压与电流的相位关系

实际线圈支路中的电流和及其相位角为

$$I_{RL} = \frac{U}{Z_{RL}} = \frac{U}{\sqrt{R^2 + X_L^2}} , \quad \varphi_{RL} = \arctan\frac{X_L}{R}$$

电容支路中的电流及其相位为

$$I_C = \frac{U}{X_C} , \quad \varphi_{iC} = 90°$$

总电流与各支路电流的相量关系： $\quad I = I_{RL} + I_C$

总电流的大小： $\quad I = \sqrt{(I_{RL}\cos\varphi_{RL})^2 + (I_{RL}\sin\varphi_{RL} - I_C)^2}$

总电流相量滞后总电压的角度： $\quad \varphi = \arctan\dfrac{I_{RL}\sin\varphi_{RL} - I_C}{I_{RL}\cos\varphi_{RL}}$

电路的功率： $\quad S = IU , \quad P = IU\cos\varphi , \quad Q = IU\sin\varphi$

2. 并联谐振条件

谐振时电路呈现纯阻性，可知发生并联谐振的条件：电路的电纳为零，即复导纳的虚部为零。该电路导纳为

$$Y(j\omega) = j\omega C + \frac{1}{R + j\omega L} = \frac{R}{R^2 + \omega^2 L^2} + j\left(\omega C - \frac{\omega L}{R^2 + \omega^2 L^2}\right) \tag{6-37}$$

谐振条件： $\qquad \omega_0 C - \dfrac{\omega_0 L}{R^2 + \omega_0^2 L^2} = 0 \tag{6-38}$

谐振角频率： $\qquad \omega_0 = \dfrac{1}{\sqrt{LC}}\sqrt{1 - \dfrac{CR^2}{L}} \tag{6-39}$

谐振频率： $\qquad f_0 = \dfrac{1}{2\pi\sqrt{LC}}\sqrt{1 - \dfrac{CR^2}{L}} \tag{6-40}$

3. 并联谐振频率的近似计算公式

在实际电路中，由于均满足 $\omega_0 L \gg R$，将 $\dfrac{\omega_0 L}{R^2 + \omega_0^2 L^2} \approx \dfrac{1}{\omega_0 L}$ 代入式（6-38），并联谐振频率的近似计算公式为

$$\omega_0 \approx \frac{1}{\sqrt{LC}} \tag{6-41}$$

$$f_0 \approx \frac{1}{2\pi\sqrt{LC}} \tag{6-42}$$

调节 L、C 的参数值或者电源频率，均可使并联电路发生谐振。

4. 并联谐振的特点

（1）电路的品质因数 Q 与 R、L、C 串联电路表示相同。

$$Q = \frac{I_{RL}}{I_0} \approx \frac{\omega_0 L}{R} \quad 或 \quad Q = \frac{I_C}{I_0} \approx \frac{1}{\omega_0 CR}$$

在实际电路中， $\omega_0 L \gg R$，即 $Q \gg 1$。

（2）并联谐振时的阻抗很大。

并联谐振时，回路阻抗为纯阻抗，端口电压与端口电流同相，在 $Q \gg 1$ 时，电路阻抗为最大值，电路导纳为最小值。谐振阻抗的模值记为 $|Z_0|$，得

$$I_0 = I_{RL}\cos\varphi_{RL} = \frac{U}{\sqrt{R^2+(\omega_0 L)^2}}\cdot\frac{R}{\sqrt{R^2+(\omega_0 L)^2}} \approx \frac{R}{(\omega_0 L)^2}U = \frac{R}{Q}U$$

$$|Z_0| = \frac{U}{I_0} = \frac{R^2+\omega_0^2 L^2}{R} \approx \frac{\omega_0^2 L^2}{R} = \frac{\omega_0 L}{R\omega_0 C} = \frac{L}{RC} = Q^2 R \quad (\text{谐振时 } \omega_0 L \approx \frac{1}{\omega_0 C})$$

在实际电路中，并联谐振电路的谐振阻抗很大，一般在几十千欧至几百千欧。

（3）电压与电流同相，且总阻抗最大，总电流最小。

$$I_0 = I_{RL}\cos\varphi_{RL} = \frac{U}{\sqrt{R^2+(\omega_0 L)^2}}\cdot\frac{R}{\sqrt{R^2+(\omega_0 L)^2}} \approx \frac{R}{(\omega_0 L)^2}U = \frac{R}{Q}U$$

（4）两支路电流接近相等，可能产生过大的电流并为总电流的 Q 倍。

$$I_{RL} \approx I_C = \frac{U}{X_C} = \omega_0 CU = \omega_0 CU\frac{L}{URC}\cdot\frac{URC}{L} = \frac{\omega_0 L}{R}I_0 = QI_0$$

并联谐振时，在 $Q \gg 1$ 的条件下，电容支路电流和电感电流的大小近似相等，是总电流 I_0 的 Q 倍，所以并联谐振又称为电流谐振，而它们的相位接近相反，其电压和电流的相量图如图 6-21（b）所示。

实际电感和电容组成的并联谐振电路其电压的幅频特性和相频特性与串联谐振电路的电流的幅频特性和相频特性具有相同的形状，曲线越尖锐，选择性越好。

实际电感和电容组成的并联谐振电路的通频带的定义与 R、L、C 并联谐振电路一样，其计算表达式与串联谐振电路的一样。

【例 6-6】　一个电阻为 12Ω 的电感线圈，品质因数为 125，与电容器相连后构成并联谐振电路，当再并上一只 100kΩ 的电阻，电路的品质因数降低为多少？

解： 根据题目中已知量可求得谐振电路的特性阻抗为

$$\rho = \omega_0 L = \sqrt{\frac{L}{C}} = RQ = 12\times125 = 1500\Omega$$

把电路化为 R'、L、C 相并联的形式，其中 R' 的数值为

$$R' = \frac{L}{RC} = \frac{(\omega_0 L)^2}{R} = \frac{1500^2}{12} \approx 188\text{k}\Omega$$

当再并上一只 100kΩ 的电阻后，电路的品质因数为

$$Q' = \frac{R'//R_L}{\omega_0 L} = \frac{188//100}{1500}\times10^3 \approx 43.5$$

计算结果表明，当并联谐振电路中再并入一个电阻时，电路的品质因数降低，选择性变差。

本章小结

1. R、L、C 串联谐振

（1）电路的电压、电流同相时，电路发生谐振。谐振条件与谐振频率为

$$\omega_0 = \frac{1}{\sqrt{LC}} \quad \text{或} \quad f_0 = \frac{1}{2\pi\sqrt{LC}}$$

（2）串联谐振的特点。

① 阻抗最小，且为纯电阻，电流最大；即 $Z = R$，$I = \frac{U}{R}$，$U = U_R$。

② 超电压现象。谐振时电容或电感上的电压是端口电压的 Q 倍，$U_C = U_L = QU$，串联电路的谐振称为电

压谐振。

③ 从 L、C 端口看相当于短路，但电感、电容两端都有电压，只是两者之和为零。

（3）品质因数：$Q = \dfrac{\omega_0 L}{R} = \dfrac{1}{\omega_0 CR} = \dfrac{1}{R}\sqrt{\dfrac{L}{C}}$，通频带：$BW = \dfrac{f_0}{Q}$。

2．R、L、C 并联谐振

（1）电路的电压、电流同相时，电路发生谐振。谐振条件与谐振频率为

$$\omega_0 = \frac{1}{\sqrt{LC}} \text{ 或 } f_0 = \frac{1}{2\pi\sqrt{LC}}$$

（2）R、L、C 并联谐振特点。

① 导纳最小且为纯电导，阻抗最大，端口电压最大。

$$Y=G, \quad U = IR, \quad I_R = I_S$$

② 超电流。并联谐振时，电感和电容电流的幅度相等，并等于端口电流或电阻电流的 Q 倍，即 $I_{L0} = I_{C0} = QI_S$，$I_R=I_S$。并联谐振称为电流谐振。

③ 从 L、C 来看相当于开路，但电感、电容中仍然有电流，两者电流之和为零。若给出谐振频率和某些参数可以求另外一些参数。

（3）品质因数：$Q = \dfrac{R}{\omega_0 L} = \omega_0 CR = R\sqrt{\dfrac{C}{L}}$，通频带：$BW = \dfrac{f_0}{Q}$。

3．实际电感和电容并联的谐振电路

（1）谐振频率：$\omega_0 \approx \dfrac{1}{\sqrt{LC}}$ 或 $f_0 \approx \dfrac{1}{2\pi\sqrt{LC}}$

（2）品质因数：$Q \approx \dfrac{\omega_0 L}{R} \approx \dfrac{1}{\omega_0 CR} \approx \dfrac{1}{R}\sqrt{\dfrac{L}{C}}$

（3）通频带：$BW = \dfrac{f_0}{Q}$

习题 6

6-1　一个电感线圈与一个 $C = 0.05\mu F$ 的电容器串联，接在 $U = 50mV$ 的正弦电源上。当 $\omega = 2\times10^4 \text{rad/s}$ 时，电流最大，且此时电容器端电压 U_C =5V。试求：（1）电路品质因数 Q；（2）线圈电感值 L 与电阻值 R。

6-2　电感为 0.3mH、电阻为 16Ω 的线圈与 204pF 的电容器串联，试求：（1）谐振频率 f_0；（2）品质因数 Q；（3）谐振时的阻抗 Z_0。

6-3　在 R、L、C 串联电路中，已知 L=100mH，R=3.4Ω，电路在输入信号频率为 400Hz 时发生谐振，求电容 C 的电容量和回路的品质因数。

6-4　R、L、C 串联电路，当电源频率 f 为 500Hz 时发生谐振，此时容抗 X_C=314Ω，且测得电容电压 U_C 为电源电压 U 的 20 倍，试求 R、L、C 的值。

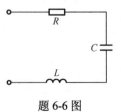

题 6-6 图

6-5　一个线圈与电容串联后加 1V 的正弦交流电压，当电容为 100pF 时，电容两端的电压为 100V 且最大，此时信号源的频率为 100kHz，求线圈的品质因数和电感量。

6-6　题 6-6 图所示 R、L、C 串联电路的 $R = 10\Omega$，$L = 10mH$，C =1μF。试求：（1）输入阻抗与角频率 ω 的函数关系；（2）谐振频率及品质因数。

6-7　一条 $R_1 L$ 串联电路和一条 $R_2 C$ 串联电路相并联，其中 R_1=10Ω，R_2=20Ω，L=10mH，C=10μF，求并联电路的谐振频率和品质因数 Q 值。

6-8 一个电阻为 12Ω 的电感线圈，品质因数为 125，与电容器相连后构成并联谐振电路，再并上一只 100kΩ 的电阻，电路的品质因数降低为多少？

6-9 一个 $R=13.7\Omega$，$L=0.25$mH 的电感线圈，与 $C=100$pF 的电容器分别接成串联和并联谐振电路，求谐振 频率和两种谐振情况下电路呈现的阻抗。

6-10 如题 6-10 图所示电路，其中 $u=100\sqrt{2}\cos 314t$V，调节电容 C 使电流 i 与电压 u 同相，此时测得电 感两端电压为 200V，电流 $I=2$A。求电路中参数 R、L、C，当频率下调为 $f_0/2$ 时，电路呈何种性质？

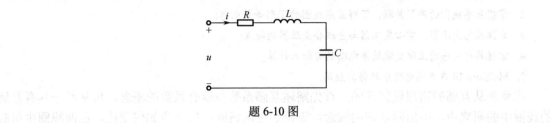

题 6-10 图

第7章 互感电路及理想变压器

知识要点

1. 掌握互感线圈中的电压、电流关系；
2. 掌握互感线圈的串、并联，了解互感线圈的 T 形等效电路；
3. 掌握理想变压器、空心变压器与全耦合变压器的特点；
4. 掌握具有互感的正弦交流简单电路的分析与计算；
5. Multisim 10 在互感电路中的仿真应用。

本章将从互感的物理现象开始，首先阐述互感系数与耦合系数的概念。再从两个具有互感的线圈中的研究中，引出同名端的概念：无论通过两线圈中的电流如何变化，在两线圈中引起的感应电压的极性始终保持一致的端子称为同名端。在此基础上，介绍互感的串、并联及其 T 形等效电路，介绍理想变压器、空心变压器与全耦合变压器的特点。

7.1 耦合电感

7.1.1 互感和互感电压

耦合电感（coupled inductor）是耦合线圈的电路模型。所谓耦合，在这里是指磁场的耦合，是载流线圈之间通过彼此的磁场相互联系的一种物理现象。一般情况下，耦合线圈由多个线圈组成。这里只讨论一对线圈耦合的情况，它是单个线圈工作原理的引申。交流电路中，如果在一个线圈附近还有另一线圈，则当其中一个线圈的电流变化时，不仅在本线圈中产生感应电压，而且在另一线圈中也要产生感应电压，这种现象称为互感现象，由此产生的电压称为互感电压。这样的两个线圈称为互感线圈。

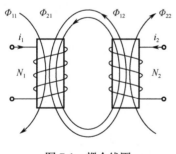

图 7-1 耦合线圈

图 7-1 即为一对载流耦合线圈。设耦合线圈的自感分别为 L_1、L_2，匝数分别为 N_1、N_2。当各自通有交变电流 i_1 和 i_2 时（称 i_1、i_2 为施感电流），其产生的磁通和彼此相交链的情况要根据两个线圈的绕向、相对位置和两个交变电流 i_1、i_2 的参考方向，按安培右手螺旋定则来确定。

设线圈 1 中的交变电流 i_1 产生的磁通为 Φ_{11}，方向如图 7-1 所示。Φ_{11} 在穿过自身的线圈时，所产生的磁通链设为 ψ_{11}，并称之为线圈 1 的自感磁通链，由于线圈 1、2 离得较近，Φ_{11} 中的一部分（或全部）磁通 Φ_{21} 与线圈 2 交链产生的磁通链设为 ψ_{21}，称 Φ_{21} 为互磁通，ψ_{21} 为互感磁通链。i_1 变化时，Φ_{21} 和 ψ_{21} 随之变化，根据电磁感应定律，线圈将产生感应电压 u_{21}，称其为互感电压。同样的道理，线圈 2 中的交变电流 i_2 不仅产生自磁通 Φ_{22} 和自感磁通链 ψ_{22}，也会产生互感磁通 Φ_{12} 和互感磁通链 ψ_{12}。同时由于交变电流 i_2 的变化也会产生互感电压 u_{12}。

上述各量关系如下：

$$\left.\begin{aligned} \psi_{11} &= N_1\Phi_{11}, \quad \psi_{21} = N_2\Phi_{22} \\ \psi_{12} &= N_1\Phi_{12}, \quad \psi_{21} = N_2\Phi_{21} \end{aligned}\right\} \qquad (7\text{-}1)$$

互感线圈的相互影响正是由磁耦合联系起来的。这样，每个线圈中的磁通链等于自感磁通链和互感磁通链两部分的代数和。耦合线圈中的磁通链与施感电流成线性关系，是各施感电流独立产生的磁通链的叠加。

设线圈 1、2 中的磁通链分别为 ψ_1、ψ_2，则有

$$\left.\begin{array}{l}\psi_1 = \psi_{11} \pm \psi_{12} \\ \psi_2 = \pm\psi_{21} + \psi_{22}\end{array}\right\} \tag{7-2}$$

仿照自感系数定义，定义互感系数为

$$\left.\begin{array}{l}M_{12} = \dfrac{\psi_{12}}{i_2} \\[2mm] M_{21} = \dfrac{\psi_{21}}{i_1}\end{array}\right\} \tag{7-3}$$

式（7-3）中，M_{12} 是线圈 2 对线圈 1 的互感，它表示穿越线圈 1 的互感磁通链与激发该互感磁通链的线圈 2 中的电流之比。M_{21} 是线圈 1 对线圈 2 的互感，它表示穿越线圈 2 的互感磁通链与激发该互感磁通链的线圈 1 中的电流之比。可以证明：

$$M_{12} = M_{21} = M \tag{7-4}$$

互感反映了一个线圈电流在另外一个线圈中产生磁链的能力，其单位为亨（H）。线圈间的互感是线圈的固有参数，它取决于两个线圈的匝数、几何尺寸、相对位置和磁介质。当磁介质为非铁磁性介质时，M 是常数，本章讨论的互感 M 均为常数。

在式（7-2）中代入式（7-1）、式（7-3）以及通电线圈的磁通方程得

$$\left.\begin{array}{l}\psi_1 = L_1 i_1 \pm M i_2 \\ \psi_2 = \pm M i_1 + L_2 i_2\end{array}\right\} \tag{7-5}$$

M 前的"$\pm$"号说明磁耦合中互感与自感作用的两种可能性。"+"号表示互感磁通链与自感磁通链方向一致，互感磁通链对自感磁通链起"加强"作用。"–"号则相反，表示互感的"消弱"作用。

如图 7-2（a）所示，如果 i_1、i_2 为交变的电流，各线圈的电压、电流均采用关联参考方向，即沿线圈绕组电压降的参考方向与磁通的参考方向符合右手螺旋定则，根据电磁感应定律，由式（7-5）可得

$$\left.\begin{array}{l}u_1(t) = \dfrac{\mathrm{d}\psi_1}{\mathrm{d}t} = L_1 \dfrac{\mathrm{d}i_1}{\mathrm{d}t} \pm M \dfrac{\mathrm{d}i_2}{\mathrm{d}t} \\[3mm] u_2(t) = \dfrac{\mathrm{d}\psi_2}{\mathrm{d}t} = \pm M \dfrac{\mathrm{d}i_1}{\mathrm{d}t} + L_2 \dfrac{\mathrm{d}i_2}{\mathrm{d}t}\end{array}\right\} \tag{7-6}$$

式（7-6）表示两耦合电感的电压、电流关系。其中自感电压 $u_{11} = L_1 \dfrac{\mathrm{d}i_1}{\mathrm{d}t}$，$u_{22} = L_2 \dfrac{\mathrm{d}i_2}{\mathrm{d}t}$。互感电压 $u_{12} = \pm M \dfrac{\mathrm{d}i_2}{\mathrm{d}t}$，$u_{21} = \pm M \dfrac{\mathrm{d}i_1}{\mathrm{d}t}$，$u_{12}$ 是交变电流 i_2 在 L_1 中产生的互感电压，u_{21} 是交变电流 i_1 在 L_2 中产生的互感电压。所以耦合电感的电压是自感电压和互感电压叠加的结果。这里互感电压也有两种可能的符号，取决于两线圈的相对位置、绕向和电流的参考方向。

7.1.2　互感线圈的同名端

在实际工程中，线圈往往是密封的，从外部看不到线圈的真实绕向，并且在电路图中绘出线圈的绕向也很不方便。为了便于反映互感的这种"加强"或"消弱"作用和简化图形表示，常采用同名端标记法。即对两个有耦合的线圈各取一个端子，均标上一个"·"或"*"，如图 7-2（b）所示。

这种标有"·"或"*"的端钮称为同名端，如图 7-2（b）中的端钮 1、2 为一对同名端。另一对不加"·"或"*"的端钮也是一对同名端。端钮 1、2'或端钮 1'、2 则为异名端。对标有同名端的耦合线圈而言，如果电流的参考方向由一线圈的同名端指向另一端，那么由电流在另一线圈内产生的互感电压参考方向也应由该线圈的同名端指向另一端，如图 7-2（a）、（b）所示。

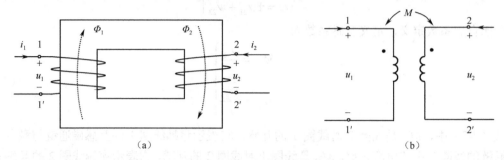

图 7-2　耦合电感及同名端

两个耦合线圈的同名端可以根据它们的绕向和相对位置判别，也可以通过实验的方法确定。引入同名端的概念后，两个耦合线圈可以用带有同名端标记的电感（元件）L_1 和 L_2 表示，如图 7-2（b）所示，其中 M 表示互感。

当有两个以上互感彼此之间存在耦合时，同名端应当一对一对地加以标记，每一对应用不同的标记符号。当每一电感都有电流时，则每一电感中的磁通链将等于自感磁通链与互感磁通链的代数和。凡是与自感磁通链方向相同的互感磁通链，求和时该项前面取"+"号，反之取"−"号。与此相应的耦合电感的电压亦为自感电压与互感电压两部分的叠加。

$$u_k = u_{kk} + \sum_{k \neq j} u_{kj} = L_k \frac{\mathrm{d}i_k}{\mathrm{d}t} \pm \sum_{k \neq j} M_{kj} \frac{\mathrm{d}i_j}{\mathrm{d}t}$$

式中，自感电压 u_{kk} 与 i_k 为关联参考方向时取"+"，互感电压 u_{kj} 可以根据同名端以及指定的电流和电压的参考方向来判断正负号。当施感电流的进端与互感电压 u_{kj} 的正极性端互为同名端时，则有

$$u_{kj} = M \frac{\mathrm{d}i_j}{\mathrm{d}t}$$

否则应为

$$u_{kj} = -M \frac{\mathrm{d}i_j}{\mathrm{d}t}$$

例如，有两个耦合电感，其同名端和电流参考方向如图 7-3 所示。当图 7-3（a）中的线圈 1 通以电流 i_1 时，在线圈 2 中产生的电压为 $u_{21} = M \dfrac{\mathrm{d}i_1}{\mathrm{d}t}$；当图 7-3（b）中的线圈 2 通以电流 i_2 时，在线圈 1 中产生的电压为 $u_{12} = -M \dfrac{\mathrm{d}i_2}{\mathrm{d}t}$。当施感电流为同频率正弦量时，在正弦稳态情况下电压、电流方程可用相量形式表示，以图 7-3（b）为例：

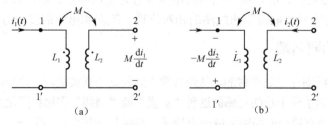

图 7-3　互感电压的正负号

$$\dot{U}_1 = j\omega L_1 \dot{I}_1 + j\omega M \dot{I}_2$$
$$\dot{U}_2 = j\omega M \dot{I}_1 + j\omega L_2 \dot{I}_2$$

【例 7-1】 电路如图 7-4 所示，试确定开关打开瞬间，22′间电压的真实极性。

解： 设电流 i 及互感电压 u_M 的参考方向如图 7-4 所示，则根据同名端的含义可得 $u_M = M\dfrac{\mathrm{d}i}{\mathrm{d}t}$。

当 S 打开瞬间，正值电流减小，$\dfrac{\mathrm{d}i}{\mathrm{d}t}<0$，故知 $u_M<0$，其极性与假设相反，即 2′为高电位端，2 为低电位端。

互感电压的作用还可以用电流控制的电压源 CCVS 表示。对图 7-1（b）的耦合电感，用 CCVS 表示的电路图如图 7-5 所示（相量形式）。

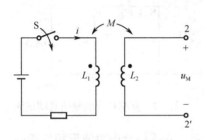

图 7-4　例 7-1 图

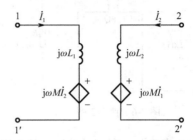

图 7-5　用 CCVS 表示的耦合电感电路

工程上为了定量地描述两个耦合线圈的耦合紧疏程度，把两线圈的互感磁通链与自感磁通链比值的几何平均值定义为耦合系数，记为 K，则

$$K = \sqrt{\frac{|\psi_{12}\,||\,\psi_{21}|}{|\psi_{11}\,||\,\psi_{22}|}}$$

由于 $\psi_{11} = L_1 i_1$，$|\psi_{12}| = M i_2$，$\psi_{22} = L_2 i_2$，$|\psi_{21}| = M i_1$，代入上式后有

$$K = \frac{M}{\sqrt{L_1 L_2}} \leqslant 1 \tag{7-7}$$

K 的大小与两个线圈的结构、相互位置以及周围磁介质有关。如果两个线圈靠得很紧或密绕在一起（或线圈内插入用铁磁材料制成的芯子），则 K 值可能接近于 1；反之，如果它们相隔很远，或者它们的轴线互相垂直，则 K 值就很小，甚至可能接近于零。由此可见，改变或调整它们的相互位置可以改变耦合系数的大小，当 L_1、L_2 一定时，这就相应改变了互感 M 的大小。

技能训练 22——互感耦合回路同名端仿真测试

1. 实训目的

（1）掌握互感同名端的特点。

（2）学会用仿真软件测试互感耦合回路的同名端。

2. 实训器材

计算机、仿真软件 Multism10。

3. 实训原理

同名端：当两个电流分别从两个线圈的对应端子流入，其所产生的磁场相互加强时，则这两个对应端子称为同名端，否则为异名端。

4．实训电路和分析

【例 7-2】 判断图 7-6 互感耦合回路中的同名端。

利用示波器观察互感耦合回路中的信号的波形，如相位相同则是同名端，相位相差 180°则是异名端。其仿真测量电路如图 7-7 所示。

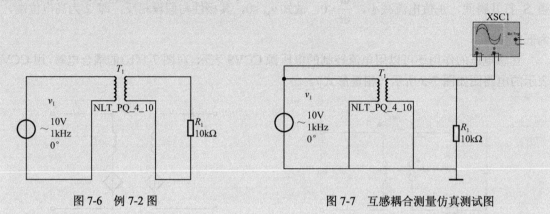

图 7-6　例 7-2 图　　　　　　　　　　图 7-7　互感耦合测量仿真测试图

执行仿真开关，观察示波器，其波形如图 7-8 所示。互感耦合电感波形相位相同，故连接示波器的为同名端。

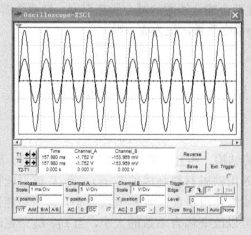

图 7-8　互感耦合测量仿真波形图

5．实训总结

思考用其他方法来判断互感耦合电路的同名端。

7.2　含耦合电感电路的计算

当电路中存在耦合电感时，称其为含耦合电感电路。含耦合电感电路的正弦稳态分析仍可以采用相量法，但要考虑互感的作用。在 KVL 的表达式中，应计入由于互感的作用而引起的互感电压。当某些支路具有耦合电感时，这些支路的电压将不仅与本支路电流有关，同时还将与那些与之有互感关系的支路电流有关，必要时可引用 CCVS 表示互感电压的作用。

7.2.1 耦合电感的串联

图 7-9（a）、（b）所示为两个有耦合的实际线圈的串联电路，其中 R_1、L_1、R_2、L_2 分别表示两个线圈的等效电阻和电感，M 为互感系数。图 7-9（a）中电流是从两个电感的同名端流入（或流出）的，称为顺接串联，简称顺串。图 7-9（b）中电流对其中的一个电感是从同名端流入（流出）的，而对另一电感是从同名端流出（流入）的，称为反接串联，简称反串。根据图中电流、电压的参考方向，由 KVL，线圈的端电压 u_1 和 u_2 分别为

$$\begin{cases} u_1 = R_1 i + L_1 \dfrac{\mathrm{d}i}{\mathrm{d}t} \pm M \dfrac{\mathrm{d}i}{\mathrm{d}t} = R_1 i + (L_1 \pm M)\dfrac{\mathrm{d}i}{\mathrm{d}t} \\ u_2 = R_2 i + L_2 \dfrac{\mathrm{d}i}{\mathrm{d}t} \pm M \dfrac{\mathrm{d}i}{\mathrm{d}t} = R_2 i + (L_2 \pm M)\dfrac{\mathrm{d}i}{\mathrm{d}t} \end{cases}$$

式中，"+"对应顺串，"–"对应反串。总电压 u 为

$$u = u_1 + u_2 = (R_1 + R_2)i + (L_1 + L_2 \pm 2M)\frac{\mathrm{d}i}{\mathrm{d}t}$$

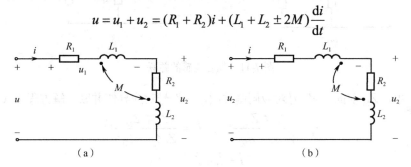

图 7-9 耦合电感的串联

对正弦稳态电路，应用相量法可得

$$\dot{U}_1 = (R_1 + \mathrm{j}\omega L_1)\dot{I} \pm \mathrm{j}\omega M \dot{I} = Z_1 \dot{I} \pm Z_{\mathrm{M}} \dot{I}$$
$$\dot{U}_2 = (R_2 + \mathrm{j}\omega i L_2)\dot{I} \pm \mathrm{j}\omega M \dot{I} = Z_2 \dot{I} \pm Z_{\mathrm{M}} \dot{I}$$
$$\dot{U} = (R_1 + R_2)\dot{I} + \mathrm{j}\omega(L_1 + L_2 \pm 2M)$$

$Z_{\mathrm{M}} = \mathrm{j}\omega M$ 称为互感阻抗，$Z_1 = R_1 + \mathrm{j}\omega L_1$、$Z_2 = R_2 + \mathrm{j}\omega L_2$ 分别为每一耦合电感的自阻抗。两耦合电感串联的等效电感为

$$L_{\mathrm{eq}} = L_1 + L_2 \pm 2M \tag{7-8}$$

图 7-9（a）、（b）的等效电路如图 7-10（a）、（b）所示。

顺串时等效电感增强，反串时等效电感减小，这说明反串时互感消弱自感的作用，互感的这种作用称为互感的"容性"效应。在一定的条件下，可能有一个电感小于互感 M，但 $L_1 + L_2 \geqslant 2M$。因为 $\dfrac{M}{\sqrt{L_1 L_2}} \leqslant 1$，$M \leqslant \sqrt{L_1 L_2}$，$M$ 小于两电感的几何平均值，就一定小于两电感的算术平均值 $(L_1 + L_2)/2$，所以整个电路呈电感性。

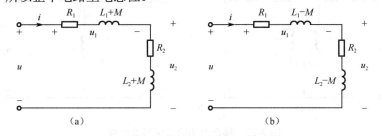

图 7-10 串联耦合电感的等效电路

7.2.2　耦合电感的并联

图 7-11（a）、（b）所示为耦合电感的并联电路。图 7-11（a）电路中同名端在同一侧，称为同侧并联；图 7-11（b）电路称为异侧并联。在正弦稳态情况下，按照图中所示的电压、电流参考方向可得

$$\left.\begin{array}{l}\dot{U}=Z_1\dot{I}_1\pm Z_M\dot{I}_2=(R_1+\mathrm{j}\omega L_1)\dot{I}_1\pm\mathrm{j}\omega M\dot{I}_2\\ \dot{U}=Z_2\dot{I}_2\pm Z_M\dot{I}_1=(R_2+\mathrm{j}\omega L_2)\dot{I}_2\pm\mathrm{j}\omega M\dot{I}_1\end{array}\right\}\qquad(7\text{-}9)$$

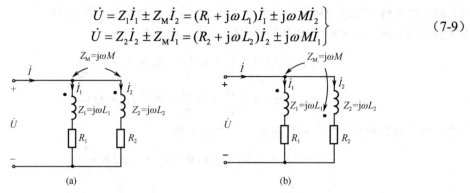

图 7-11　耦合电感的并联

式（7-9）中，Z_M 前的"+"号对应同侧并联，"−"号对应异侧并联。解方程组（7-9）可得

$$\dot{I}_1=\frac{Z_2\mp Z_M}{Z_1Z_2-Z_M^2}\dot{U}\ ,\quad \dot{I}_2=\frac{Z_1\mp Z_M}{Z_1Z_2-Z_M^2}\dot{U}$$

因为
$$\dot{I}=\dot{I}_1+\dot{I}_2$$

所以
$$\dot{I}=\frac{Z_1+Z_2+\mp2Z_M}{Z_1Z_2-Z_M^2}\dot{U}$$

两个耦合电感并联后的等效阻抗为

$$Z_{eq}=\frac{\dot{U}}{\dot{I}}=\frac{Z_1Z_2-Z_M^2}{Z_1+Z_2\mp2Z_M}$$

当 $R_1=R_2=0$ 时，$Z_{eq}=\mathrm{j}\omega\dfrac{L_1L_2-M^2}{L_1+L_2\mp2M}$。

所以耦合电感并联的等效电感为

$$L_{eq}=\frac{L_1L_2-M^2}{L_1+L_2\mp2M}\qquad(7\text{-}10)$$

只有一个公共端钮相连接的耦合电感如图 7-12（a）所示，我们可以用三个电感组成的无互感的 T 形网络做等效替换，如图 7-12（b）所示，这种处理方法称为互感消去法（或去耦法）。

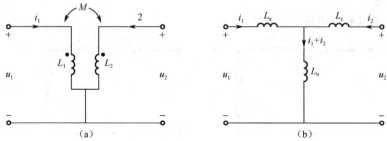

图 7-12　耦合电感的去耦等效电路

对于图 7-12（a）所示的耦合电感，其端钮的 VCR 为

$$\left.\begin{array}{l}\dot{U}_1 = j\omega L_1 \dot{I}_1 + j\omega M \dot{I}_2 \\ \dot{U}_2 = j\omega M \dot{I}_1 + j\omega L_2 \dot{I}_2\end{array}\right\} \qquad (7\text{-}11)$$

对于图 7-12（b），由 KVL 可得

$$\left.\begin{array}{l}\dot{U}_1 = (j\omega L_a + j\omega L_b)\dot{I}_1 + j\omega L_b \dot{I}_2 \\ \dot{U}_2 = j\omega L_b \dot{I}_1 + (j\omega L_b + j\omega L_c)\dot{I}_2\end{array}\right\} \qquad (7\text{-}12)$$

比较式（7-11）、式（7-12），$\dot{I}_1$、$\dot{I}_2$ 的系数对应相等，则

$$L_a = L_1 - M , \quad L_b = M , \quad L_c = L_2 - M \qquad (7\text{-}13)$$

若改变图 7-12（a）中同名端的位置，则 M 前的符号也应改变：

$$L_a = L_1 + M , \quad L_b = -M , \quad L_c = L_2 + M \qquad (7\text{-}14)$$

由上述分析可知，图 7-11 所示的耦合电感的并联电路，可以等效为如图 7-13 所示的电路。

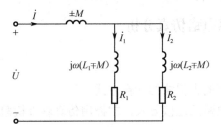

图 7-13　耦合电感并联电路的去耦等效电路

【例 7-3】 电路如图 7-14 所示，已知 L_1=1H，L_2=2H，M=0.5H，R_1=R_2=1kΩ，正弦电压 $u_S = 100\sqrt{2}\cos 200\pi t$ V，试求电流 i 以及耦合系数 K。

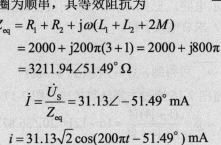

图 7-14　例 7-3 图

解： 耦合系数 $K = \dfrac{M}{\sqrt{L_1 L_2}} = \dfrac{0.5}{\sqrt{1\times 2}} = 0.35$，电压 u_S 的相量为 $\dot{U}_S = 100\angle 0^\circ$ V。两耦合线圈为顺串，其等效阻抗为

$$Z_{eq} = R_1 + R_2 + j\omega(L_1 + L_2 + 2M)$$
$$= 2000 + j200\pi(3+1) = 2000 + j800\pi$$
$$= 3211.94\angle 51.49^\circ \ \Omega$$
$$\dot{I} = \frac{\dot{U}_S}{Z_{eq}} = 31.13\angle -51.49^\circ \ \text{mA}$$
$$i = 31.13\sqrt{2}\cos(200\pi t - 51.49^\circ) \ \text{mA}$$

【例 7-4】 图 7-15 所示的电路中，已知 $M=\mu L_1$，R_1=1kΩ，R_2=2kΩ，L_1=2H，L_2=1.5H，μ=0.5。试用戴维南定理求电阻 R_2 中的电流。

解： 将 R_2 断开，求端口的开路电压 $\dot{U}_{OC}$，如图 7-15（b）所示。

$$\dot{U}_{OC} = -j\omega M \dot{I}_1 + \mu \dot{U}_{L1} = -j\omega M \dot{I}_1 + \mu j\omega L_1 \dot{I}_1 = 0$$

因此
$$\dot{I}_2 = 0$$

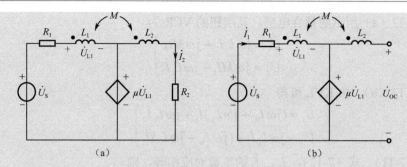

$$(a) \qquad\qquad (b)$$

图 7-15　例 7-4 图

根据 KVL，由图 7-15（a）可得

$$\dot{U}_S = (R_1 + j\omega L_1)\dot{I}_1 + \mu j\omega L_1 \dot{I}_1$$

$$\dot{I}_1 = \frac{\dot{U}_S}{R_1 + j\omega L_1(1+\mu)} = \frac{200\angle 0^\circ}{1374.14\angle 43.30^\circ} = 0.15\angle -43.30^\circ\ \text{A}$$

技能训练 23——去耦互感电路仿真分析

1. 实训目的

（1）掌握同名端、异名端的去耦法的计算方式。

（2）掌握耦合电路仿真电路的连接方式，掌握用仿真软件检验去耦法的正确性。

2. 实训器材

计算机、仿真软件 Multism10。

3. 实训原理

当互感线圈既非串联又非并联，但两线圈有公共端时，去耦后可用一个 T 形等效电路来代替。具体等效电路见图 7-12。

4. 实训电路和分析

【例 7-5】　图 7-16 所示电路，已知 L_1 和 L_2 两线圈之间的耦合系数 $k=1$，电源电压 $\dot{U}_S=100\angle 0^\circ\ \text{V}$，频率 $f=50\text{Hz}$，求总电流 $\dot{I}$ 和 $\dot{U}_2$。

（1）理论分析

解： 根据 $\omega M = k\sqrt{\omega L_1 + \omega L_2}$ 可得到 $\omega M = 1 \times \sqrt{16 + 4} = 8\Omega$。

根据互感线圈原理，可将图 7-16 通过去耦法等效成为图 7-17 所示。则

$$Z_{ab} = j8 + \frac{(1-j4)j4}{1-j4+j4} = 16 + 12j = 20\angle 36.87^\circ\ \Omega$$

$$\dot{I}_2 = \frac{\dot{U}_S}{Z_{ab}} = \frac{100}{20\angle 36.87^\circ} = 5\angle -36.87^\circ\ \text{A}$$

$$\dot{U}_2 = 5\angle -36.87^\circ \times \frac{j4}{1-j4+j4} \times 1 = 20\angle 53.13^\circ\ \text{V}$$

（2）仿真分析

① 按照 $Z_L = j\omega L$、$Z_C = -j\dfrac{1}{\omega C}$、$k = -\dfrac{M}{\sqrt{L_1 L_2}}$ 依次算出 $L_1 \sim L_8$、C_1、C_2 和 k_2 的值。

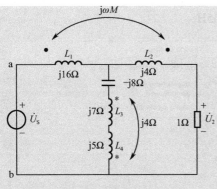

图 7-16　例 7-5 图

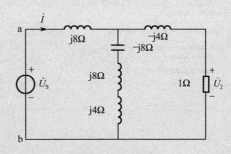

图 7-17　去耦等效图

由题意可知：$X_{L1}=16\Omega$，$X_{L2}=4\Omega$，$X_{L3}=7\Omega$，$X_{L4}=5\Omega$，$X_{C1}=8\Omega$，f=50Hz，$\omega=2\pi f$。

$$L_1 = \frac{X_{L1}}{\omega} = \frac{16}{2\times3.1415926\times50} = 0.05093\text{H}$$

$$L_2 = \frac{X_{L2}}{\omega} = \frac{4}{2\times3.1415926\times50} = 0.01273\text{H}$$

$$L_3 = \frac{X_{L3}}{\omega} = \frac{7}{2\times3.1415926\times50} = 0.02228\text{H}$$

$$L_4 = \frac{X_{L4}}{\omega} = \frac{5}{2\times3.1415926\times50} = 0.015915\text{H}$$

$$C_1 = \frac{1}{\omega X_{C1}} = \frac{1}{2\times3.1415926\times50\times8} = 0.39789\text{mF}$$

② 按照图 7-16 未去耦电路连接如图 7-18 所示的仿真电路图，互感线圈 T_1，T_2 的设置如图 7-19 所示，得到未去耦时的 $\dot{I}$ 和 $\dot{U}_2$，在连接电路图时注意互感线圈同名端的位置。

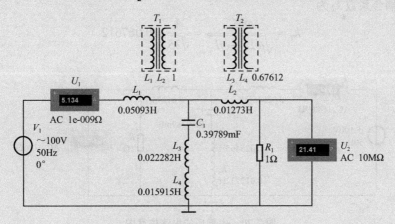

图 7-18　去耦前的电路仿真图

③ 按照图 7-16 运用去耦法之后的电路图，连接成如图 7-20 所示的仿真电路图，得到对图 7-18 去耦法简化之后的 $\dot{I}$ 和 $\dot{U}_2$。

全耦合，即 k=1 时：

$$M = k\sqrt{L_1 L_2} = 0.025465\text{H}$$

$$L_5 = L_1 - M = 0.05093 - 0.025465 = 0.025465\text{H}$$

$$L_6 = L_2 - M = 0.05093 - 0.025465 = 0.025465\text{H}$$

$$L_7 = M = 0.025465\text{H}$$

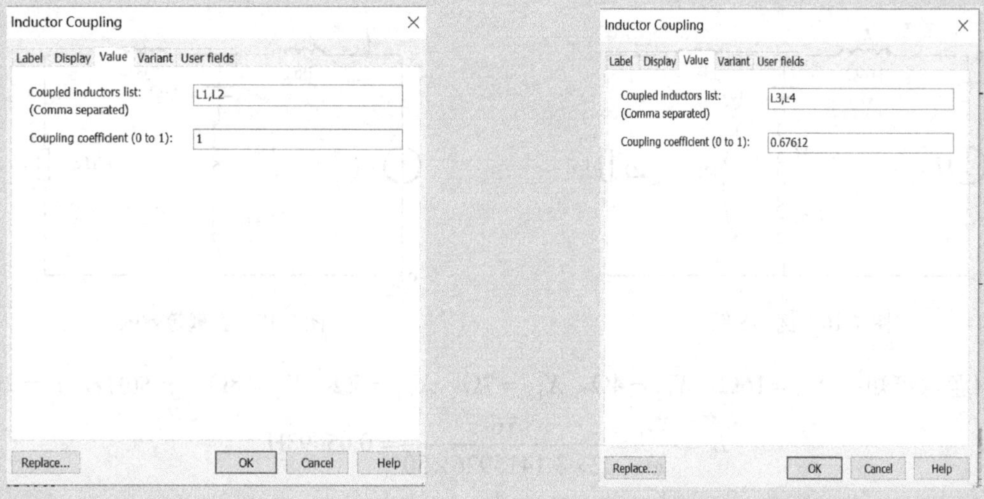

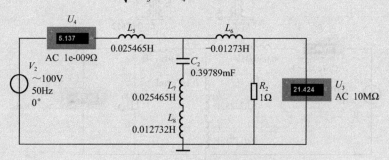

（a）　　　　　　　　　　　　　　　　　　　（b）

图 7-19　互感线圈设置

L_3、L_4 是耦合电感的反接串联，其等效电效可表示为

$$L_8 = L_3 + L_4 - 2M$$

X_{L3}=7Ω，X_{L4}=5Ω，互感阻抗为 4Ω。

$$X_{\text{L8}}=7+5-8=4\Omega$$

$$L_8 = \frac{X_{\text{L8}}}{\omega} = \frac{8}{2\times3.1415926\times50} = 0.012732\text{H}$$

L_3、L_4 的耦合系数 k_2 为

$$k_2 = \frac{\omega M_2}{\sqrt{\omega L_3 + \omega L_4}} = \frac{4}{\sqrt{35}} = 0.067612$$

图 7-20　去耦后的电路仿真图

在误差允许存在的情况下，由图 7-18 和图 7-20 所示电压表和电流表读数可知，通过去耦后，仿真值和理论计算值基本相等。

④ 按图 7-21 所示连接，利用波特仪测量电流和电压的相位，电压表和电流表测量有效值，从而得出电流和电压的相量表达式。图 7-22 所示为去耦前的电流 i 相频特性。图 7-23 所示为去耦后的电流 i 的相频特性。图 7-24 所示为去耦前后电流相位差波形图。

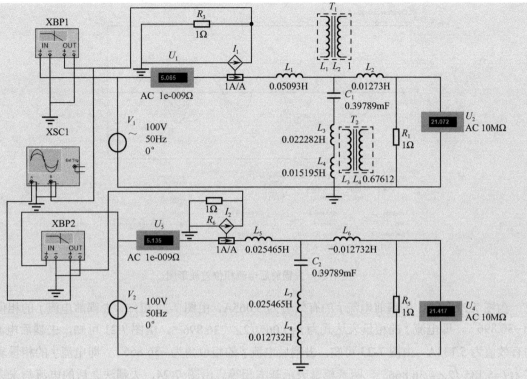

图 7-21 电流 i 的相量表达式测量图

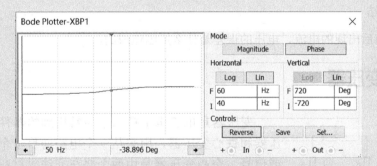

图 7-22 去耦前的电流 i 相频特性

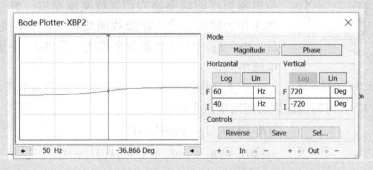

图 7-23 去耦后的电流 i 相频特性

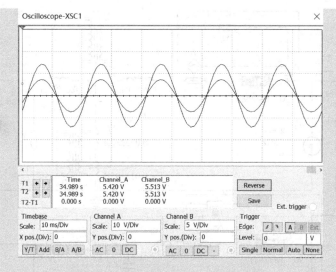

图 7-24　去耦前后电流相位差波形图

　　由图 7-21 可知，去耦前电流 i 的有效值为 5.065A，由图 7-22 可知，去耦前电流 i 的相位角为 $-36.896°$，即电流 i 的相量表达式为 $\dot{I}=5.065\sqrt{2}\angle-36.896°$。由图 7-21 可知，去耦后电流 i 的有效值为 5.135A，由图 7-23 可知，去耦后电流 i 的相位角为 $-36.866°$，即电流 i 的相量表达式为 $\dot{I}=5.135\sqrt{2}\angle-36.866°$，两者相量表示基本相等。由图 7-24，去耦法之后的电流与未去耦的电流相位差为零，说明去耦法正确。同理，可求电压 $\dot{U}_2$，请读者自行分析。

5．实训总结

　　分析去耦前后出现的电流、电压的误差是什么原因造成的。

7.3　空心变压器

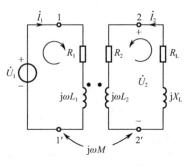

图 7-25　空心变压器的电路模型

　　变压器是电工电子技术中经常用到的器件，分为空心变压器和铁心变压器，用来从一个电路向另一个电路传输能量或信号。空心变压器是由两个绕在非铁磁材料制成的芯子上并且具有互感的线圈组成的，其电路模型如图 7-25 所示。它与电源相连的线圈称为初级线圈或原边；另一个线圈与负载相连作为输出，称为次级线圈或副边。空心变压器需要 R_1、L_1、R_2、L_2、M 五个参数来描述。图 7-25 中设负载为电阻与电感串联。

　　在正弦稳态情况下，根据图 7-25 所示电压、电流的参考方向和同名端，由 KVL 可写出原副边回路电压方程为

$$\left.\begin{array}{l}(R_1+\mathrm{j}\omega L_1)\dot{I}_1+\mathrm{j}\omega M\dot{I}_2=\dot{U}_1\\\mathrm{j}\omega M\dot{I}_1+(R_2+\mathrm{j}\omega L_2+R_\mathrm{L}+\mathrm{j}X_\mathrm{L})\dot{I}_2=0\end{array}\right\}\tag{7-15}$$

或写为

$$\left.\begin{array}{l}Z_{11}\dot{I}_1+Z_{12}\dot{I}_2=\dot{U}_1\\Z_{21}\dot{I}_1+Z_{22}\dot{I}_2=0\end{array}\right\}\tag{7-16}$$

　　其中，$Z_{11}=R_1+\mathrm{j}\omega L_1$ 为原边回路阻抗，$Z_{22}=R_2+\mathrm{j}\omega L_2+R_\mathrm{L}+\mathrm{j}X_\mathrm{L}$ 为副边回路阻抗，

$Z_{12} = Z_{21} = Z_{\mathrm{M}} = \mathrm{j}\omega M$ 为互感阻抗。

解方程组可得

$$\dot{I}_1 = \frac{\dot{U}_1}{Z_{11} - Z_{\mathrm{M}}^2 Y_{11}} = \frac{\dot{U}_1}{Z_{11} + (\omega M)^2 Y_{11}} \qquad (7\text{-}17)$$

$$\dot{I}_2 = \frac{-Z_{\mathrm{M}} Y_{11}\dot{U}_1}{Z_{22} - Z_{\mathrm{M}}^2 Y_{11}} = \frac{-Z_{\mathrm{M}} Y_{11}\dot{U}_1}{Z_{22} + (\omega M)^2 Y_{11}} \qquad (7\text{-}18)$$

其中，$Y_{11} = 1/Z_{11}$，$Y_{22} = 1/Z_{22}$。显然，如果同名端的位置与图中不同，$Z_{12} = Z_{21} = -\mathrm{j}\omega M$。在式（7-17）、式（7-18）中，$\mathrm{j}\omega M$ 前应加负号。对初级电流 $\dot{I}_1$ 来说，由于式中的 Z_{M} 以平方的形式出现，不管 Z_{M} 的符号为正还是为负，计算得到的 $\dot{I}_1$ 都是一样的。但对于次级电流 $\dot{I}_2$ 却不同，随着 Z_{M} 前符号的改变，$\dot{I}_2$ 的符号也改变。即，如把变压器次级线圈接负载的两个端钮对调一下，或是改变两线圈的相对绕向，流过负载的电流将反向 180°。在电子电路中，如对变压器耦合电路的输出电流相位有所要求，应注意线圈的相对绕向和负载的接法。

由式（7-17）可求得从原边看进去的输入阻抗为

$$Z_{\mathrm{i}} = \frac{\dot{U}_1}{\dot{I}_1} = Z_{11} + (\omega M)^2 Y_{22} \qquad (7\text{-}19)$$

其中，$(\omega M)^2 Y_{22}$ 称为引入阻抗，或反映阻抗（reflected impedance）。它是副边回路阻抗通过互感反映到原边的等效阻抗。引入阻抗的性质与 Z_{22} 相反，即感性（容性）变为容性（感性）。式（7-17）可以用图 7-26（a）所示的等效电路表示，称为原边等效电路。同理式（7-18）可以用图 7-26（b）所示的等效电路表示，它是从副边看进去的等效电路。其中，$Z_{\mathrm{eq}} = R_2 + \mathrm{j}\omega L_2 + (\omega M)^2 Y_{11}$，$\dot{U}_{\mathrm{OC}} = \mathrm{j}\omega M Y_{11}\dot{U}_1$。

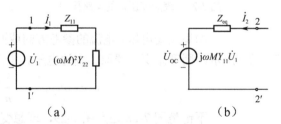

图 7-26　空心变压器的等效电路

【例 7-6】 电路如图 7-27 所示，已知 L_1=4H，L_2=1H，M=0.5H，R_1=50Ω，R_2=20Ω，R_{L}=100Ω，正弦电压 $u_{\mathrm{S}} = 100\sqrt{2}\cos 314t$ V，求初级、次级电流 $\dot{I}_1$、$\dot{I}_2$。

解： 用反映阻抗的概念求解本题。

$Z_{11} = R_1 + \mathrm{j}\omega L_1 = 50 + \mathrm{j}314\times 4 = 50 + \mathrm{j}1256\,\Omega$

$Z_{22} = R_{\mathrm{L}} + R_2 + \mathrm{j}\omega L_2 = 120 + \mathrm{j}314\times 1 = 336.15\angle 69.08°\,\Omega$

反映阻抗为

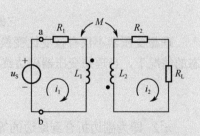

图 7-27　空心变压器的等效电路

$$(\omega M)^2 Y_{22} = 314^2 \times 0.5^2 \times \frac{1}{Z_{22}}$$

$$= \frac{24649}{336.15\angle 69.08°}$$

$$= 73.33\angle -69.08° = 26.18 - \mathrm{j}68.5\,\Omega$$

$$\dot{I}_1 = \frac{\dot{U}_S}{Z_{11} + (\omega M)^2 Y_{22}} = \frac{100\angle 0^\circ}{50 + \text{j}1256 + 26.18 - \text{j}68.5} = 84\angle -86.33^\circ \text{ mA}$$

$$\dot{I}_2 = \frac{\text{j}\omega M \dot{I}_1}{Z_{22}} = \frac{\text{j}314 \times 0.5 \times 84\angle -86.33^\circ}{336.15\angle 69.08^\circ} = 39.23\angle -65.41^\circ \text{ mA}$$

7.4　理想变压器

理想变压器的电路模型如图 7-26 所示。N_1 和 N_2 分别为原边和副边的匝数，匝数比 $n=N_1/N_2$，称为理想变压器的变比（transformation ratio），是一个常数，它是理想变压器的唯一参数。在图 7-28 所示同名端和电压、电流的参考方向下，原副边电压、电流满足下列关系式：

$$\left.\begin{array}{l} u_1 = \dfrac{N_1}{N_2}u_2 = nu_2 \\[2mm] i_1 = -\dfrac{N_2}{N_1}i_2 = -\dfrac{1}{n}i_2 \end{array}\right\} \tag{7-20}$$

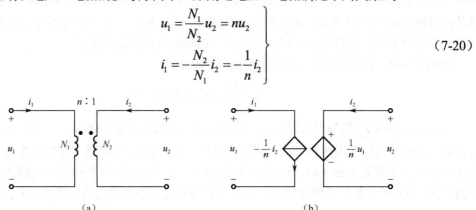

（a）　　　　　　　　　　　　　　　（b）

图 7-28　理想变压器的电路模型

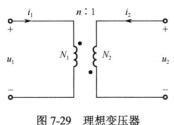

图 7-29　理想变压器

如果改变电压、电流的参考方向或同名端的位置，如图 7-29 所示，则理想变压器原、副边电压、电流关系为

$$u_1 = -nu_2 , \quad i_1 = \frac{1}{n}i_2$$

不论是图 7-28 还是图 7-29，理想变压器在所有时刻 t 有

$$u_1(t)i_1(t) + u_2(t)i_2(t) = 0 \tag{7-21}$$

式（7-21）说明，输入理想变压器的瞬时功率等于零，所以它既不耗能也不储能，它将能量由原边全部传输到副边负载。

理想变压器不仅有按变比变换电压、电流的性质，同时它还有阻抗变换的性质。在正弦稳态的情况下，当理想变压器副边终端 2-2′接入阻抗 Z_L 时，则变压器原边 1-1′的输入阻抗 Z_{in} 为

$$Z_{in} = \frac{\dot{U}_1}{\dot{I}_1} = n^2 Z_L$$

$n^2 Z_L$ 即为副边折合到原边的等效阻抗，当副边分别接入元件 R、L、C 时，折合到原边将为 $n^2 R$、$n^2 L$、C/n^2，也就改变了元件的参数。当做反向变换时，则

$$Z_{22} = \frac{1}{n^2} Z_L$$

【例 7-7】　电路如图 7-30（a）所示，已知 $u_s = 10\sqrt{2}\cos 314t$ V，$R_1=1\Omega$，$R_2=50\Omega$。试求 u_2。

解法一：将次级电阻折合到初级，折合电阻为

$$R_{eq} = n^2 R_2 = (0.1)^2 50 = 0.5\Omega$$

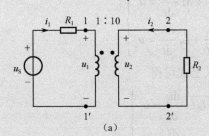
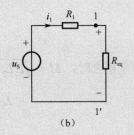

图 7-30　例 7-7 图

则

$$u_1 = \frac{u_S}{R_1 + R_{eq}} R_{eq} = \frac{0.5}{1 + 0.5} u_S = \frac{1}{3} u_S$$

$$u_2 = 10 u_1 = \frac{10}{3} u_S$$

$$u_2 = \frac{100}{3} \sqrt{2} \cos 314 t \ \text{V}$$

解法二：网孔电流法。

由图 7-30（a）可得

$$R_1 i_1 + u_1 = u_S, \quad R_2 i_2 + u_2 = 0$$

根据理想变压器的 VCR，则

$$u_1 = \frac{1}{10} u_2, \quad i_1 = -10 i_2$$

联立以上四个式子可得

$$u_2 = 10(u_S - R_1 i_1) = 10(u_S + R_1 10 i_2) = 10\left(u_S - 10 R_1 \frac{u_2}{R_2}\right)$$

$$3 u_2 = 10 u_S, \quad u_2 = \frac{10}{3} u_S = \frac{100}{3} \sqrt{2} \cos 314 t \ \text{V}$$

解法三：用戴维南定理求解。

将图 7-30（a）中的 2-2'断开，则 $i_2 = 0$，因此 $i_1 = 0$，$u_1 = u_S$，开路电压为

$$u_{oc} = u_2 = 10 u_1 = 10 u_S$$

为求从 2-2'看进去的等效电阻，令 $u_S = 0$，所以

$$R_{eq} = \frac{R_1}{n^2} = \frac{R_1}{(0.1)^2} = 100\Omega$$

戴维南等效电路如图 7-30（b）所示，则

$$u_2 = \frac{50}{100 + 50} u_{oc} = \frac{1}{3} 10 u_S = \frac{10}{3} u_S = \frac{100}{3} \sqrt{2} \cos 314 t \ \text{V}$$

最后我们讨论如何实现理想变压器。

实际变压器如同时满足下列三个条件：（1）变压器本身无损耗；（2）耦合系数 $K = 1$；

（3）L_1、L_2、M 均为无穷大，但保持 $\sqrt{\dfrac{L_1}{L_2}} = n$ 不变，$n = N_1/N_2$。图 7-25 所示的空心变压器模型就

可演变为理想变压器。

如空心变压器无损耗，即有 $R_1 = R_2 = 0$，则图 7-25 中的电压、电流关系变为

$$\left. \begin{aligned} L_1 \frac{di_1}{dt} + M \frac{di_2}{dt} = u_1 \\ M \frac{di_1}{dt} + L_2 \frac{di_2}{dt} = u_2 \end{aligned} \right\}$$ （7-22）

当 $K=1$，即全耦合时，$M = \sqrt{L_1 L_2}$，代入上式可得

$$\left. \begin{aligned} L_1 \frac{di_1}{dt} + \sqrt{L_1 L_2} \frac{di_2}{dt} = u_1 \\ \sqrt{L_1 L_2} \frac{di_1}{dt} + L_2 \frac{di_2}{dt} = u_2 \end{aligned} \right\}$$

$$\frac{di_1}{dt} = \frac{u_1}{L_1} - \sqrt{\frac{L_2}{L_1}} \frac{di_2}{dt}$$

$$i_1 = \frac{1}{L_1} \int u_1 dt - \sqrt{\frac{L_2}{L_1}} i_2$$

$L_1 \to \infty$，$\sqrt{\frac{L_1}{L_2}} = n$，所以

$$i_1 = -\frac{1}{n} i_2$$

其次，由于是全耦合，所以

$$\Phi_{12} = \Phi_{22}, \quad \Phi_{21} = \Phi_{11}, \quad \Phi = \Phi_{11} + \Phi_{22}$$

$$\psi_1 = N_1 \Phi, \quad \psi_2 = N_2 \Phi$$

$$u_1 = \frac{d\psi_1}{dt} = N_1 \frac{d\Phi}{dt}$$

$$u_2 = \frac{d\psi_2}{dt} = N_2 \frac{d\Phi}{dt}$$

所以有

$$\frac{u_1}{u_2} = \frac{N_1}{N_2} = n, \quad u_1 = n u_2$$ （7-23）

　　在工程上常采用两方面的措施，使实际变压器的性能接近理想变压器。一是尽量采用具有高导磁率的铁磁材料做芯子；二是尽量紧密耦合，使 K 接近于 1，并在保持变比不变的前提下，尽量增加原副线圈的匝数。理想变压器也可由电子器件组成。

技能训练 24——理想变压器的仿真测试

1. 实训目的

（1）掌握理想变压器的特点。
（2）掌握理想变压器的仿真参数的设置。

2. 实训器材

计算机、仿真软件 Multism10。

3. 实训原理

理想变压器不仅有按变比变换电压、电流的性质，同时它还有阻抗变换的性质。

$$u_1 = \frac{N_1}{N_2} u_2 = n u_2 \ , \quad i_1 = -\frac{N_2}{N_1} i_2 = -\frac{1}{n} i_2 \ , \quad Z_{in} = \frac{\dot{U}_1}{\dot{I}_1} = n^2 Z_L$$

4．实训电路和分析

Multisim 10 里提供了理想变压器的仿真元件，通过设计确定变压器初级和次级线圈的匝数比（小于 1）。理想变压器参数设置对话框如图 7-31 所示。

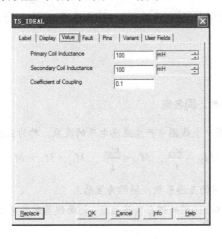

图 7-31　理想变压器参数设置对话框

【例 7-8】　仿真计算例 7-7。

分析：在 Multisim 10 中按图 7-30 连接好电路，利用虚拟仪器测出电压 u_2 的有效值，然后根据三要素写出 u_2 的瞬时表达式。

由于理想变压器的"Coefficient of Coupling"是≤1 的，而本题中线圈匝数比大于 10，显然通过设计"Coefficient of Coupling"不能进行。

对于理想变压器有下式成立：

$$\frac{N_1}{N_2} = \sqrt{\frac{L_1}{L_2}}$$

故把耦合系数"Coefficient of Coupling"设为 1，通过设计初级线圈和次级线圈的电感之比从而确立理想变压器的初级线圈和次级线圈匝数比。理想变压器参数设计如图 7-32 所示。其仿真电路如图 7-33 所示。

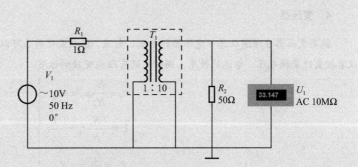

图 7-32　理想变压器匝数比设计　　　　　　　　图 7-33　仿真测试电路

执行仿真开关，由图 7-34 所示电压表读数可知，U_2=33.147V，由正弦交流电的三要素法，得 u_2 的表达式如下：

$$u_2 = 33.147\sqrt{2}\cos 314t$$

本题的仿真结果与例 7-7 基本一致。

5. 实训总结

仿真结果与例 7-7 计算结果是否完全一致？若不完全一致，分析其原因。

本章小结

1. 互感、互感系数、耦合系数、同名端

由于一个线圈中电流变化在另一个线圈中产生互感电压的现象，称为互感现象。互感系数为

$$M_{12} = \frac{\psi_{12}}{i_2}, \quad M_{21} = \frac{\psi_{21}}{i_1}, \quad M_{12} = M_{21} = M$$

因此，一般用 M 表示两线圈间的互感系数，简称为互感。

工程上为了定量地描述两个耦合线圈的耦合紧疏程度，把两线圈的互感磁通链与自感磁通链比值的几何平均值定义为耦合系数，记为 K。

$$K = \sqrt{\frac{|\psi_{12}||\psi_{21}|}{|\psi_{11}||\psi_{22}|}} = \frac{M}{\sqrt{L_1 L_2}} \leqslant 1$$

同名端：当两个线圈通入电流，所产生的磁通方向相同，相互加强，则两个线圈的电流流入端为同名端，用符号 "·" 或 "*" 标记。

2. 耦合元件上的电压、电流关系

$$\dot{U}_1 = j\omega L_1 \dot{I}_1 + j\omega M \dot{I}_2, \quad \dot{U}_2 = j\omega M \dot{I}_1 + j\omega L_2 \dot{I}_2$$

3. 互感线圈的连接

（1）串联

顺串的电路的等效电感：$L_{eq} = L_1 + L_2 + 2M$

反串的电路的等效电感：$L_{eq} = L_1 + L_2 - 2M$

（2）两个线圈的并联等效电感：$L_{eq} = \dfrac{L_1 L_2 - M^2}{L_1 + L_2 \mp 2M}$

式中，分母 $2M$ 前的符号为：同侧并联取 "–"，异侧并联取 "+"。

4. 变压器

铁芯变压器在理想状态下变压器的电压、电流、阻抗变化关系可以用理想变压器进行分析。理想变压器不仅有按变比变换电压、电流的性质，同时它还有阻抗变换的性质。

$$\left.\begin{array}{l} u_1 = \dfrac{N_1}{N_2} u_2 = n u_2 \\[2mm] i_1 = -\dfrac{N_2}{N_1} i_2 = -\dfrac{1}{n} i_2 \\[2mm] Z_{in} = \dfrac{\dot{U}_1}{\dot{I}_1} = n^2 Z_L \end{array}\right\}$$

式中，$n^2 Z_L$ 即为副边折合到原边的等效阻抗。

习题 7

7-1 试述同名端的概念。为什么对两互感线圈串联和并联时必须要注意它们的同名端？

7-2 何谓耦合系数？什么是全耦合？

7-3 在题 7-3 图所示电路中，$L_1=0.01\text{H}$，$L_2=0.02\text{H}$，$C=20\mu\text{F}$，$R=10\Omega$，$M=0.01\text{H}$。求两个线圈在顺接串联和反接串联时的谐振角频率 ω_0。

7-4 具有互感的两个线圈顺接串联时总电感为 0.6H，反接串联时总电感为 0.2H，若两线圈的电感量相同时，求互感和线圈的电感。

7-5 求题 7-5 图所示电路中的电流。

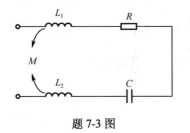

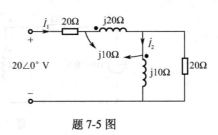

题 7-3 图   题 7-5 图

7-6 在题 7-6 图所示电路中，耦合系数是 0.5，求：（1）流过两线圈的电流；（2）电路消耗的功率；（3）电路的等效输入阻抗。

7-7 由理想变压器组成的电路如题 7-7 图所示，已知 $\dot{U}_S=16\angle 0° \text{ V}$，求：$\dot{I}_1$、$\dot{U}_2$ 和 R_L 吸收的功率。

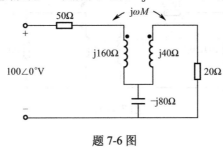

题 7-6 图

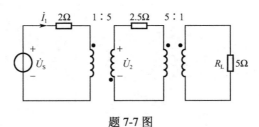

题 7-7 图

7-8 在题 7-8 图所示电路中，变压器为理想变压器，$\dot{U}_S=10\angle 0° \text{ V}$，求电压 $\dot{U}_C$。

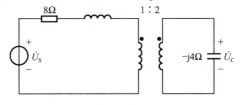

题 7-8 图

7-9　如题 7-9 图所示全耦合变压器电路，求两个电阻两端的电压各为多少？

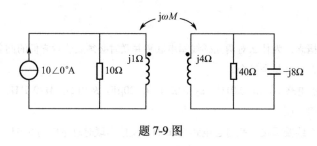

题 7-9 图

7-10　电路如题 7-10 图所示，求输出电压 U_2。

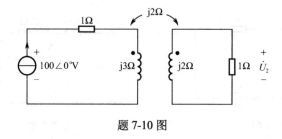

题 7-10 图

7-11　电路如题 7-11 图所示。（1）试选择合适的匝数比使传输到负载上的功率达到最大；（2）求 1Ω 负载上获得的最大功率。

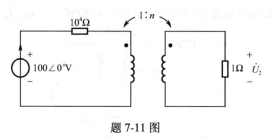

题 7-11 图

第 8 章   一阶动态电路的分析

知识要点

1. 掌握暂态、稳态、换路等基本概念;
2. 掌握换路定律及其一阶电路响应初始值的求解;
3. 掌握零输入响应、零状态响应及全响应的分析过程;
4. 掌握一阶电路的三要素法;
5. Multisim 10 在一阶电路中的应用。

含有动态元件 L 和 C 的线性电路,当电路发生换路时,由于动态元件上的能量不能发生跃变,电路从原来的一种相对稳态过渡到另一种相对稳态需要一定的时间,在这段时间内电路中所发生的物理过程称为暂态,揭示暂态过程中响应的规律称为暂态分析。

8.1   线性电路的动态方程及其初始条件

在第 1 章中介绍了电容元件和电感元件,这两种元件的电压和电流的约束关系是通过导数(或积分)表达的,所以称为动态元件,又称为储能元件。当电路中含电容和电感时,根据 KVL 和 KCL 以及元件的 VCR 建立的电路方程是以电流和电压为变量的微分方程或微分-积分方程,这不同于前几章讨论的电阻电路。

对于含有一个电容和一个电阻,或一个电感和一个电阻的电路,当电路的无源元件都是线性和时不变时,电路方程将是一阶线性常微分方程,相应的电路称为一阶电阻电容电路(简称 RC 电路)或一阶电阻电感电路(简称 RL 电路)。如果电路仅含一个动态元件,则可以把该动态元件以外的电阻电路用戴维南定理或诺顿定理置换为电压源和电阻的串联组合,或电流源和电阻的并联组合,从而把它变换为 RC 电路或 RL 电路。这种电路称为一阶动态电路。

动态电路的一个特征是当电路的结构或元件的参数发生变化时(如电路中电源或无源元件的断开或接入,信号的突然注入等),可能使电路改变原来的工作状态,转变到另一个工作状态,这种转变往往需要经历一个过程,在工程上称为过渡过程。

上述电路结构或参数变化引起的电路变化统称为"换路",并认为换路是在 $t=0$ 时刻进行的。为了叙述方便,把换路前的最终时刻记为 $t=0_-$,把换路后的最初时刻记为 $t=0_+$,换路经历的时间为 0_- 到 0_+。

分析动态电路的过渡过程的方法:根据 KCL、KVL 和支路的 VCR 建立描述电路的方程,建立的方程是以时间为自变量的线性常微分方程,然后求解常微分方程,从而得到电路所求变量(电压或电流)。此方法称为经典法,它是一种在时间域中进行的分析方法。

用经典法求解常微分方程时,必须根据电路的初始条件确定解答中的积分常数。设描述电路动态过程的微分方程为 n 阶,所谓初始条件就是指电路中所求变量(电压或电流),以及其 $(n-1)$ 阶导数在 $t=0_+$ 时的值,也称初始值。电容电压 u_C 和电感电流 i_L 的初始值,即 $u_C(0_+)$ 和 $i_L(0_+)$ 称为独立的初始条件,其余的称为非独立的初始条件。

现以图 8-1 所示电路为例说明时域分析法的求解过程。图

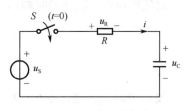

图 8-1   一阶动态电路

中开关 S 在 $t = 0$ 时刻闭合，换路前电路处于稳态，即电容电压为常数。

按图示电压电流参考方向，根据 KVL 列出回路的电压方程为

$$u_R + u_C = u_S$$

由元件的 VCR，有

$$u_R = Ri$$

$$i = C\frac{du_C}{dt}$$

代入电压方程，得

$$RC\frac{du_C}{dt} + u_C = u_S \tag{8-1}$$

对线性时不变电路，上式是一个以电容电压 u_C 为未知量的一阶线性非齐次常微分方程。我们把用一阶微分方程描述的电路称为一阶电路。方程（8-1）的通解 u_C 等于该方程的任一特解 u_{Cp} 和与该方程相对应的齐次微分方程的通解 u_{Ch} 之和，即

$$u_C = u_{Cp} + u_{Ch}$$

式中，特解 u_{Cp} 的函数形式取决于电源 u_S，通解 u_{Ch} 的函数形式取决于电路参数。式（8-1）所对应的齐次微分方程的特征方程为

$$RC\,p + 1 = 0$$

由此求得方程的特征根 $p = -\dfrac{1}{RC}$，因此该齐次微分方程的通解为

$$u_{Ch} = Ae^{pt}$$

即电路换路后的电容电压为

$$u_C = u_{Cp} + Ae^{pt} \tag{8-2}$$

根据电路的激励及初始条件即可求得上式中的待定系数 A，从而确定一阶电路的过渡过程的性态。

从以上示例可见，时域分析的方法就是数学中的一阶微分方程的经典求解方法，关键是如何利用我们所学过的电路知识确定初始条件、特解、特征根等。

8.2　电路变量的初始值

用经典法求解常微分方程时，必须给定初始条件才能确定通解中的待定系数。假设电路在 $t = 0$ 时换路，若描述电路动态过程的微分方程为 n 阶，则其初始条件就是指所求电路变量（电压或电流）及其 $(n-1)$ 阶导数在 $t = 0_+$ 时刻的值，这就是电路变量的初始值。电路变量在 $t = 0_-$ 时刻的值一般都是给定的，或者可由换路前的稳态电路求得，而在换路的瞬间即从 $t = 0_-$ 到 $t = 0_+$，有些变量是连续变化的，有些变量则会发生跃变。

对线性电容，在任意时刻 t，它的电荷 q、电压 u_C 与电流 i_C 在关联参考方向下的关系为

$$q(t) = q(t_0) + \int_{t_0}^{t} i_C(\xi)d\xi$$

$$u_C(t) = u_C(t_0) + \frac{1}{C}\int_{t_0}^{t} i_C(\xi)d\xi$$

设 $t = 0$ 时刻换路，令 $t_0 = 0_-$，$t = 0_+$，则有

$$q(0_+) = q(0_-) + \int_{0_-}^{0_+} i_C(\xi)\mathrm{d}\xi \tag{8-3a}$$

$$u_C(0_+) = u_C(0_-) + \frac{1}{C}\int_{0_-}^{0_+} i_C(\xi)\mathrm{d}\xi \tag{8-3b}$$

从上面两式可以看出，如果换路瞬间电容电流 $i_C(t)$ 为有限值，则式中积分项将为零，于是有

$$q(0_+) = q(0_-) \tag{8-4a}$$
$$u_C(0_+) = u_C(0_-) \tag{8-4b}$$

这一结果说明，如果换路瞬间流经电容的电流为有限值，则电容上的电荷和电压在换路前后保持不变，即电容的电荷和电压在换路瞬间不发生跃变。

对线性电感可做类似的分析。在任意时刻 t，它的磁链 ψ_L、电压 u_L 与电流 i_L 在关联参考方向下的关系为

$$\psi_L(t) = \psi_L(t_0) + \int_{t_0}^{t} u_L(\xi)\mathrm{d}\xi$$

$$i_L(t) = i_L(t_0) + \frac{1}{L}\int_{t_0}^{t} u_L(\xi)\mathrm{d}\xi$$

令 $t_0 = 0_-$，$t = 0_+$，则有

$$\psi_L(0_+) = \psi_L(0_-) + \int_{0_-}^{0_+} u_L(\xi)\mathrm{d}\xi \tag{8-5a}$$

$$i_L(0_+) = i_L(0_-) + \frac{1}{L}\int_{0_-}^{0_+} u_L(\xi)\mathrm{d}\xi \tag{8-5b}$$

从上面两式可以看出，如果换路瞬间电感电压 $u_L(t)$ 为有限值，则式中积分项将为零，于是有

$$\psi_L(0_+) = \psi_L(0_-) \tag{8-6a}$$
$$i_L(0_+) = i_L(0_-) \tag{8-6b}$$

这一结果说明，如果换路瞬间电感电压为有限值，则电感中的磁链和电感电流在换路瞬间不发生跃变。

换路瞬间电容电压和电感电流不能跃变是因为储能元件上的能量一般不能跃变。电容中储存的电场能量 $W_C = \frac{1}{2}Cu_C^2$，电感中储存的磁场能量 $W_L = \frac{1}{2}Li_L^2$，如果 u_C 和 i_L 跃变，则意味着电容中的电场能量和电感中的磁场能量发生跃变，而能量的跃变又意味着功率为无限大 $\left(p = \dfrac{\mathrm{d}W}{\mathrm{d}t}\right)$，在一般情况下这是不可能的。只有在某些特定的条件下，如含有 C-E 回路（仅由电容和电压源组成的回路）或 L-J 割集的电路（仅由电感和电流源组成的割集），u_C 和 i_L 才可能跃变。

由于电容电压 u_C 和电感电流 i_L 换路后的初始值与它们换路前的储能状态密切相关，因此称 $u_C(0_+)$ 和 $i_L(0_+)$ 为独立初始值，一般情况下，若换路后不出现 C-E 回路或 L-J 割集则二者的值可由式（8-4）、式（8-6）求出。而其他电压和电流（如电阻的电压或电流、电容电流、电感电压等）的初始值称为非独立初始值。非独立初始值由独立初始值 $u_C(0_+)$ 和 $i_L(0_+)$ 结合电路中的电源并运用 KCL、KVL 等进一步确定。

【例 8-1】 在图 8-2（a）所示的电路中，已知 $R = 40\Omega$，$R_1 = R_2 = 10\Omega$，$U_S = 50\,\mathrm{V}$，$t = 0$ 时开关闭合。求 $u_C(0_+)$、$i_L(0_+)$、$i(0_+)$、$u_L(0_+)$ 和 $i_C(0_+)$。

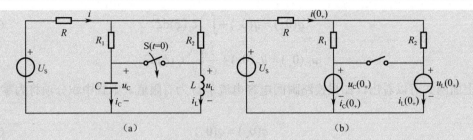

图 8-2　例 8-1 图

解：换路前电路为稳定的直流电路，电容相当于开路，电感相当于短路，故有

$$u_C(0_-) = \frac{R_2}{R + R_2} U_S = \frac{10}{40 + 10} \times 50 = 10\text{V}$$

$$i_L(0_-) = \frac{U_S}{R + R_2} = \frac{50}{40 + 10} = 1\text{A}$$

换路后 u_C 和 i_L 都不会跃变，所以：

$$u_C(0_+) = u_C(0_-) = 10\text{V}$$

$$i_L(0_+) = i_L(0_-) = 1\text{A}$$

根据替代定理，把电容用电压为 $u_C(0_+)$ 的电压源等效代替，把电感用电流为 $i_L(0_+)$ 的电流源等效代替，得到 $t = 0_+$ 时的等效电路如图 8-2（b）所示，进而可求得

$$i(0_+) = \frac{U_S - u_C(0_+)}{R + \dfrac{R_1 R_2}{R_1 + R_2}} = \frac{50 - 10}{40 + 5} = \frac{8}{9}\text{A}$$

$$u_L(0_+) = u_C(0_+) = 10\text{ V}$$

$$i_C(0_+) = i(0_+) - i_L(0_+) = -\frac{1}{9}\text{A}$$

【例 8-2】 如图 8-3（a）所示的电路中，已知 $R = 10\Omega$，$R_1 = 2\Omega$，$U_S = 10\text{V}$，$C = 0.5\text{F}$，$L = 3\text{H}$。$t = 0$ 时将开关打开，求 $u_C(0_+)$、$i_L(0_+)$、$i_C(0_+)$、$u_L(0_+)$、$\dfrac{\mathrm{d}u_C}{\mathrm{d}t}(0_+)$ 和 $\dfrac{\mathrm{d}i_L}{\mathrm{d}t}(0_+)$。

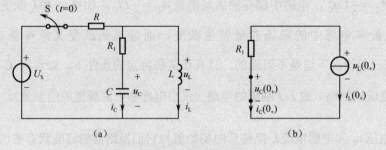

图 8-3　例 8-2 图

解：换路前电路为稳定的直流电路，电容相当于开路，电感相当于短路，故有

$$u_C(0_-) = 0\text{V}$$

$$i_L(0_-) = \frac{U_S}{R} = 1\text{A}$$

$$i_C(0_-) = 0$$

$$u_L(0_-) = 0$$

换路后 u_C 和 i_L 都不会跃变。画出 $t = 0_+$ 时的等效电路如图 8-3（b）所示。注意：零初始条件下的电容在换路瞬间相当于短路，零初始条件下的电感在换路瞬间相当于开路，这与直流稳态时恰好相反。

由此等效电路得

$$u_C(0_+) = u_C(0_-) = 0\text{V}$$

$$i_L(0_+) = i_L(0_-) = 1\text{A}$$

$$i_C(0_+) = -i_L(0_+) = 1\text{A}$$

由 $i_C = C\dfrac{du_C}{dt}$，得 $\dfrac{du_C}{dt}(0_+) = \dfrac{i_C(0_+)}{C} = 2\text{V/s}$

$$u_L(0_+) = -R_1 i_L(0_+) = -2\text{V}$$

而 $u_L = L\dfrac{di_L}{dt}$，故 $\dfrac{di_L}{dt}(0_+) = \dfrac{u_L(0_+)}{L} = -\dfrac{2}{3}\text{A/s}$

从以上例题可以看出，非独立初始条件在换路瞬间一般都可能发生跃变，因此，不能把式（8-4）、式（8-6）的关系式随意应用于 u_C 和 i_L 以外的电压和电流初始值的计算中。

8.3　一阶电路的零输入响应

激励在换路后的电路中任一元件、任一支路、任一回路等引起的电路变量的变化均称为电路的响应，而产生响应的源即激励只有两种，一种是外加电源，另一种则是储能元件的初始储能。对于线性电路，动态响应是二者激励的叠加。这一节我们研究电路在外施激励为零的条件下一阶电路的动态响应，此响应是由储能元件的初始储能激励的，称为零输入响应。此过渡过程即为能量的释放过程。

8.3.1　*RC* 电路的零输入响应

在图 8-4 所示电路中，设开关闭合前电容已充电到 $u_C = U_0$，现以开关动作时刻作为计时起点，令 $t = 0$，开关闭合后，即 $t \geq 0_+$ 时，根据 KVL 可得

$$-u_R + u_C = 0$$

将 $u_R = Ri$ 及 $i = -C\dfrac{du_C}{dt}$ 代入上式，有

$$RC\dfrac{du_C}{dt} + u_C = 0$$

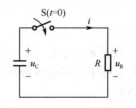

图 8-4　*RC* 电路的零输入响应

此式为一阶齐次微分方程，相应的特征方程为

$$RCp + 1 = 0$$

特征根为

$$p = -\frac{1}{RC}$$

故微分方程的通解为

$$u_C = Ae^{pt} = Ae^{-\frac{t}{RC}}$$

换路瞬间电容电流为有限值，所以 $u_C(0_+) = u_C(0_-) = U_0$，代入上式，可得积分常数为

$$A = u_C(0_+) = U_0$$

因此得到 $t \geqslant 0$ 时电容电压的表达式为

$$u_C = u_C(0_+)\mathrm{e}^{-\frac{t}{RC}} = U_0\mathrm{e}^{-\frac{t}{RC}} \tag{8-7}$$

电阻上的电压、电流分别为

$$u_R = u_C = U_0\mathrm{e}^{-\frac{t}{RC}}$$

$$i = -C\frac{\mathrm{d}u_C}{\mathrm{d}t} = \frac{U_0}{R}\mathrm{e}^{-\frac{t}{RC}}$$

u_C、u_R 和 i 随时间的变化曲线如图 8-5 所示。

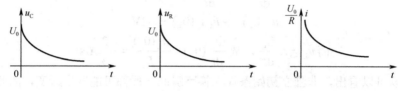

图 8-5　u_C、u_R 和 i 随时间变化的曲线

从上述分析可见，RC 电路的零输入响应 u_C、u_R、i 都是按照同样的指数规律衰减的。若 $\tau = RC$，u_C 可进一步表示为

$$u_C = u_C(0_+)\mathrm{e}^{-\frac{t}{\tau}} \tag{8-8}$$

当 R 的单位为 Ω，C 的单位为 F 时，τ 的单位为 s，称 τ 为电路的时间常数。表 8-1 列出了电容电压在 $t=0$，$t=\tau$，$t=2\tau$…时刻的值。

表 8-1　电容电压在不同的时刻的值

t	0	τ	2τ	3τ	4τ	5τ	…	∞
$u_C(t)$	U_0	$0.368U_0$	$0.135U_0$	$0.05U_0$	$0.018U_0$	$0.0067U_0$	…	0

在理论上要经过无限长时间 u_C 才能衰减到零值，但换路后经过 $3\tau \sim 5\tau$ 时间，响应已衰减到初始值的 5%～0.67%，一般在工程上即认为过渡过程结束。

从表 8-1 可见，时间常数 τ 就是响应从初始值衰减到初值的 36.8% 所需的时间。事实上，在过渡过程中从任意时刻开始算起，经过一个时间常数 τ 后响应都会衰减 63.2%。例如在 $t = t_0$ 时，响应为

$$u_C(t_0) = U_0\mathrm{e}^{-\frac{t_0}{\tau}}$$

经过一个时间常数 τ，即在 $t = t_0 + \tau$ 时，响应变化为

$$u_C(t_0 + \tau) = U_0\mathrm{e}^{-\frac{t_0+\tau}{\tau}} = \mathrm{e}^{-1}U_0\mathrm{e}^{-\frac{t_0}{\tau}} = 0.368u_C(t_0)$$

即经过一个时间常数 τ 后，响应衰减了 63.2%，即衰减到原值的 36.8%。可以证明，响应曲线上任一点的次切距都等于时间常数 τ，如图 8-6（a）所示。工程上可用示波器观测 u_C 等曲线，并利用作图法测出时间常数 τ。

时间常数 τ 的大小决定了一阶电路过渡过程的进展速度，而 $p = -\dfrac{1}{RC} = -\tau$ 正是电路特征方程的特征根，它仅取决于电路的结构和电路参数，而与电路的初始值无关。因此说电路响应的性状是电路所固有的，所以又称零输入响应为电路的固有响应。

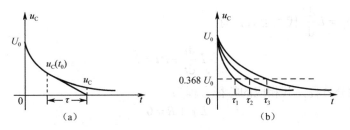

图 8-6　时间常数的物理意义

τ 越小，响应衰减得越快，过渡过程的时间越短。由 $\tau = RC$ 可知，R、C 值越小，τ 越小。这在物理概念上是很容易理解的。当 U_0 一定时，C 越小，电容储存的初始能量就越少，同样条件下放电的时间也就越短；R 越小，放电电流越大，同样条件下能量消耗得越快。所以改变电路参数 R 或 C 即可控制过渡过程的快慢。图 8-6（b）给出了不同 τ 值下的电容电压随时间的变化曲线。

在放电过程中，电容不断放出能量，电阻则不断地消耗能量，最后储存在电容中的电场能量全部被电阻吸收转换成热能，即

$$W_R = \int_0^\infty i^2(t)R\mathrm{d}t = \int_0^\infty \left(\frac{U_0}{R}\mathrm{e}^{\frac{t}{RC}}\right)^2 R\mathrm{d}t = \frac{U_0^2}{R}\int_0^\infty \mathrm{e}^{\frac{2t}{RC}}\mathrm{d}t = \frac{1}{2}CU_0^2 = W_C$$

【例 8-3】　一组 $80\,\mu\mathrm{F}$ 的电容器从 $3.5\mathrm{kV}$ 的高压电网上切除，等效电路如图 8-7 所示。切除后，电容器经自身漏电电阻 R_C 放电，现测得 $R_C = 40\mathrm{M}\Omega$，试求电容器电压下降到 $1\mathrm{kV}$ 所需的时间。

解：设 $t = 0$ 时电容器从电网上切除，故有

$$u_C(0_+) = u_C(0_-) = 3500\mathrm{V}$$

$t \geqslant 0$ 时电容电压的表达式为

$$u_C = u_C(0_+)\mathrm{e}^{\frac{t}{R_C C}} = 3500\mathrm{e}^{\frac{t}{R_C C}}$$

设 $t = t_1$ 时电容电压下降到 $1000\mathrm{V}$，则有

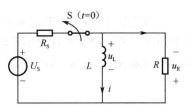

图 8-7　例 8-3 图

$$1000 = 3500\mathrm{e}^{\frac{t_1}{40\times10^6 \times 80\times10^{-6}}} = 3500\mathrm{e}^{\frac{t_1}{3200}}$$

解得

$$t_1 = -3200\ln\frac{1}{3.5} \approx 4008s \approx 1.12\mathrm{h}$$

由上面的计算结果可知，电容器与电网断开 $1.12\mathrm{h}$ 后还保持高达 $1000\mathrm{V}$ 的电压。因此，在检修具有大电容的电力设备之前，必须采取措施使设备充分放电，以保证工作人员的人身安全。

8.3.2　RL 电路的零输入响应

图 8-8 所示电路中，电源为直流电压源，设开关动作前电路处于稳态，则电感中电流 $I_0 = \dfrac{U_S}{R_S} = i(0_-)$。在 $t = 0$ 时刻将开关打开，电感线圈将通过电阻 R 释放磁场能量。由 KVL 有

$$u_L + u_R = 0$$

图 8-8　RL 电路的零输入响应

将 $u_R = Ri$ 及 $u_L = L\dfrac{\mathrm{d}i}{\mathrm{d}t}$ 代入上式，有

$$L\frac{\mathrm{d}i}{\mathrm{d}t} + Ri = 0 \tag{8-9}$$

上式为一阶齐次微分方程，其相应的特征方程为

$$L\,p + R = 0$$

特征根为

$$p = -\frac{R}{L}$$

故微分方程式（8-9）的通解为

$$i = A\mathrm{e}^{pt} = A\mathrm{e}^{-\frac{R}{L}t}$$

因为换路瞬间电感电压为有限值，所以 $i(0_+) = i(0_-) = I_0$，以此代入上式可得

$$A = i(0_+) = I_0$$

因此得到 $t \geq 0$ 时电感电流为

$$i = i(0_+)\mathrm{e}^{-\frac{R}{L}t} = I_0\mathrm{e}^{-\frac{R}{L}t} \tag{8-10}$$

令 $\tau = \dfrac{L}{R}$，则电路的响应分别为

$$i = I_0\mathrm{e}^{-\frac{t}{\tau}}$$

$$u_R = Ri = RI_0\mathrm{e}^{-\frac{t}{\tau}}$$

$$u_L = L\frac{\mathrm{d}i}{\mathrm{d}t} = -RI_0\mathrm{e}^{-\frac{t}{\tau}}$$

式中，$\tau = \dfrac{L}{R}$，当 R 的单位为Ω，L 的单位为 H 时，τ 的单位为 s，称 τ 为 RL 电路的时间常数，它具有如同 RC 电路中 $\tau = RC$ 一样的物理意义。在整个过渡过程中，储存在电感中的磁场能量 $W_L = \dfrac{1}{2}LI_0^2$ 全部被电阻吸收转换成热能。图 8-9 分别为 i、u_L、u_R 随时间变化的曲线。

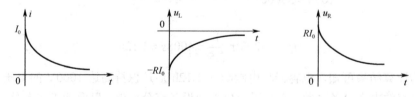

图 8-9 i、u_L、u_R 随时间变化的曲线

将 RC 电路和 RL 电路的零输入响应式（8-8）与式（8-10）进行对照，可以看到它们之间存在的对应关系。若令 $f(t)$ 表示零输入响应 u_C 或 i_L，$f(0_+)$ 表示变量的初始值 $u_C(0_+)$ 或 $i_L(0_+)$，τ 为时间常数 RC 或 L/R，则零输入响应的通解表达式为

$$f(t) = f(0_+)\mathrm{e}^{-\frac{t}{\tau}}, \quad t > 0 \tag{8-11}$$

可见，一阶电路的零输入响应是与初始值成线性关系的。此外，公式（8-11）不仅适用于本节所示电路 u_C、i_L 的零输入响应的计算，而且适用于任何一阶电路任意变量的零输入响应的计算。

【例 8-4】 图 8-10 所示电路中 $U_S = 30\text{V}$ ，$R = 4\Omega$ ，电压表内阻 $R_V = 5\text{k}\Omega$ ，$L = 0.4\text{H}$ 。求 $t > 0$ 时的电感电流 i_L 及电压表两端的电压 u_V 。

　　解：开关打开前电路为直流稳态，忽略电压表中的分流，有

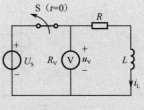

$$i_L(0_-) = \frac{U_S}{R} = 7.5\text{A}$$

换路后电感通过电阻 R 及电压表释放能量，有

$$i_L(0_+) = i_L(0_-) = 7.5\text{A}$$

$$\tau = \frac{L}{R + R_V} \approx 8 \times 10^{-5}\text{s}$$

图 8-10　例 8-4 图

由公式（8-2），可写出 $t > 0$ 时的电感电流 i_L 及电压表两端的电压 u_V 分别为

$$i_L = i_L(0_+)e^{-\frac{t}{\tau}} = 7.5e^{-1.25 \times 10^4 t}\text{A}$$

$$u_V = -R_V i_L = -3.75 \times 10^4 e^{-1.25 \times 10^4 t}\text{V}$$

由上式可得

$$|u_V(0_+)| = 3.75 \times 10^4\text{V}$$

可见，换路瞬间电压表和负载要承受很高的电压，有可能会损坏电压表。此外，在打开开关的瞬间，这样高的电压会在开关两端造成空气击穿，引起强烈的电弧。因此，在切断大电感负载时必须采取必要的措施，避免高电压的出现。

技能训练 25——零输入响应仿真验证

1．实训目的

（1）进一步掌握零输入响应的概念；

（2）熟悉仿真软件 Multism10 在串、并联电路中的应用。

2．实训器材

计算机、仿真软件 Multism10。

3．实训原理

电路在外施激励为零的条件下一阶电路的动态响应，此响应是由储能元件的初始储能激励的，称为零输入响应。

4．实训电路和分析

【例 8-5】 如图 8-11 所示电路，当开关 J_1 闭合时电容通过 R_1 充电，电路达稳定状态，电容储存能量。当开关 J_1 打开时，电容通过 R_2 放电，在电路中产生响应，即零输入响应，求此零输入响应。

（1）理论分析

在图 8-11 所示电路中，设开关闭合前电容已充电到 $u_C = u_{R_2} = \frac{1}{2}u_1 = \frac{1}{2} \times 12 = 6\text{V}$ ，现以开关动作时刻作为计时起点，令 $t = 0$ ，开关闭合后，即 $t \geqslant 0_+$ 时，根据 KVL 可得

$$-u_R + u_C = 0$$

将 $u_R = Ri$ 及 $i = -C\dfrac{du_C}{dt}$ 代入上式，有

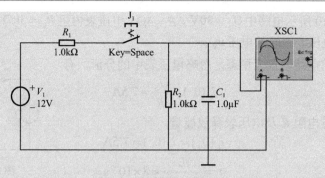

图 8-11　电容器充放电电路

$$RC\frac{\mathrm{d}u_C}{\mathrm{d}t}+u_C=0$$

此式为一阶齐次微分方程，相应的特征方程为

$$RC\,p+1=0$$

特征根为

$$p=-\frac{1}{RC}$$

故微分方程的通解为

$$u_C=Ae^{pt}=Ae^{-\frac{t}{RC}}$$

换路瞬间电容电流为有限值，所以 $u_C(0_+)=u_C(0_-)=6\mathrm{V}$，以此代入上式，可得积分常数为

$$A=u_C(0_+)=6\mathrm{V}$$

因此得到 $t\geqslant 0$ 时电容电压的表达式为

$$u_C=u_C(0_+)e^{-\frac{t}{RC}}=6e^{-1000t}\mathrm{V}$$

（2）仿真分析

在 Multisim10 中建立如图 8-11 的仿真电路图，用示波器观察电容两端的电压波形如图 8-12 所示。

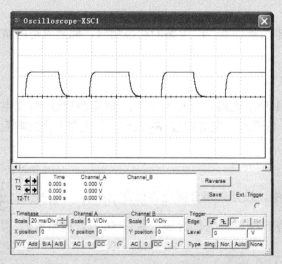

图 8-12　电容电压零输入响应波形图

5．实训总结

当电路中没有输入信号时，电路中的参数变化由电路的初始状态决定。

8.4　一阶电路的零状态响应

若换路前电路中的储能元件的初始状态为零，则称电路处于零初始状态，电路在零初始状态下的响应叫做零状态响应。此时储能元件的初始储能为零，响应单纯由外加电源激励，因此该过渡过程即为能量的建立过程。

8.4.1　RC 电路在直流电源激励下的零状态响应

如图 8-13 所示的电路中，开关动作前电路处于稳态，换路后 $u_C(0_+) = u_C(0_-) = 0$，为零初始状态。根据 KVL 及元件 VCR 可得

$$RC\frac{du_C}{dt} + u_C = U_S \qquad (8\text{-}12)$$

此式为一阶非齐次微分方程，其一般解由非齐次微分方程的特解 u_{Cp} 和相应的齐次微分方程的通解 u_{Ch} 构成。

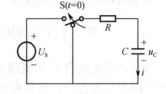
图 8-13　RC 电路的零状态响应

由上一节的分析已知 $u_{Ch} = Ae^{-\frac{t}{RC}}$，是一个随时间衰减的指数函数，其变化规律与激励无关，当 $t \to \infty$ 时 $u_{Ch} \to 0$，因此又称为响应的瞬态分量。

特解 u_{Cp} 是电源强制建立起来的，当 $t \to \infty$ 时过渡过程结束，电路达到新的稳态，因此 u_{Cp} 就是换路后电路新的稳定状态的解，所以又称为响应的稳态分量。稳态分量与输入函数密切相关，二者具有相同的变化规律。对于图 8-13 所示直流电源激励的电路则有

$$u_{Cp} = U_S$$

因此

$$u_C = u_{Cp} + u_{Ch} = U_S + Ae^{-\frac{t}{RC}}$$

代入初始值 $u_C(0_+) = u_C(0_-) = 0$，有

$$A = -U_S$$

故电路的零状态响应为

$$u_C = U_S - U_S e^{-\frac{1}{RC}} = U_S(1 - e^{-\frac{1}{RC}})$$

记 $\tau = RC$，则

$$u_C = U_S(1 - e^{-\frac{t}{\tau}}) \qquad (8\text{-}13)$$

电路电流为

$$i = C\frac{du_C}{dt} = \frac{U_S}{R}e^{-\frac{t}{\tau}} \qquad (8\text{-}14)$$

电容电压与电流的波形如图 8-14（a）、（b）所示。

电容电压 u_C 由零逐渐充电至 U_S，而充电电流在换路瞬间由零跃变到 $\frac{U_S}{R}$，$t > 0$ 后再逐渐衰减到零。在此过程中，电容不断充电，最终储存的电场能为

$$W_C = \frac{1}{2}CU_s^2$$

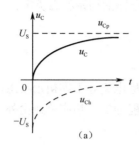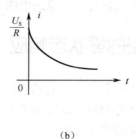

(a) (b)

图 8-14 电容电压与电流的波形

而电阻则不断地消耗能量，即

$$W_R = \int_0^\infty i^2(t)R\mathrm{d}t = \int_0^\infty \left(\frac{U_s}{R}\mathrm{e}^{-\frac{t}{RC}}\right)^2 R\mathrm{d}t = \frac{U_s^2}{R}\int_0^\infty \mathrm{e}^{-\frac{2t}{RC}}\mathrm{d}t = \frac{1}{2}CU_s^2 = W_C$$

可见，不论电容 C 和电阻 R 的数值为多少，充电过程中电源提供的能量只有一半转变为电场能量储存在电容中，故其充电效率只有 50%。

由上一节的讨论我们可以相应地推出 RL 电路在直流电源激励下的零状态响应，这里不再赘述。

分析式（8-13）可见，U_s 是电容充电结束后的电压值，即 $u_C(\infty)=U_s$，仿照式（8-11），可以写出一阶电路的零状态响应为

$$f(t) = f(\infty)[1-\mathrm{e}^{-\frac{t}{\tau}}], \quad t>0 \tag{8-15}$$

式中，$f(\infty)$ 为响应 $f(t)$ 的稳态值，显然，一阶电路的零状态响应与激励成线性关系。同样，式（8-15）适用于任意变量的一阶零状态响应的计算。

8.4.2 *RL* 电路在正弦电源激励下的零状态响应

如图 8-15 所示电路中，外施激励为正弦电压 $u_s = \sqrt{2}\,U\cos(\omega t + \varphi_u)$。其中，$\varphi_u$ 为接通电路时电源电压的初相角，它决定于电路的接通时刻，所以又称为接入相位角或合闸角。接通后电路的方程为

$$L\frac{\mathrm{d}i_L}{\mathrm{d}t} + Ri_L = \sqrt{2}\,U\cos(\omega t + \varphi_u) \tag{8-16}$$

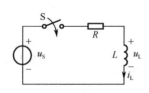

图 8-15 正弦激励下的 *RL* 电路

与前面类似的分析可知，该方程的解为特解与相应齐次微分方程的通解之和，即

$$i_L = i_{Lp} + i_{Lh}$$

其中，$i_{Lh} = A\mathrm{e}^{-\frac{R}{L}t}$ 为相应的齐次微分方程的通解，i_{Lp} 为非齐次微分方程的特解，是电路在换路后达到稳态时的稳态解。由正弦稳态电路的相量法可求得 $t \to \infty$ 时电感电流的相量为

$$\dot{I} = \frac{\dot{U}_s}{R+\mathrm{j}\omega L} = \frac{U\angle\varphi_u}{\sqrt{R^2+(\omega L)^2}\ \tan^{-1}\frac{\omega L}{R}} = \dot{I}\,/\angle(\varphi_u - \theta)$$

式中，$I = \dfrac{U}{\sqrt{R^2 + (\omega L)^2}}$，$\theta = \tan^{-1}\dfrac{\omega L}{R}$，因此得到稳态后电感电流的时域表达式，即 i_{Lp} 为

$$i = \sqrt{2}\,I\cos(\omega t + \varphi_u - \theta) = i_{Lp}$$

于是微分方程式（8-16）的解为

$$i_L = \sqrt{2}\,I\cos(\omega t + \varphi_u - \theta) + A\mathrm{e}^{-\frac{R}{L}t}$$

代入初始值 $i(0_+) = i(0_-) = 0$，求得待定系数为

$$A = -\sqrt{2}\,I\cos(\varphi_u - \theta)$$

从而得 $t > 0$ 时的电感电流为

$$i_L = \sqrt{2}\,I\cos(\omega t + \varphi_u - \theta) - \sqrt{2}\,I\cos(\varphi_u - \theta)\mathrm{e}^{-\frac{R}{L}t} \qquad (8\text{-}17)$$

由 $u_L = L\dfrac{\mathrm{d}i}{\mathrm{d}t}$ 可进一步求得电感上的电压（略）。

从电流表达式（8-17）可看出，外施激励为正弦电压时瞬态分量不仅与电路参数 R、L 有关，而且与电源电压的初相角有关。当开关闭合时，若有 $\varphi_u = \theta \pm \dfrac{\pi}{2}$，则

$$A = -\sqrt{2}\,I\cos(\varphi_u - \theta) = 0$$

$$i_L = \sqrt{2}\,I\cos\left(\omega t - \dfrac{\pi}{2}\right) = \sqrt{2}\,I\sin\omega t$$

即瞬态分量为零，此时电路中将不发生过渡过程而直接进入稳定状态。

若开关闭合时 $\varphi_u = \theta$，则

$$A = -\sqrt{2}\,I\cos(\varphi_u - \theta) = -\sqrt{2}\,I$$

所以

$$i_L = \sqrt{2}\,I\cos\omega t - \sqrt{2}\,I\,\mathrm{e}^{-\frac{R}{L}t}$$

此时如果电路的时间常数比电源电压的周期大得多，即 $\tau \gg T$，则电流的瞬态分量将衰减得很慢，如图 8-16 所示。这种情况下，在换路约半个周期时电流将达到最大值，其绝对值接近稳态电流幅值的两倍，这种现象称为过电流现象。在工程实际中，电路状态发生变化时，电路设备可能会因为过电流而损坏，这在设计电路时必须加以注意。

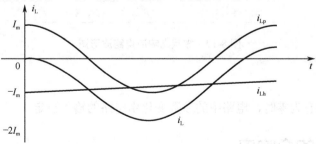

图 8-16　RL 串联电路在正弦电源激励下的零状态响应

技能训练 26——零状态响应的仿真求解

1. 实训目的

（1）进一步掌握零状态响应的概念；

（2）熟悉仿真软件 Multism10 在串、并联电路中的应用。

2．实训器材

计算机、仿真软件 Multism10。

3．实训原理

当动态电路初始储能为零（即初始状态为零）时，仅由外加激励产生的响应就是零状态响应。

4．实训电路和分析

【例 8-6】 对于如图 8-11 所示的电路，若电容的初始储能为零，当开关 S 闭合时电容通过 R_1 充电，响应由外加激励产生，即零状态响应，求此零状态响应。

（1）理论分析

根据电路分析，可得

$$u_C = U_S - U_S e^{-\frac{t}{RC}} = U_S(1 - e^{-\frac{t}{RC}})$$

（2）仿真分析

在 Multisim10 中建立如图 8-11 的仿真电路图，用示波器观察电容两端的电压波形如图 8-17 所示。

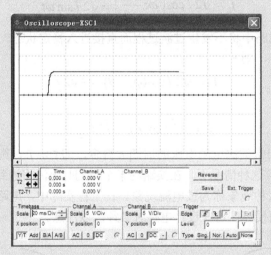

图 8-17　零状态响应电路波形图

5．实训总结

当电路的初始状态为零时，电路中的参数变化由电路的输入决定。

8.5　一阶电路的全响应

非零初始状态的一阶电路在电源激励下的响应叫做全响应。全响应时电路中储能元件的初始储能不为零，响应由外加电源和初始条件共同作用而产生。显然，零输入响应和零状态响应都是全响应的特例。

现以 RC 串联电路接通直流电源的电路响应为例来介绍全响应的分析方法。图 8-18 所示电路中，开关动作前电容已充电至 U_0，即 $u_C(0_-) = U_0$，开关闭合后，根据 KVL 及元件 VCR 可得

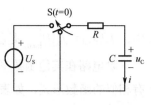

$$RC\frac{\mathrm{d}u_C}{\mathrm{d}t} + u_C = U_S \qquad (8\text{-}18)$$

图 8-18　一阶电路的全响应

　　此方程与上一节讨论的方程形式相同，唯一不同的只是电容的初始值，因而只是确定方程解的积分常数的初始条件改变而已。

　　由上一节的分析已知：

$$u_C = u_{Cp} + u_{Ch} = U_S + A\mathrm{e}^{-\frac{t}{\tau}}$$

其中，$\tau = RC$ 为电路的时间常数。

　　代入初始值 $u_C(0_+) = u_C(0_-) = U_0$，有

$$A = U_0 - U_S$$

故电容电压为

$$u_C = U_S + (U_0 - U_S)\mathrm{e}^{-\frac{t}{\tau}} \qquad (8\text{-}19)$$

　　分析上式可见，响应的第一项是由外加电源强制建立起来的，称为响应的强制分量；第二项是由电路本身的结构和参数决定的，称为响应的固有分量。所以全响应可表示为

全响应＝（强制分量）＋（固有分量）

　　一般情况下电路的时间常数都是正的，因此固有分量将随着时间的推移而最终消失，电路达到新的稳态，此时又称固有分量为瞬态分量（或自由分量），强制分量为稳态分量，所以全响应又可表示为

全响应＝（稳态分量）＋（瞬态分量）

　　如果把求得的电容电压改写成

$$u_C = U_0\mathrm{e}^{-\frac{t}{\tau}} + U_S(1 - \mathrm{e}^{-\frac{t}{\tau}})$$

可以发现，上式第一项正是由初始值单独激励下的零输入响应，而第二项则是外加电源单独激励时的零状态响应，这正是线性电路叠加性质的体现。所以全响应又可表示为

全响应＝（零输入响应）＋（零状态响应）

　　上面第一、二种分解方式说明了电路过渡过程的物理实质，第三种分解方式则说明了初始状态和激励与响应之间的因果关系，只是不同的分解方法而已，电路的实际响应仍是全响应，是由初始值、特解和时间常数三个要素决定的。

　　在直流电源激励下，设响应的初始值为 $f(0_+)$，特解为稳态解 $f(\infty)$，时间常数为 τ，则全响应 $f(t)$ 可写为

$$f(t) = f(\infty) + [f(0_+) - f(\infty)]\mathrm{e}^{-\frac{t}{\tau}} \qquad (8\text{-}20)$$

　　只要求出 $f(0_+)$、$f(\infty)$ 和 τ 这三个要素，就可根据式（8-20）直接写出直流电源激励下一阶电路的全响应以及零输入响应和零状态响应，这种方法称为三要素法。显然，式（8-2）和式（8-5）都是式（8-20）的特例。

　　既然全响应是由激励和初始值共同作用而产生的，因此其响应的性态与激励和初始值的关系就不再具有简单的线性关系，这一点与零输入响应和零状态响应不同。

　　在正弦电源激励下，$f(0_+)$ 与 τ 的含义同上，只有特解不同。正弦电源激励时特解 $f_p(t)$ 是时间的正弦函数，则全响应 $f(t)$ 可写为

$$f(t) = f_p(t) + [f(0_+) - f_p(0_+)]e^{-\frac{t}{\tau}} \tag{8-21}$$

其中，$f_p(0_+) = f_p(t)\big|_{t=0_+}$ 是稳态响应的初始值。

一阶电路在其他函数形式的电源 $g(t)$ 激励下的响应可由类似的方法求出。特解 $f_p(t)$ 与激励具有相似的函数形式，如表 8-2 所示。

表 8-2　一阶电路在其他函数形式的电源 $g(t)$ 激励下的响应

$g(t)$ 的形式	Kt	Kt^2	$Ke^{-bt}\left(b \neq \dfrac{1}{\tau}\right)$	$Ke^{-bt}\left(b = \dfrac{1}{\tau}\right)$
$f_p(t)$ 的形式	$A + Bt$	$A + Bt + Ct^2$	Ae^{-bt}	Ate^{-bt}

需要指出，对某一具体电路而言，所有响应的时间常数都是相同的。当电路变量的初始值、特解和时间常数都比较容易确定时，可直接应用三要素法求过渡过程的响应。而电容电压 u_C 和电感电流 i_L 的初始值较其他非独立初始值容易确定，因此也可应用戴维南定理或诺顿定理把储能元件以外的一端口网络进行等效变换，利用式（8-20）求解 u_C 和 i_L，再由等效变换的原电路求解其他电压和电流的响应。实际应用时，要视电路的具体情况选择不同的方法。

【例 8-7】 图 8-19（a）所示电路中，已知 $i_S = 10\text{A}$，$R = 2\Omega$，$C = 0.5\mu\text{F}$，$g_m = 0.125\,\text{A/V}$，$u_C(0_-) = 2\,\text{V}$，若 $t = 0$ 时开关闭合，求 u_C、i_C 和 i_1。

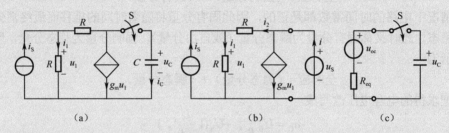

图 8-19　例 8-7 图

解： 先将电容以外的电路化简。把电容去掉，在端口加电压源 u_S，如图 8-19（b）所示，根据 KCL 得

$$\begin{cases} i_2 = i - g_m u_1 \\ i_1 = i_S + i_2 \end{cases}$$

于是

$$i_1 = i_S + i - g_m u_1$$

由 KVL 得

$$\begin{cases} u_S = R i_2 + u_1 \\ u_1 = R i_1 \end{cases}$$

解之，有

$$u_1 = \frac{R i_S + R i}{1 + R g_m}$$

所以

$$u_S = \frac{1 - R g_m}{1 + R g_m} R i_S + \frac{2R}{1 + R g_m} i = 12 + 3.2\,i$$

根据戴维南定理可知其等效电压源电压及等效电阻分别为

$$u_{oc} = 12V, \quad R_{eq} = 3.2\Omega$$

等效电路如图 8-19（c）所示，由此等效电路可求得电容电压的稳态值为 $u_C(\infty) = 12V$，电路的时间常数 $\tau = R_{eq}C = 3.2 \times 0.5 \times 10^{-6} = 1.6 \times 10^{-6}$ s，已知初始值 $u_C(0_+) = u_C(0_-) = 2V$，按照三要素法可得电容电压为

$$u_C = u_C(\infty) + [u_C(0_+) - u_C(\infty)]e^{\frac{t}{\tau}} = 12 - 10\,e^{-6.25 \times 10^5 t}\text{ V}$$

再由 $i_C = C\dfrac{du_C}{dt}$，求得电容电流为

$$i_C = C\frac{du_C}{dt} = 3.125\,e^{-6.25 \times 10^5 t}\text{ A}$$

由图 8-19（a）知 $i_1 = -i_C$，所以

$$u_1 = \frac{Ri_S - Ri_C}{1 + Rg_m}$$

$$i_1 = \frac{u_1}{R} = \frac{i_S - i_C}{1 + Rg_m} = \frac{10 - 3.125\,e^{-6.25 \times 10^5 t}}{1 + 2 \times 0.125} = 8 - 2.5\,e^{-6.25 \times 10^5 t}\text{ A}$$

【例 8-8】 图 8-20 所示电路原处于稳态，$t = 0$ 时开关闭合。已知 $u_{S2} = 8V$，$L = 1.2H$，$R_1 = R_2 = R_3 = 2\Omega$，求电压源 u_{S1} 分别为以下两种激励时的电感电流 i_L。

（1）$u_{S1} = 40V$；

（2）$u_{S1} = 10\sqrt{2}\cos(10t - 30°)$ V。

解： 换路前电路为直流稳态电路，所以

$$i_L(0_-) = \frac{u_{S2}}{R_2 + R_3} = 2A$$

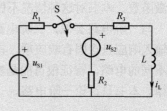

图 8-20 例 8-8 图

换路后电感电压为有限值，所以电感电流的初始值为

$$i_L(0_+) = i_L(0_-) = 2\text{ A}$$

换路后电感两端的等效电阻为

$$R_{eq} = R_3 + \frac{R_1 R_2}{R_1 + R_2} = 3\Omega$$

所以时间常数为

$$\tau = \frac{L}{R_{eq}} = 0.4s$$

（1）当 $u_{S1} = 40$ V 时，可得电感电流的稳态值为

$$i_L(\infty) = \frac{1}{R_3} \cdot \frac{\dfrac{u_{S1}}{R_1} + \dfrac{u_{S2}}{R_2}}{\dfrac{1}{R_1} + \dfrac{1}{R_2} + \dfrac{1}{R_3}} = 8A$$

由三要素法可得电感电流为

$$i_L = i_L(\infty) + [i_L(0_+) - i_L(\infty)]e^{-\frac{t}{\tau}} = 8 - 6\,e^{-2.5t}\text{ A}$$

（2）$u_{S1} = 10\sqrt{2}\cos(10t - 30°)$ V 时，电感电流的稳态值可由叠加原理求得

当直流电压源 u_{S2} 单独作用时，稳态解为

$$i_L^{(1)} = \frac{R_1}{R_1 + R_3} \cdot \frac{u_{S2}}{R_2 + \frac{R_1 R_3}{R_1 + R_3}} = 1.33\text{A}$$

当正弦电压源 u_{S1} 单独作用时，稳态解可用相量法求得，为

$$\dot{I}_L^{(2)} = \frac{\dot{U}_{S1}}{R_1 + \frac{R_2(R_3 + j\omega L)}{R_2 + R_3 + j\omega L}} \cdot \frac{R_2}{R_2 + R_3 + j\omega L} \approx 0.4\angle 106°$$

即

$$i_L^{(2)}(t) = 0.4\sqrt{2}\cos(10t - 106°)\,\text{A}$$

两电源共同作用产生的稳态解为

$$i_{Lp}(t) = i_L^{(1)} + i_L^{(2)} = 1.33 + 0.4\sqrt{2}\cos(10t - 106°)\,\text{A}$$

$t = 0_+$ 时的初始值为

$$i_{Lp}(0_+) = 1.33 + 0.4\sqrt{2}\cos(10t - 106°)\,\big|_{t=0} = 1.18\text{A}$$

由三要素法可得电感电流为

$$i_L(t) = i_{Lp}(t) + [i_L(0_+) - i_{Lp}(0_+)]\,\text{e}^{-\frac{t}{\tau}}$$
$$= 1.33 + 0.4\sqrt{2}\cos(10t - 106°) + 0.82\,\text{e}^{-2.5t}\,\text{A}$$

电路的激励除了直流激励和正弦激励之外，常见的还有另外两种奇异函数，即阶跃函数和冲激函数。本书对这种情况不做讨论。

与一阶电路类似，二阶电路的全响应也可以分解为零输入响应和零状态响应的叠加。其中零输入响应只含固有响应项，其函数形式取决于电路的结构与参数，即二阶微分方程的特征根。对不同的电路，特征根可能是实数、虚数或共轭复数，因此电路的动态过程将呈现不同的变化规律。本书只讨论一阶电路。

技能训练 27——串、并联电路的仿真测试

1．实训目的

（1）进一步掌握全响应的概念；
（2）熟悉仿真软件 Multism10 在串、并联电路中的应用。

2．实训器材

计算机、仿真软件 Multism10。

3．实训原理

非零初始状态的一阶电路在电源激励下的响应叫做全响应。全响应时电路中储能元件的初始储能不为零，响应由外加电源和初始条件共同作用而产生。显然，零输入响应和零状态响应都是全响应的特例。

4．实训电路和分析

【例 8-9】　如图 8-21 所示电路，该电路有两个电压源，当 V_1 接入电路时电容充电，当 V_2 接入电路时电容放电（或反方向充电），其响应是初始储能和外加激励同时作用的结果，即为全响应。求此全响应。

（1）理论分析

$$f(t) = f_\mathrm{p}(t) + [f(0_+) - f_\mathrm{p}(0_+)]\mathrm{e}^{-\frac{t}{\tau}}$$

$$u_\mathrm{C} = U_0\,\mathrm{e}^{-\frac{t}{\tau}} + U_\mathrm{S}(1 - \mathrm{e}^{-\frac{t}{\tau}})$$

（2）仿真分析

在 Multisim10 中建立如图 8-21 的仿真电路图，用示波器观察电容两端的电压波形如图 8-22 所示。

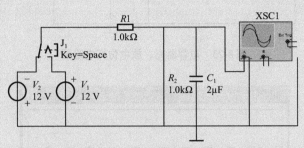

图 8-21　一阶全响应仿真电路

执行仿真开关，反复按下空格键使开关 J₁ 反复打开和闭合，通过 Multisim 10 仿真软件中的示波器就可观察到电路全响应波形，如图 8-22 所示。

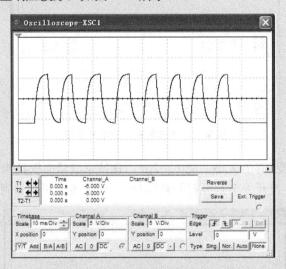

图 8-22　电容电压全响应仿真波形图

5. 实训总结

全响应时电路中储能元件的初始储能不为零，响应由外加电源和初始条件共同作用而产生。

在 Multisim 中，可利用虚拟示波器方便地观察微分和积分电路的输入、输出波形。

电容器充放电是一个暂态过程，按指数规律变化，暂态过程持续的时间由时间常数 $\tau = RC$ 来决定。式中，R 和 C 分别为电容器充放电回路中的电阻和电容。

在 Multisim 10 中建立如图 8-23 所示电路，通过开关 J₁ 在两个触点之间的反复切换实现电容的充、放电，用示波器观察电容两端的电压波形。

运行仿真开关，反复按下空格键，使开关 J₁ 反复打开和闭合，在示波器上可观察到图 8-24 所示的波形。

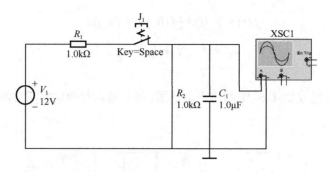

图 8-23　电容器充、放电仿真电路图

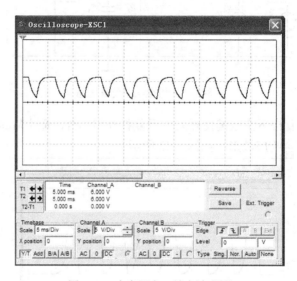

图 8-24　电容器充、放电波形图

　　暂停电路运行，改变 C_1 的大小，使 $C_1=2\mu F$。保持示波器面板其他选项不变，再运行仿真开关。反复按下空格键，使开关 J_1 反复打开和闭合，在示波器上可观察到如图 8-25 所示的波形。

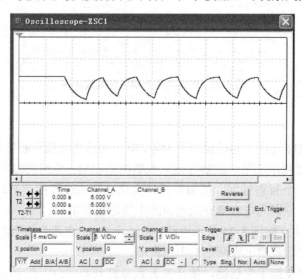

图 8-25　改变电容后电容器充、放电波形图

比较图 8-24 和图 8-25，可以看到：电容增大后，暂态过程所经历的时间变长了，波形上升沿和下降沿的时间变长了。

本章小结

1. 动态电路的过渡过程

过渡过程：电路在换路时将可能改变原来的工作状态，而这种转变需要一个过程，工程上称为过渡过程（暂态过程）。

如果电路在 $t=0$ 时换路，则将换路前趋近于换路时的瞬间记为 $t=0_-$，而将换路后的初始瞬间记为 $t=0_+$。一般来说，为方便计算与分析，往往将电路换路的瞬间定为计时起点 $t=0$，那么 $t=0_+$ 和 $t=0_-$ 表示换路前和换路后的瞬间。

总之，在动态电路中在 $t=0_-$ 到 $t=0_+$ 瞬间，不能跳变的变量如下：

$$q(0_+)=q(0_-) \qquad \psi_L(0_+)=\psi_L(0_-)$$
$$u_C(0_+)=u_C(0_-) \qquad i_L(0_+)=i_L(0_-)$$

2. 一阶电路的零输入响应

零输入响应就是无电源一阶线性电路，在初始储能作用下产生的响应。其形式为

$$f(t)=f(0_+)e^{-\frac{t}{\tau}}, \quad t>0$$

将 RC 电路和 RL 电路的零输入响应式进行对照。若令 $f(t)$ 表示零输入响应 u_C 或 i_L，$f(0_+)$ 表示变量的初始值 $u_C(0_+)$ 或 $i_L(0_+)$，τ 为时间常数 RC 或 L/R，则有零输入响应的通解表达式。可见，一阶电路的零输入响应是与初始值成线性关系的。

3. 一阶电路的零状态响应

零状态响应就是电路初始状态为零时由输入激励产生的响应，其形式为

$$f(t)=f(\infty)[1-e^{-\frac{t}{\tau}}], \quad t>0$$

式中，$f(\infty)$ 为响应 $f(t)$ 的稳态值，显然，一阶电路的零状态响应与激励成线性关系，τ 为时间常数 RC 或 L/R。

4. 一阶电路的三要素法

一阶电路是指含有一个储能元件的电路。一阶电路的瞬态过程是指电路变量有初始值，按指数规律趋向新的稳态值，趋向新稳态值的速度与时间常数有关。其瞬态过程的通式为

$$f(t)=f(\infty)+[f(0_+)-f(\infty)]e^{-\frac{t}{\tau}}$$

式中　$f(0_+)$——瞬态变量的初始值；

　　$f(\infty)$——瞬态变量的稳态值；

　　τ——电路的时间常数。

可见，只要求出 $f(0_+)$、$f(\infty)$ 和 τ 就可写出瞬态过程的表达式。

把 $f(0_+)$、$f(\infty)$ 和 τ 称为三要素，这种方法称三要素法。

如 RC 串联电路的电容充电过程，则

$$u_C(t)=u_C(\infty)+[u_C(0_+)-u_C(\infty)]e^{-\frac{t}{\tau}}$$

结果与理论推导的完全相同，关键是三要素的计算。

$f(0_+)$ 由换路定律求得，$f(\infty)$ 是电容相当于开路，电感相当于短路时求得的新稳态值。

$\tau = RC$ 或 $\tau = \dfrac{L}{R}$，R 为换路后从储能元件两端看进去的电阻。

习题 8

8-1　如题 8-1 图所示电路，$t < 0$ 时已处于稳态。当 $t = 0$ 时开关 K 打开，试求电路的初始值 $u_C(0_+)$ 和 $i_C(0_+)$。

8-2　如题 8-2 图所示电路，$t < 0$ 时已处于稳态。当 $t = 0$ 时开关 K 由 1 合向 2，试求电路的初始值 $i_L(0_+)$ 和 $u_L(0_+)$。

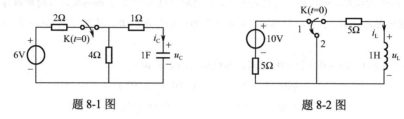

　　　　　题 8-1 图　　　　　　　　　　　　　　题 8-2 图

8-3　如题 8-3 图所示电路，$t < 0$ 时已处于稳态。当 $t = 0$ 时开关 K 闭合，试求电路的初始值 $u_L(0_+)$、$i_C(0_+)$ 和 $i(0_+)$。

8-4　如题 8-4 图所示电路，换路前电路已处于稳态，试求开关 K 由 1 合向 2 时的 $i(0_+)$。

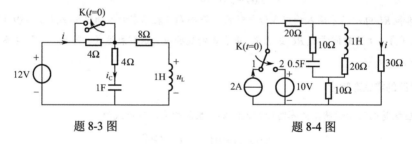

　　　　　题 8-3 图　　　　　　　　　　　　　　题 8-4 图

8-5　如题 8-5 图所示电路，$t < 0$ 时已处于稳态。当 $t = 0$ 时开关 K 由 1 合向 2，试求 $t \geqslant 0_+$ 时的 $i(t)$。

8-6　如题 8-6 图所示电路，$t < 0$ 时已处于稳态。当 $t = 0$ 时开关 K 由 1 合向 2，试求 $t \geqslant 0_+$ 时的 $i_L(t)$ 和 $u_L(t)$。

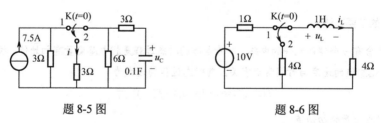

　　　　　题 8-5 图　　　　　　　　　　　　　　题 8-6 图

8-7　如题 8-7 图所示电路，$t < 0$ 时已处于稳态。当 $t = 0$ 时开关 K 闭合，试求 $t \geqslant 0_+$ 时的电流 $i(t)$。

8-8　如题 8-8 图所示电路，$t < 0$ 时已处于稳态。当 $t = 0$ 时开关 K 由 1 合向 2，试求 $t \geqslant 0_+$ 时的 $i_L(t)$ 和 $u_L(t)$。

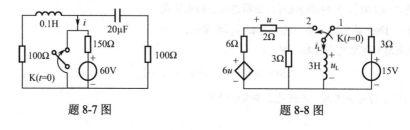

　　　　　题 8-7 图　　　　　　　　　　　　　　题 8-8 图

8-9　如题 8-9 图所示电路，电容的原始储能为零，当 $t=0$ 时开关 K 闭合，试求 $t \geq 0_+$ 时的 $u_C(t)$、$i_C(t)$ 和 $u(t)$。

8-10　如题 8-10 图所示电路，电感的原始储能为零，当 $t=0$ 时开关 K 闭合，试求 $t \geq 0_+$ 时的 $i_L(t)$。

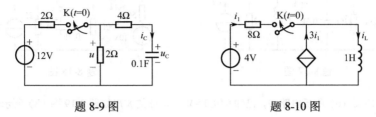

题 8-9 图　　　　　　　　　　　　题 8-10 图

8-11　如题 8-11 图所示电路，电容的原始储能为零，当 $t=0$ 时开关 K 闭合，试求 $t \geq 0_+$ 时的电压 $u_C(t)$ 和电流 $i_C(t)$。

8-12　如题 8-12 图所示电路，已知 $i_L(0_-)=0$，当 $t=0$ 时开关 K 闭合，试求 $t \geq 0_+$ 时的电流 $i_L(t)$ 和电压 $u_L(t)$。

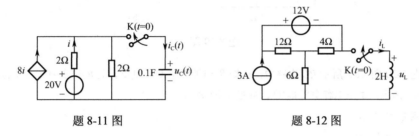

题 8-11 图　　　　　　　　　　　　题 8-12 图

8-13　如题 8-13 图所示电路，$t<0$ 时已处于稳态。当 $t=0$ 时开关 K 闭合，试求 $t \geq 0_+$ 时的电压 $u_C(t)$ 和电流 $i(t)$，并区分出零输入响应和零状态响应。

8-14　如题 8-14 图所示电路，$t<0$ 时开关 K 位于 1，电路已处于稳态。当 $t=0$ 时开关 K 由 1 合向 2，试求 $t \geq 0_+$ 时的电流 $i_L(t)$ 和电压 $u(t)$，并区分出零输入响应和零状态响应。

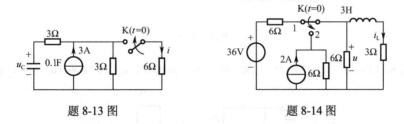

题 8-13 图　　　　　　　　　　　　题 8-14 图

8-15　如题 8-15 图所示电路，$t<0$ 时已处于稳态。当 $t=0$ 时开关 K 打开，试求 $t \geq 0_+$ 时的电流 $i_L(t)$ 和电压 $u_L(t)$。

8-16　如题 8-16 图所示电路，$t<0$ 时已处于稳态。当 $t=0$ 时开关 K 闭合，试求 $t \geq 0_+$ 时的电流 $i(t)$。

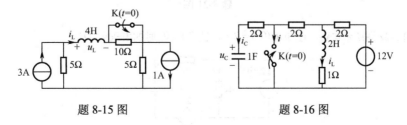

题 8-15 图　　　　　　　　　　　　题 8-16 图

8-17　如题 8-17 图所示电路，$t<0$ 时已处于稳态。当 $t=0$ 时开关 K 打开，试求开关后的电压 $u(t)$。

8-18　如题 8-18 图所示电路，$t<0$ 时开关 K 位于 1，电路已处于稳态。当 $t=0$ 时开关 K 由 1 合向 2，试

求 $t \geq 0_+$ 时的电压 $u_C(t)$。

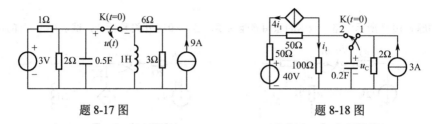

题 8-17 图　　　　　　　　　　　　题 8-18 图

8-19　如题 8-19 图（a）所示电路中，已知 $i_L(0_-) = 0$，$u_S(t)$ 的波形如题 8-19 图（b）所示，试求电流 $i_L(t)$。

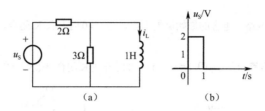

题 8-19 图

8-20　如题 8-20 图（a）所示 RC 电路中，已知 $R = 1000\Omega$，$C = 10\mu F$，且 $u_C(0_-) = 0$。外施激励 u_S 的波形如题 8-20 图（b）所示，试求电容电压 $u_C(t)$，并把 $u_C(t)$ 表示如下。

（1）用分段形式写出；

（2）用一个表达式写出。

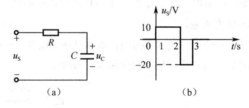

题 8-20 图

8-21　如题 8-21 图（a）所示电路中，已知 $i_L(0_-) = 0$，u_S 的波形如题 8-21 图（b）所示，试求电流 $i(t)$。

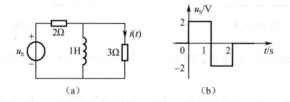

题 8-21 图

8-22　如题 8-22 图所示电路，已知 $u_C(0_-) = 2V$。试求 $t \geq 0_+$ 时的电压 $u_C(t)$。

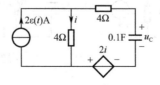

题 8-22 图

第9章 二端口网络

知识要点

1. 掌握二端口网络的概念及其方程；
2. 了解二端口网络参数间的相互关系，了解二端口网络的特勒定理、互易定理、替代定理；
3. 了解二端口网络的连接；
4. Multisim 10 在二端口网络中的应用。

在一个电路及其输入已经给定的情况下，如何去计算一条或多条支路的电压和电流。如果一个复杂的电路只有两个端子向外连接，且仅对外接电路中的情况感兴趣，则该电路可视为一个一端口，并用戴维南或诺顿等效电路替代，然后再计算需要的电压和电流。在工程实际中遇到的问题还常常涉及两对端子之间的关系，如变压器、滤波器、放大器、反馈网络等。对于这些电路，其分析方法有何特殊性呢？本章将介绍二端口网络，大家通过对这章的学习就会掌握二端口网络的分析方法。

9.1 二端口网络的基本概念

在网络的分析中，有时并不需要求解出每一个支路的电压和电流，而只需要得到网络某一特定支路对网络外加信号激励的响应电压和电流，并且我们往往只关心该网络特定支路对网络所受激励的响应，而不管网络其他部分的工作状态如何。求解这样的网络在电工、电子、电信的工程实际中常会遇到。例如，对变压器只需要分析输入输出端之间的电压和电流，而无须对变压器内部参数进行计算。同样，对于晶体管电路而言，我们只需要分析输入输出信号之间的关系；对于通信线路我们也只关心发送端与接收端之间的特性关系，而不去讨论网络内部的工作性状。此外，随着科学技术的发展，许多由复杂电路组成的器件在制作后都是封闭起来的，只留一定数目的端钮与外电路连接，对于这类电路我们就只能从它们的端钮处进行测量与分析，根据测量和计算分析得到的电压与电流来描述网络的特性，所以本章我们着重研究网络外部端钮电路变量的特性。

任何一个复杂网络，如果它只通过两个端钮（又称端子）与外部电路相连接，它就是一个二端网络。根据基尔霍夫电流定律，从一个端钮流入的电流必然等于从另一个端钮流出的电流，我们把这样一对端钮叫做一个端口，因此二端网络又叫做一端口网络。电阻、电感、电容等电路元件是最简单的一端口网络。

设一个网络有四个端钮与外部电路相连，如图 9-1 所示。我们把这四个端钮分成两对，如果在任何瞬时从任一对端钮的一个端子流入的电流总是等于从这一对端钮的另一个端子流出的电流时，把这样的网络叫做二端口网络，上述条件称为二端口网络的端口条件。如果四个端钮可以对外任意连接，流入流出端钮的电流都不满足上述限制时，则称该网络为四端网络，显然二端口网络是四端网络的特例。类似的还有 $2n$ 端网络和 n 端口网络。

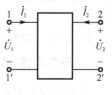

图 9-1 二端口网络

本章只讨论二端口网络，且规定其内部不含独立电源，所有元件（电阻、电感、电容、受控源、变压器等）都是线性的，储能元件为零初始状态。

二端口网络的电路符号如图 9-1 所示，按照惯例，我们规定端口 1-1′ 与 2-2′ 上的电压与电流一律取关于网络关联的参考方向，且端钮 1、2 为正极性端。

9.2 二端口网络的常用定理

9.2.1 特勒根定理

特勒根定理如同基尔霍夫定理一样，它适合于任何集总参数电路，且与电路元件的性质无关。特勒根定理有两个。

特勒根定理 1：对一个具有 n 个节点 b 条支路的电路，若支路电流和支路电压分别用（i_1，i_2，$\cdots$，i_b）和（u_1，u_2，$\cdots$，u_b）表示，且各支路电压和支路电流为关联参考方向，则对任何时间 t，有

$$\sum_{k=1}^{b} u_k i_k = 0 \tag{9-1}$$

这个定理是电路功率守恒定理，它表示任一集总电路，电路中各独立电源提供的功率总和，等于其余各元件吸收的功率总和。也就是说，全部元件吸收的电功率是守恒的。

特勒根定理 2：设有两个由不同性质的二端元件组成的电路 N 和 N̂，均有 b 条支路 n 个节点，且具有相同的有向图。假设各支路电压和支路电流取关联参考方向，并分别为（i_1，i_2，$\cdots$，i_b），（u_1，u_2，$\cdots$，u_b），（$\hat{i}_1$，$\hat{i}_2$，$\cdots$，$\hat{i}_b$），（$\hat{u}_1$，$\hat{u}_2$，$\cdots$，$\hat{u}_b$），则在任何时刻 t，有

$$\sum_{k=1}^{b} u_k \hat{i}_k = 0 \tag{9-2}$$

或

$$\sum_{k=1}^{b} \hat{u}_k i_k = 0 \tag{9-3}$$

式（9-2）和式（9-3）中的每一项，可以是一个电路的支路电压与另一电路在同一时刻相应支路电流的乘积，也可以是同一电路同一支路在不同时刻的电压、电流乘积，因而该乘积仅仅是一个数学量，没有物理意义，像功率而不是功率，故称之为似功率定理。要注意该定理要求 u（或 $\hat{u}$）和支路电流 i（或 $\hat{i}$）应分别满足 KVL 和 KCL，定理只与电路的电压和电流有关，而与元件的性质无关。

9.2.2 互易定理

在线性无源电路中，若只有一个独立电源作用，则在一定的激励与响应的定义（电压源激励时，响应是电流；电流源激励时，响应是电压）下，二者的位置互易后，响应与激励的比值不变。

根据激励和响应是电压还是电流，互易定理有三种形式：

1. 互易定理的第一种形式

图 9-2（a）所示电路 N 在方框内部仅含线性电阻，1-1′ 与 2-2′ 不含任何独立电源和受控源。接在端子 1-1′ 的支路 1 为电压源 u_S，接在端子 2-2′ 的支路 2 为短路，其中的电流为 i_2，它是电路中唯一的激励（即 u_S）产生的响应。如果把激励和响应位置互换，如图 9-2（b）中的 N̂，此时接于 2-2′ 的支路 2 为电压源 $\hat{u}_S$，而响应则是接于 1-1′ 支路 1 中的短路电流 $\hat{i}_1$。假设把图 9-2（a）和（b）中的电压源置零，则除 N 和 N̂ 的内部完全相同外，接于 1-1′ 和 2-2′ 的两个支

路均为短路。就是说，在激励和响应互换位置的前后，如果把电压源置零，则电路保持不变。

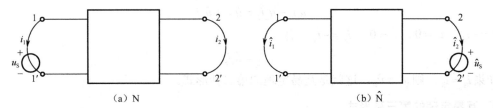

（a）N　　　　　　　　　（b）$\hat{N}$

图 9-2　互易定理的第一种形式

对于图 9-2（a）、（b）应用特勒根定理，有

$$u_1\hat{i}_1 + u_2\hat{i}_2 + \sum_{k=3}^{b} u_k\hat{i}_k = 0$$

$$\hat{u}_1 i_1 + \hat{u}_2 i_2 + \sum_{k=3}^{b} \hat{u}_k i_k = 0$$

式中，取和符号遍及方框内所有支路，并规定所有支路中电流和电压都取关联参考方向。

由于方框内部仅为线性电阻，故 $u_k = R_k i_k$，$\hat{u}_k = R_k\hat{i}_k$（$k=3$、…、b），将它们分别代入上式后有

$$u_1\hat{i}_1 + u_2\hat{i}_2 + \sum_{k=3}^{b} R_k i_k\hat{i}_k = 0$$

$$\hat{u}_1 i_1 + \hat{u}_2 i_2 + \sum_{k=3}^{b} R_k\hat{i}_k i_k = 0$$

故有

$$u_1\hat{i}_1 + u_2\hat{i}_2 = \hat{u}_1 i_1 + \hat{u}_2 i_2 \qquad (9-4)$$

对图 9-2（a），$u_1 = u_S$，$u_2 = 0$；对图 9-2（b），$\hat{u}_1 = 0$，$\hat{u}_2 = \hat{u}_S$，代入上式得

$$u_S\hat{i}_1 = \hat{u}_S i_2$$

即

$$\frac{i_2}{u_S} = \frac{\hat{i}_1}{\hat{u}_S}$$

如果 $u_S\hat{i}_1 = \hat{u}_S i_2$，则 $i_2 = \hat{i}_1$。这就是互易定理的第一种形式，即对一个仅含线性电阻的电路，在单一电压源激励而响应为电流时，当激励和响应互换位置时，将不改变同一激励产生的响应。

2. 互易定理的第二种形式

在图 9-3（a）中，接在 1−1′ 的支路 1 为电流源 i_S，接在 2−2′ 的支路 2 为开路，它的电压为 u_2。如把激励和响应互换位置，如图 9-3（b）所示，此时接于 2−2′ 的支路 2 为电流源 $\hat{i}_S$，接于 1−1′ 的支路 1 为开路，其电压为 $\hat{u}_1$。假设把电流源置零，则图 9-3（a）、（b）的两个电路完全相同。

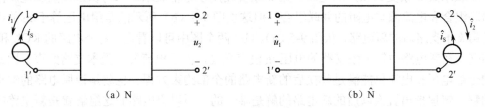

（a）N　　　　　　　　　（b）$\hat{N}$

图 9-3　互易定理的第二种形式

对图 9-3（a）、（b）应用特勒根定理，不难得出与式（9-4）相同的下列关系式：

$$u_1\hat{i}_1 + u_2\hat{i}_2 = \hat{u}_1 i_1 + \hat{u}_2 i_2$$

代入 $i_1 = -i_S$，$i_2 = 0$，$\hat{i}_1 = 0$，$\hat{i}_2 = -\hat{i}_S$，有

$$u_2\hat{i}_S = \hat{u}_1 i_S$$

如果 $i_S = \hat{i}_S$，则 $u_2 = \hat{u}_1$。这就是互易定理的第二种形式。

3. 互易定理的第三种形式

在 9-4（a）中，接在 $1-1'$ 的支路 1 为电流源 i_S，接在 $2-2'$ 的支路 2 为短路，其电流为 i_2。如果把激励改为电压源 $\hat{u}_S$，且接于 $2-2'$，接于 $1-1'$ 的为开路，其电压为 $\hat{u}_1$，见图 9-4（b）。假设把电流源和电压源置零，不难看出激励和响应互换位置后，电路保持不变。

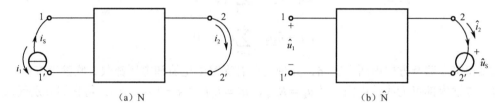

图 9-4　互易定理的第三种形式

对图 9-4（a）和（b）应用特勒根定理，有

$$u_1\hat{i}_1 + u_2\hat{i}_2 = \hat{u}_1 i_1 + \hat{u}_2 i_2$$

代入 $i_1 = -i_S$，$u_2 = 0$，$\hat{i}_1 = 0$，$\hat{u}_2 = \hat{u}_S$，得

$$-\hat{u}_1 i_S + \hat{u}_S i_2 = 0$$

即

$$\frac{i_2}{i_S} = \frac{\hat{u}_1}{\hat{u}_S}$$

如果在数值上 $i_S = \hat{u}_S$，则有 $i_2 = \hat{u}_1$，其中 i_2 和 i_S 以及 $\hat{u}_1$ 和 $\hat{u}_S$ 都分别取同样的单位。这就是互易定理的第三种形式。

9.2.3　替代定理

替代定理又称置换定理，是应用范围颇广的定理，它不仅适用于线性电路，也适用于非线性电路。

替换定理可叙述为：在任何一个电路中，若某一条支路，例如第 k 条支路的电流为 i_k、电压为 u_k 均为已知,那么这条支路就可以用一个电压等于 u_k 的电压源或电流等于 i_k 的电流源替代,如果替代后的电路有唯一解,则替代后电路中全部电压和电流均保持原值。如图 9-5（a）所示电路，N 表示第 k 条支路以外的电路。第 k 条支路用小方框表示，它可以是电阻、电压源与电阻的串联组合和电流源与电阻的并联组合。但这里图 9-5（b）所示的是用电压等于 u_k 的电压源替代了第 k 条支路后的新电路，从图 9-5（a）、（b）两个图中可以看出，两个电路的 KCL 和 KVL 方程相同。在新电路中第 k 条支路的电压 u_k 没有变动，而且电流又不受本支路约束。因此，原电路的全部电压和电流仍能满足替换后的新电路的全部约束方程。也就是说原电路的解也是新电路的解。定理指出置换以后的新电路的解是唯一的，所以原电路的这组解就是新电路的唯一解。

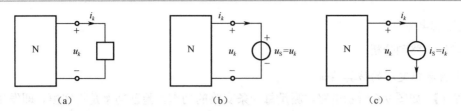

$$\text{图 9-5}\quad\text{替代定理}$$

如果第 k 条支路用 $i_S = i_k$ 的独立电流源替代，也可做类似证明。

技能训练 28——特勒根定理、互易定理和替代定理的仿真验证

1. 实训目的

（1）加深对特勒根定理的理解；

（2）加深对互易定理的理解；

（3）加深对替代定理的理解；

（4）进一步熟悉仿真软件 Multism10 的使用。

2. 实训器材

计算机、仿真软件 Multism10。

3. 实训原理

用二端口概念分析电路时，仅对二端口处的电流、电压之间的关系感兴趣，这种相互关系可通过一些参数表示，而这些参数值取决于构成二端口本身的元件及它们的连接方式。一旦确定表征这个二端口的参数后，当一个端口的电流、电压发生变化，再求另一个端口的电流电压就比较容易了。下面通过 Multisim 10 的虚拟仪器来仿真测量二端口的网络参数。

（1）特勒根定理

① 特勒根定理 1：任一集总电路，电路中各独立电源提供的功率总和，等于其余各元件吸收的功率总和。

虚拟仪器中的瓦特表可用来测量电路的有效功率，来验证电路的功率是否满足发出功率等于吸收功率。

② 特勒根定理 2：设有两个由不同性质的二端元件组成的电路 N 和 $\hat{N}$，均有 b 条支路 n 个节点，且具有相同的有向图。假设各支路电压和支路电流取关联参考方向，并分别为 $(i_1, i_2, \cdots, i_b)$，$(u_1, u_2, \cdots, u_b)$，$(\hat{i}_1, \hat{i}_2, \cdots, \hat{i}_b)$，$(\hat{u}_1, \hat{u}_2, \cdots, \hat{u}_b)$，则在任何时刻 t，有

$$\sum_{k=1}^{b} u_k \hat{i}_k = 0$$

（2）互易定理

在线性无源电路中，若只有一个独立电源作用，则在一定的激励与响应的定义（电压源激励时，响应是电流；电流源激励时，响应是电压）下，二者的位置互易后，响应与激励的比值不变。

互易定理对于简化求解过程和进一步深入分析电路都有较大的作用。在 Multisim 中，可设计电路来验证此定理。

（3）替代定理

在具有唯一解的任意线性或非线性网络中，若已知某支路电压 U 或电流 I，则可在任意时刻用一个电压为 U 的独立电压源或一个电流为 I 的独立电流源代替该支路，而不影响网络其他

支路的电压或电流。

4．实训电路和分析

（一）特勒根定理的仿真验证

【例 9-1】　如图 9-6 所示电路，测量每一条支路的功率，验证功率是否守恒，即发出功率是否等于吸收功率。

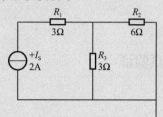

图 9-6　特勒根定理的仿真测量图

（1）理论分析

根据电路图 9-6，进行理论计算可得

R_1 的功率：$P_1 = I_{R_1}^2 R_1 = I_S^2 R_1 = 2^2 \times 3 = 12 \text{ W}$

$$I_{R_2} = \frac{R_3}{R_2 + R_3} I_S = \frac{3}{6+3} \times 2 = \frac{2}{3} \text{A}$$

$$I_{R_3} = \frac{R_2}{R_2 + R_3} I_S = \frac{6}{6+3} \times 2 = \frac{4}{3} \text{A}$$

R_2 的功率：$P_2 = I_{R_2}^2 R_2 = I_S^2 R_2 = \left(\frac{2}{3}\right)^2 \times 6 = \frac{8}{3} \text{W}$

R_3 的功率：$P_3 = I_{R_3}^2 R_3 = I_S^2 R_3 = \left(\frac{4}{3}\right)^2 \times 3 = \frac{16}{3} \text{W}$

电源的功率：$P = I_S^2 R_总 = I_S^2 \left(R_1 + \frac{R_2 R_3}{R_2 + R_3}\right) = 2^2 \times \left(3 + \frac{6 \times 3}{6+3}\right) = 20 \text{ W}$

$$P_1 + P_2 + P_3 = 12 + \frac{8}{3} + \frac{16}{3} = 20 \text{ W}$$

根据以上计算，说明发出功率等于吸收功率。

（2）仿真分析

在每一条支路中接入瓦特表，连接瓦特表后电路如图 9-7 所示。在 Multisim 10 环境下执行仿真，由图 9-7 瓦特表的读数，电源 I_S 的发出功率等于各支路功率之和，$P = P_1 + P_2 + P_3$。

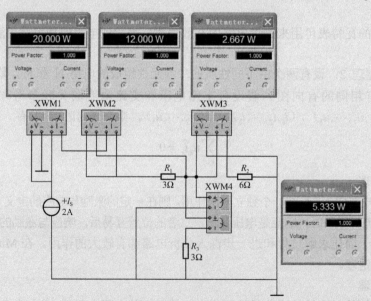

图 9-7　特勒定理的功率测量仿真图

（二）互易定理的仿真验证

【例 9-2】 如图 9-8 所示，电路为一个简单的电阻网络，含有电压源 V_1 和电流表。验证互易定理，即交换电压源和电流表的位置，电流表读数不变。

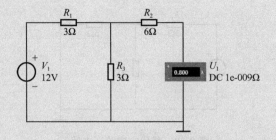

图 9-8 互易前的仿真电路

（1）理论分析

互易前，根据电路图 9-8，设进行理论计算得

$$R_{总} = R_1 + \frac{R_2 R_3}{R_2 + R_3} = 3 + \frac{6 \times 3}{6 + 3} = 5\Omega$$

$$I_{总} = \frac{U_1}{R_{总}} = \frac{12}{5} = 2.4\text{A}$$

$$I_{R_2} = \frac{R_3}{R_2 + R_3} I_S = \frac{3}{6 + 3} \times 2.4 = 0.8\text{A}$$

互易后，根据电路图 9-8，进行理论计算得

$$R_{总} = R_2 + \frac{R_1 R_3}{R_1 + R_3} = 6 + \frac{3 \times 3}{3 + 3} = 7.5\Omega$$

$$I_{总} = \frac{U_1}{R_{总}} = \frac{12}{7.5} = 1.6\text{A}$$

$$I_{R_1} = \frac{R_3}{R_1 + R_3} I_{总} = \frac{3}{3 + 3} \times 1.6 = 0.8\text{A}$$

根据以上分析，可知互换之后，电阻 R_2 和电阻 R_1 上的电流相等，即互易定理成立。

（2）仿真分析

交换图 9-8 中电压源和电流表的位置，如图 9-9 所示，保持其他元件位置不变，则按照互易定理电流表读数不变。

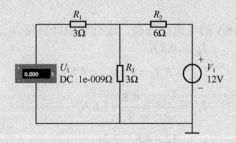

图 9-9 互易后的仿真电路图

执行仿真，发现电流表的读数不变。由此可见，电压源与电流表位置互换前后，电流表读数不变。这正好验证了互易定理。

（三）替代定理的仿真验证

【例 9-3】　如图 9-10 所示电路，先求出电阻 R_2 上的电压和电流，再用电压源或电流源替代 R_2 支路，验证替代定理。

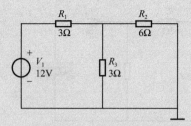

图 9-10　替代定理验证电路

（1）理论分析

根据电路图 9-8，进行理论计算得

$$R_总 = R_1 + \frac{R_2 R_3}{R_2 + R_3} = 3 + \frac{6 \times 3}{6 + 3} = 5\Omega$$

$$I_总 = \frac{U_1}{R_总} = \frac{12}{5} = 2.4\text{A}$$

$$I_{R_1} = I_总$$

$$I_{R_2} = \frac{R_3}{R_2 + R_3} I_s = \frac{3}{6+3} \times 2.4 = 0.8\text{A}$$

$$I_{R_3} = \frac{R_2}{R_2 + R_3} I_总 = \frac{6}{6+3} \times 2.4 = 1.6\text{A}$$

$$U_{R_2} = R_2 I_2 = 6 \times 0.8 = 4.8\text{V}$$

将电路中电阻 R_2 用电压源 4.8V 替换，进行理论计算得

$$I_{R_3} = \frac{4.8}{R_3} = \frac{4.8}{3} = 1.6\text{A}$$

$$I_{R_1} = \frac{12 - 4.8}{R_1} = \frac{7.2}{3} = 2.4\text{A}$$

$$I_{R_2} = I_{R_1} - I_{R_3} = 2.4 - 1.6 = 0.8\text{A}$$

根据以上分析，可知当电阻 R_2 用电压源 4.8V 替换后，其他支路的电压、电流保持不变。

将 R_2 右侧二端网络用 0.8A 的电流源替换，进行理论计算得

$$I_{R_2} = 0.8\text{A}$$

$$U_{R_2} = R_2 I_2 = 6 \times 0.8 = 4.8\text{V}$$

$$I_{R_3} = \frac{U_{R_2}}{R_3} = \frac{4.8}{3} = 1.6\text{A}$$

$$I_{R_1} = \frac{12 - 4.8}{R_1} = \frac{7.2}{3} = 2.4\text{A}$$

根据以上分析，可知当电阻 R_2 用电流源 0.8A 替换后，其他支路的电压、电流保持不变。

（2）仿真分析

在 Multisim10 中绘制如图 9-11 所示仿真电路。

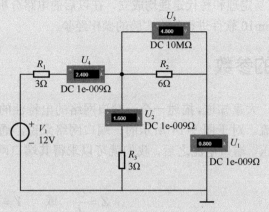

图 9-11 替代定理仿真验证电路

执行仿真，R_2 上电流为 0.800A，电压为 4.80V，将二端网络中的 R_2 用 4.8V 的电压源替换，如图 9-12 所示。执行仿真后可见电路其他支路的电压、电流保持不变。

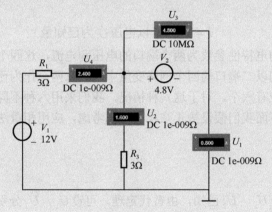

图 9-12 电压源替换 R_2 仿真电路

R_2 右侧二端网络用 0.8A 的电流源替换，如图 9-13 所示。可见电路其他各处电压、电流保持不变。

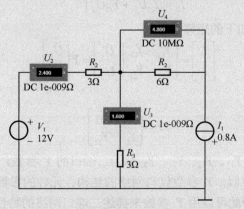

图 9-13 电流源替换 R_2 仿真电路

5．实训总结

（1）特勒根定理、互易定理和替代定理均成立，在以后的电路分析中可以利用这些定理。

（2）总结使用 Multisim10 软件进行仿真实验的操作经验。

9.3　二端口网络的参数

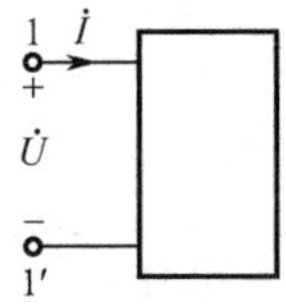

图 9-14　一端口网络

大家知道，描述一个一端口网络的电特性的参数是端口电压和端口电流。对于图 9-14 所示的一端口网络来说，通过计算或实测已知端口电压、端口电流之后，我们就可以求得其端口网络的阻抗或导纳，表示为

$$Z = \frac{\dot{U}}{\dot{I}} \quad 或 \quad Y = \frac{\dot{I}}{\dot{U}} \tag{9-5}$$

反之，若已知一端口网络的阻抗或导纳，则不论该一端口网络与什么样的电路相连，其端口电压和端口电流都必定满足约束方程：

$$\dot{U} = Z\dot{I} \quad （以电流 \dot{I} 为已知量） \tag{9-6a}$$

或

$$\dot{I} = Y\dot{U} \quad （以电压 \dot{U} 为已知量） \tag{9-6b}$$

而表征二端口网络的电特性参数为两个端口的电压和电流，这四个物理量也应满足一定的约束方程。类似的，我们以二端口的四个网络变量中的任意两个作为已知量，则另外两个网络变量所满足的约束方程应有六个。对于这六种情况，我们采用六种不同的二端口网络参数来建立电路方程加以描述。下面我们假设按正弦稳态情况考虑，应用相量法对其中的四种主要参数加以分析。

9.3.1　*Y* 参数

假设两个端口的电压 $\dot{U}_1$、$\dot{U}_2$ 已知，由替代定理，可设 $\dot{U}_1$、$\dot{U}_2$ 分别为端口所加的电压源。由于我们所讨论的二端口网络是线性无源的，根据叠加原理，$\dot{I}_1$、$\dot{I}_2$ 应分别等于两个独立电压源单独作用时产生的电流之和，即

$$\left. \begin{array}{l} \dot{I}_1 = Y_{11}\dot{U}_1 + Y_{12}\dot{U}_2 \\ \dot{I}_2 = Y_{21}\dot{U}_1 + Y_{22}\dot{U}_2 \end{array} \right\} \tag{9-7}$$

式（9-7）还可以写成如下的矩阵形式：

$$\begin{bmatrix} \dot{I}_1 \\ \dot{I}_2 \end{bmatrix} = \begin{bmatrix} Y_{11} & Y_{12} \\ Y_{21} & Y_{22} \end{bmatrix} \begin{bmatrix} \dot{U}_1 \\ \dot{U}_2 \end{bmatrix} = Y \begin{bmatrix} \dot{U}_1 \\ \dot{U}_2 \end{bmatrix} \tag{9-8}$$

其中

$$Y = \begin{bmatrix} Y_{11} & Y_{12} \\ Y_{21} & Y_{22} \end{bmatrix}$$

称为二端口的 *Y* 参数矩阵，Y_{11}、Y_{12}、Y_{21}、Y_{22} 称为二端口的 *Y* 参数，显然 *Y* 参数具有导纳的量纲。与一端口网络的导纳相似，*Y* 参数仅与网络的结构、元件的参数、激励的频率有关，而与端口电压（激励）无关，因此可以用 *Y* 参数来描述二端口网络的特性。

图 9-15 所示为一个二端口网络，该网络的 *Y* 参数可由计算或实测求得，规定如下：

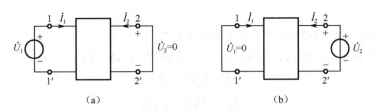

图 9-15　Y 参数的计算或测定

$$Y_{11} = \frac{\dot{I}_1}{\dot{U}_1}\bigg|_{\dot{U}_2=0} \qquad 端口 2-2' 短路时端口 1-1' 处的驱动点导纳$$

$$Y_{21} = \frac{\dot{I}_2}{\dot{U}_1}\bigg|_{\dot{U}_2=0} \qquad 端口 2-2' 短路时端口 2-2' 与端口 1-1' 之间的转移导纳$$

$$Y_{12} = \frac{\dot{I}_1}{\dot{U}_2}\bigg|_{\dot{U}_1=0} \qquad 端口 1-1' 短路时端口 1-1' 与端口 2-2' 之间的转移导纳$$

$$Y_{22} = \frac{\dot{I}_2}{\dot{U}_2}\bigg|_{\dot{U}_1=0} \qquad 端口 1-1' 短路时端口 2-2' 处的驱动点导纳$$

　　可见，Y 参数是在其中一个端口短路的情况下计算或实测得到的，所以 Y 参数又称为短路导纳参数。以上各式同时说明了 Y 参数的物理意义。当求得 Y 参数后，就可利用式（9-7）写出二端口网络参数之间的约束方程。必须强调指出，无论是计算还是实测，都必须在图 9-1 所示的端口标准参考方向下进行，否则，需做相应的修正。

　　如果二端口网络具有互易性，则由互易定理可知 $Y_{12}=Y_{21}$，我们称该二端口网络为互易二端口网络。一般既无独立源也无受控源的线性二端口网络都是互易网络。

　　如果二端口网络的两个端口 $1-1'$ 与 $2-2'$ 互换位置后，其相应端口的电压和电流均不改变，也就是说，从任一端口看进去，它的电气特性都是一样的，这种二端口称为电气对称的二端口，简称为对称二端口，此时有 $Y_{12}=Y_{21}$。若二端口网络的电路连接方式和元件性质及参数的大小均具有对称性，则称为结构对称二端口。结构上对称的二端口一定是（电气）对称二端口，反过来则不一定成立。

　　互易二端口网络和对称二端口网络都只有三个 Y 参数是独立的。

　　【例 9-4】 求图 9-16（a）所示二端口网络的 Y 参数。

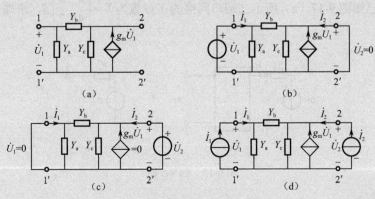

图 9-16　例 9-4 图

解：

方法一：用两个端口分别短路的方法计算 Y 参数。

把端口 $2-2'$ 短路，在端口 $1-1'$ 加电压 $\dot{U}_1$，如图 9-16（b）所示，有

$$\dot{I}_1 = \dot{U}_1(Y_a + Y_b)$$

$$\dot{I}_2 = -\dot{U}_1 Y_b - g_m \dot{U}_1$$

于是可得

$$Y_{11} = \left.\frac{\dot{I}_1}{\dot{U}_1}\right|_{\dot{U}_2=0} = Y_a + Y_b, \qquad Y_{21} = \left.\frac{\dot{I}_2}{\dot{U}_1}\right|_{\dot{U}_2=0} = -Y_b - g_m$$

同理，把端口 $1-1'$ 短路，在端口 $2-2'$ 加电压 $\dot{U}_2$，如图 9-16（c）所示，有

$$\dot{I}_1 = -Y_b \dot{U}_2$$

$$\dot{I}_2 = (Y_b + Y_c)\dot{U}_2 \quad (\text{此时受控源电流等于零})$$

所以有

$$Y_{12} = \left.\frac{\dot{I}_1}{\dot{U}_2}\right|_{\dot{U}_1=0} = -Y_b, \qquad Y_{22} = \left.\frac{\dot{I}_2}{\dot{U}_2}\right|_{\dot{U}_1=0} = Y_b + Y_c$$

由于含有受控源，所以 $Y_{12} \neq Y_{21}$。

方法二：用节点电压法列方程计算 Y 参数。

如图 9-16（d）所示，在端口 $1-1'$ 和端口 $2-2'$ 分别加电流源 $\dot{I}_1$、$\dot{I}_2$，以 $1'$ 点为参考节点，1、2 节点的节点电压即为端口电压，节点电压方程为

$$\begin{cases} (Y_a + Y_b)\dot{U}_1 - Y_b \dot{U}_2 = \dot{I}_1 \\ -Y_b \dot{U}_1 + (Y_b + Y_c)\dot{U}_2 = \dot{I}_2 + g_m \dot{U}_1 \end{cases}$$

整理得

$$\begin{cases} (Y_a + Y_b)\dot{U}_1 - Y_b \dot{U}_2 = \dot{I}_1 \\ -(Y_b + g_m)\dot{U}_1 + (Y_b + Y_c)\dot{U}_2 = \dot{I}_2 \end{cases}$$

于是有

$$Y_{11} = Y_a + Y_b \qquad\qquad Y_{12} = -Y_b$$

$$Y_{21} = -Y_b - g_m \qquad\qquad Y_{22} = Y_b + Y_c$$

【例 9-5】 已知图 9-17（a）所示二端口网络的 Y 参数为 $Y = \begin{bmatrix} 2 & 3 \\ 4 & 7 \end{bmatrix} S$，求端口 $2-2'$ 两端的戴维南等效电路。

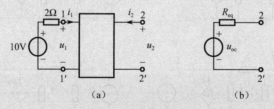

图 9-17 例 9-5 图

解： 二端口网络的端口变量所满足的 Y 参数约束方程为

$$i_1 = 2u_1 + 3u_2 \qquad\qquad (1)$$

$$i_2 = 4u_1 + 7u_2 \qquad\qquad (2)$$

端口 1-1′ 与电压源和电阻的串联支路相连，其支路的约束方程为

$$u_1 = 10 - 2i_1 \qquad (3)$$

当端口 2-2′ 开路时，则

$$i_2 = 0 \qquad (4)$$

联立求解（1）、（2）、（3）、（4）四个方程即可求得端口 2-2′ 的开路电压为

$$u_{oc} = u_2 = -\frac{40}{11} \text{V}$$

当端口 2-2′ 短路时，则

$$u_2 = 0 \qquad (5)$$

联立求解（1）、（2）、（3）、（5）四个方程则可求得端口 2-2′ 的短路电流（方向由 2 指向 2′）为

$$i_{sc} = -i_2 = -8 \text{A}$$

由开路电压和短路电流即可求得等效电阻为

$$R_{eq} = \frac{u_{oc}}{i_{sc}} = \frac{5}{11} \Omega$$

根据以上计算结果画出戴维南等效电路如图 9-17（b）所示。

9.3.2　Z 参数

设两个端口的电流 $\dot{I}_1$、$\dot{I}_2$ 已知，由替代定理，设 $\dot{I}_1$、$\dot{I}_2$ 分别为端口所加的电流源。根据叠加原理，$\dot{U}_1$、$\dot{U}_2$ 应分别等于两个独立电流源单独作用时产生的电压之和，即

$$\left.\begin{array}{l} \dot{U}_1 = Z_{11}\dot{I}_1 + Z_{12}\dot{I}_2 \\ \dot{U}_2 = Z_{21}\dot{I}_1 + Z_{22}\dot{I}_2 \end{array}\right\} \qquad (9\text{-}9)$$

写成矩阵形式：

$$\begin{bmatrix} \dot{U}_1 \\ \dot{U}_2 \end{bmatrix} = \begin{bmatrix} Z_{11} & Z_{12} \\ Z_{21} & Z_{22} \end{bmatrix} \begin{bmatrix} \dot{I}_1 \\ \dot{I}_2 \end{bmatrix} = Z \begin{bmatrix} \dot{I}_1 \\ \dot{I}_2 \end{bmatrix} \qquad (9\text{-}10)$$

其中

$$Z = \begin{bmatrix} Z_{11} & Z_{12} \\ Z_{21} & Z_{22} \end{bmatrix}$$

称做二端口的 Z 参数矩阵，Z_{11}、Z_{12}、Z_{21}、Z_{22} 称为二端口的 Z 参数，Z 参数具有阻抗的量纲。与 Y 参数一样，Z 参数也用来描述二端口网络的特性。

Z 参数可由图 9-18 所示的方法计算或实测求得，有

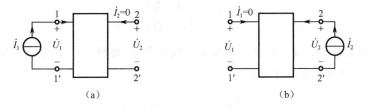

图 9-18　Z 参数的计算或测定

$$Z_{11} = \frac{\dot{U}_1}{\dot{I}_1}\bigg|_{\dot{I}_2=0} \qquad \text{端口 2-2′ 开路时端口 1-1′ 处的驱动点阻抗}$$

$$Z_{21} = \left.\frac{\dot{U}_2}{\dot{I}_1}\right|_{\dot{I}_2=0} \qquad 端口\,2-2'\,开路时端口\,2-2'\,与端口\,1-1'\,之间的转移阻抗$$

$$Z_{12} = \left.\frac{\dot{U}_1}{\dot{I}_2}\right|_{\dot{I}_1=0} \qquad 端口\,1-1'\,开路时端口\,1-1'\,与端口\,2-2'\,之间的转移阻抗$$

$$Z_{22} = \left.\frac{\dot{U}_2}{\dot{I}_2}\right|_{\dot{I}_1=0} \qquad 端口\,1-1'\,开路时端口\,2-2'\,处的驱动点阻抗$$

Z 参数是在一个端口开路的情况下计算或实测得到的，所以又称为开路阻抗参数。对互易二端口网络有 $Z_{12}=Z_{21}$；对于对称二端口，则有 $Z_{11}=Z_{22}$。互易二端口网络和对称二端口网络也都只有三个 Z 参数是独立的。

大家知道，一端口网络的阻抗 Z 与导纳 Y 互为倒数。对比式（9-8）与式（9-10）可以看出，Z 参数矩阵与 Y 参数矩阵互为逆矩阵，即

$$Z = Y^{-1} \quad 或 \quad Y = Z^{-1}$$

即

$$\begin{bmatrix} Z_{11} & Z_{12} \\ Z_{21} & Z_{22} \end{bmatrix} = \frac{1}{\Delta Y}\begin{bmatrix} Y_{22} & -Y_{12} \\ -Y_{21} & Y_{11} \end{bmatrix} \qquad (\Delta Y \neq 0)$$

式中，$\Delta Y = Y_{11}Y_{22} - Y_{12}Y_{21}$。当已知 Y 参数时即可由上式求出 Z 参数。

9.3.3　T参数

在许多工程实际问题中，设计者往往希望找到一个端口的电压、电流与另一个端口的电压、电流之间的直接关系，如放大器、滤波器、变压器的输出与输入之间的关系，传输线的始端与终端之间的关系等。这种情况下仍然使用 Y 参数和 Z 参数就不太方便了，而采用传输参数则更为便利。

设已知端口 $2-2'$ 的电压 $\dot{U}_2$ 和电流 $\dot{I}_2$，由叠加原理同样可写出端口 $1-1'$ 的电压 $\dot{U}_1$ 和电流 $\dot{I}_1$ 分别为（注意 $\dot{I}_2$ 前面的负号）

$$\left.\begin{array}{l} \dot{U}_1 = A\dot{U}_2 + B(-\dot{I}_2) \\ \dot{I}_1 = C\dot{U}_2 + D(-\dot{I}_2) \end{array}\right\} \tag{9-11}$$

写成矩阵形式为

$$\begin{bmatrix} \dot{U}_1 \\ \dot{I}_1 \end{bmatrix} = \begin{bmatrix} A & B \\ C & D \end{bmatrix}\begin{bmatrix} \dot{U}_2 \\ -\dot{I}_2 \end{bmatrix} = T\begin{bmatrix} \dot{U}_2 \\ -\dot{I}_2 \end{bmatrix} \tag{9-12}$$

其中

$$T = \begin{bmatrix} A & B \\ C & D \end{bmatrix}$$

称做二端口的 T 参数矩阵，A、B、C、D 称为二端口的 T 参数，T 参数（又称传输参数）可由图 9-19 所示的方法计算或实测求得。

$$A = \left.\frac{\dot{U}_1}{\dot{U}_2}\right|_{\dot{I}_2=0} \qquad 端口\,2-2'\,开路时端口\,1-1'\,与端口\,2-2'\,的转移电压比$$

$$B = \left.\frac{\dot{U}_1}{-\dot{I}_2}\right|_{\dot{U}_2=0} \qquad 端口\,2-2'\,短路时的转移阻抗$$

$$C = \frac{\dot{I}_1}{\dot{U}_2}\bigg|_{\dot{I}_2=0} \qquad 端口 2-2' 开路时的转移导纳$$

$$D = \frac{\dot{I}_1}{-\dot{I}_2}\bigg|_{\dot{U}_2=0} \qquad 端口 2-2' 短路时端口 1-1' 与端口 2-2' 的转移电流比$$

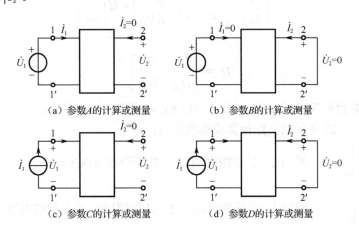

（a）参数A的计算或测量　　　　（b）参数B的计算或测量

（c）参数C的计算或测量　　　　（d）参数D的计算或测量

图 9-19　T 参数的计算或测量

我们把 Y 参数方程式（9-7）重新整理并与 T 参数方程式（9-11）相对照，有

$$\left.\begin{array}{l}\dot{I}_1 = Y_{11}\dot{U}_1 + Y_{12}\dot{U}_2 \\ \dot{I}_2 = Y_{21}\dot{U}_1 + Y_{22}\dot{U}_2\end{array}\right\} \quad \Rightarrow \quad \left.\begin{array}{l}\dot{I}_1 = Y_{11}\dot{U}_1 + Y_{12}\dot{U}_2 \\ \dot{U}_1 = -\dfrac{Y_{22}}{Y_{21}}\dot{U}_2 + \dfrac{1}{Y_{21}}\dot{I}_2\end{array}\right\} \quad （当 Y_{21} \neq 0 时）$$

$$\Rightarrow \quad \left.\begin{array}{l}\dot{I}_1 = Y_{11}\left(-\dfrac{Y_{22}}{Y_{21}}\dot{U}_2 + \dfrac{1}{Y_{21}}\dot{I}_2\right) + Y_{12}\dot{U}_2 \\ \\ \dot{U}_1 = -\dfrac{Y_{22}}{Y_{21}}\dot{U}_2 + \dfrac{1}{Y_{21}}\dot{I}_2\end{array}\right\}$$

$$\Rightarrow \quad \left.\begin{array}{l}\dot{U}_1 = -\dfrac{Y_{22}}{Y_{21}}\dot{U}_2 + \dfrac{1}{Y_{21}}\dot{I}_2 \\ \\ \dot{I}_1 = \left(Y_{12} - \dfrac{Y_{11}Y_{22}}{Y_{21}}\right)\dot{U}_2 + \dfrac{Y_{11}}{Y_{21}}\dot{I}_2\end{array}\right\} \quad \Rightarrow \quad \left.\begin{array}{l}\dot{U}_1 = A\dot{U}_2 + B(-\dot{I}_2) \\ \\ \dot{I}_1 = C\dot{U}_2 + D(-\dot{I}_2)\end{array}\right\}$$

此时

$$A = -\frac{Y_{22}}{Y_{21}} \qquad B = -\frac{1}{Y_{21}} \qquad C = Y_{12} - \frac{Y_{11}Y_{22}}{Y_{21}} \qquad D = -\frac{Y_{11}}{Y_{21}}$$

因此可由 Y 参数按照上式求出相应的 T 参数。

对于互易二端口网络（$Y_{12}=Y_{21}$），A、B、C、D 四个参数中也只有三个是独立的，因为

$$AD - BC = \left(-\frac{Y_{22}}{Y_{21}}\right)\left(-\frac{Y_{11}}{Y_{21}}\right) - \left(-\frac{1}{Y_{21}}\right)\left(Y_{12} - \frac{Y_{11}Y_{22}}{Y_{21}}\right) = \frac{Y_{12}}{Y_{21}} = 1$$

对于对称二端口网络（$Y_{11}=Y_{22}$），还将有 $A=D$。

9.3.4　H 参数

我们常采用 H 参数描述晶体管电路，其方程为

$$\left.\begin{array}{l} \dot{U}_1 = H_{11}\dot{I}_1 + H_{12}\dot{U}_2 \\ \dot{I}_2 = H_{21}\dot{I}_1 + H_{22}\dot{U}_2 \end{array}\right\} \tag{9-13}$$

写成矩阵形式为

$$\begin{bmatrix} \dot{U}_1 \\ \dot{I}_2 \end{bmatrix} = \begin{bmatrix} H_{11} & H_{12} \\ H_{21} & H_{22} \end{bmatrix} \begin{bmatrix} \dot{I}_1 \\ \dot{U}_2 \end{bmatrix} = H \begin{bmatrix} \dot{I}_1 \\ \dot{U}_2 \end{bmatrix} \tag{9-14}$$

其中：

$$H = \begin{bmatrix} H_{11} & H_{12} \\ H_{21} & H_{22} \end{bmatrix}$$

叫做二端口的 H 参数矩阵，H_{11}、H_{12}、H_{21}、H_{22} 称为二端口的 H 参数。

H 参数可由图 9-20 所示的方法计算或实测求得，即

$$H_{11} = \left.\frac{\dot{U}_1}{\dot{I}_1}\right|_{\dot{U}_2=0} \qquad \text{端口 } 2-2' \text{ 短路时端口 } 1-1' \text{ 处的驱动点阻抗}$$

$$H_{21} = \left.\frac{\dot{I}_2}{\dot{I}_1}\right|_{\dot{U}_2=0} \qquad \text{端口 } 2-2' \text{ 短路时端口 } 2-2' \text{ 与端口 } 1-1' \text{ 之间的电流转移函数}$$

$$H_{12} = \left.\frac{\dot{U}_1}{\dot{U}_2}\right|_{\dot{I}_1=0} \qquad \text{端口 } 1-1' \text{ 开路时端口 } 1-1' \text{ 与端口 } 2-2' \text{ 之间的电压转移函数}$$

$$H_{22} = \left.\frac{\dot{I}_2}{\dot{U}_2}\right|_{\dot{I}_1=0} \qquad \text{端口 } 1-1' \text{ 开路时端口 } 2-2' \text{ 处的驱动点导纳}$$

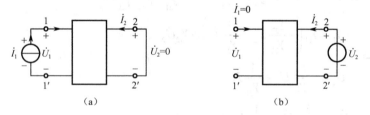

图 9-20 H 参数的计算或测量

H 参数的量纲不止一种，它包括具有阻抗、导纳的量纲和无量纲的参数，所以称为混合参数。

可以证明，对于互易二端口有 $H_{12} = -H_{21}$；对于对称二端口，则有 $H_{11}H_{22} - H_{12}H_{21} = 1$。

根据上述参数的推导过程可以看出各参数之间均可相互转换，表 9-1 列出了这些参数间的关系式，实际应用中可以查表。当然，在理论分析与工程实际当中，并非每个二端口网络都同时存在这四种参数，如理想变压器的 Y 参数和 Z 参数就不存在。

表 9-1 各参数间的关系式

	Z 参数		Y 参数		H 参数		T 参数	
Z 参数	$Z_{11} \quad Z_{12}$ $Z_{21} \quad Z_{22}$		$\dfrac{Y_{22}}{\Delta_Y} \quad -\dfrac{Y_{12}}{\Delta_Y}$ $-\dfrac{Y_{21}}{\Delta_Y} \quad \dfrac{Y_{11}}{\Delta_Y}$		$\dfrac{\Delta_H}{H_{12}} \quad \dfrac{H_{12}}{H_{22}}$ $-\dfrac{H_{21}}{H_{22}} \quad \dfrac{1}{H_{22}}$		$\dfrac{A}{C} \quad \dfrac{\Delta_T}{C}$ $\dfrac{1}{C} \quad \dfrac{D}{C}$	

	Z 参数	Y 参数	H 参数	T 参数
Y 参数	$\dfrac{Z_{22}}{\Delta_z} \quad -\dfrac{Z_{12}}{\Delta_z}$ $-\dfrac{Z_{21}}{\Delta_z} \quad \dfrac{Z_{11}}{\Delta_z}$	$Y_{11} \quad Y_{12}$ $Y_{21} \quad Y_{22}$	$\dfrac{1}{H_{11}} \quad -\dfrac{H_{12}}{H_{11}}$ $\dfrac{H_{21}}{H_{11}} \quad \dfrac{\Delta_H}{H_{11}}$	$\dfrac{D}{B} \quad -\dfrac{\Delta_T}{B}$ $-\dfrac{1}{B} \quad \dfrac{A}{B}$
H 参数	$\dfrac{\Delta_z}{Z_{22}} \quad \dfrac{Z_{12}}{Z_{22}}$ $-\dfrac{Z_{21}}{Z_{22}} \quad \dfrac{1}{Z_{22}}$	$\dfrac{1}{Y_{11}} \quad -\dfrac{Y_{12}}{Y_{11}}$ $\dfrac{Y_{21}}{Y_{11}} \quad \dfrac{\Delta_Y}{Y_{11}}$	$H_{11} \quad H_{12}$ $H_{21} \quad H_{22}$	$\dfrac{B}{D} \quad \dfrac{\Delta_T}{D}$ $\dfrac{1}{D} \quad \dfrac{C}{D}$
T 参数	$\dfrac{Z_{11}}{Z_{21}} \quad \dfrac{\Delta_z}{Z_{21}}$ $\dfrac{1}{Z_{21}} \quad \dfrac{Z_{22}}{Z_{21}}$	$-\dfrac{Y_{22}}{Y_{21}} \quad -\dfrac{1}{Y_{21}}$ $-\dfrac{\Delta_Y}{Y_{21}} \quad -\dfrac{Y_{11}}{Y_{21}}$	$-\dfrac{\Delta_H}{H_{21}} \quad -\dfrac{H_{11}}{H_{21}}$ $-\dfrac{H_{22}}{H_{21}} \quad \dfrac{1}{H_{21}}$	$A \quad B$ $C \quad D$

表中：

$$\Delta_Z = \begin{vmatrix} Z_{11} & Z_{12} \\ Z_{21} & Z_{22} \end{vmatrix}, \quad \Delta_Y = \begin{vmatrix} Y_{11} & Y_{12} \\ Y_{21} & Y_{22} \end{vmatrix}$$

$$\Delta_H = \begin{vmatrix} H_{11} & H_{12} \\ H_{21} & H_{22} \end{vmatrix}, \quad \Delta_T = \begin{vmatrix} A & B \\ C & D \end{vmatrix}$$

【例 9-6】 求图 9-21 所示二端口网络的 H 参数。

解： 对回路 l_1 和 l_2 列回路方程有

$$(R_1 + R_3)\dot{I}_1 + R_3\dot{I}_2 = \dot{U}_1 \qquad (1)$$

$$R_3\dot{I}_1 + (R_2 + R_3)\dot{I}_2 = \dot{U}_2 + R_2 g_m \dot{U}_{R_1} \qquad (2)$$

其中受控源的控制电压为 $\dot{U}_{R_1} = R_1\dot{I}_1$，代入式（2）并整理有

$$(R_2 + R_3)\dot{I}_2 = (R_1 R_2 g_m - R_3)\dot{I}_1 + \dot{U}_2$$

即

$$\dot{I}_2 = \frac{R_1 R_2 g_m - R_3}{R_2 + R_3}\dot{I}_1 + \frac{1}{R_2 + R_3}\dot{U}_2$$

将 $\dot{I}_2$ 代入式（1），有

$$\dot{U}_1 = \frac{R_1 R_2 + R_1 R_3 + R_2 R_3 + R_1 R_2 R_3 g_m}{R_2 + R_3}\dot{I}_1 + \frac{R_3}{R_2 + R_3}\dot{U}_2$$

与式（9-13）对照，可得 H 参数分别为

$$H_{11} = \frac{R_1 R_2 + R_1 R_3 + R_2 R_3 + R_1 R_2 R_3 g_m}{R_2 + R_3}$$

$$H_{12} = \frac{R_3}{R_2 + R_3}$$

$$H_{21} = \frac{R_1 R_2 g_m - R_3}{R_2 + R_3}$$

$$H_{22} = \frac{1}{R_2 + R_3}$$

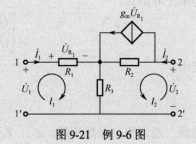

图 9-21 例 9-6 图

此例除按题中所示方法外，还可先由方程组（1）、（2）求出 Z 参数，然后再查表 9-1 由 Z 参数换算出相应的 H 参数（略）。

技能训练 29——二端口电路 Z 参数的仿真分析

1．实训目的

（1）进一步掌握二端口电路中 Z 参数的计算；
（2）加深对 Z 参数的理解；
（3）进一步熟悉仿真软件 Multism10 的使用。

2．实训器材

计算机、仿真软件 Multism10。

3．实训原理

　　设两个端口的电流 $\dot{I}_1$、$\dot{I}_2$ 已知，由替代定理，设 $\dot{I}_1$、$\dot{I}_2$ 分别为端口所加的电流源。根据叠加原理，$\dot{U}_1$、$\dot{U}_2$ 应分别等于两个独立电流源单独作用时产生的电压之和，即

$$\left.\begin{aligned} \dot{U}_1 = Z_{11}\dot{I}_1 + Z_{12}\dot{I}_2 \\ \dot{U}_2 = Z_{21}\dot{I}_1 + Z_{22}\dot{I}_2 \end{aligned}\right\}$$

写成矩阵形式：

$$\begin{bmatrix} \dot{U}_1 \\ \dot{U}_2 \end{bmatrix} = \begin{bmatrix} Z_{11} & Z_{12} \\ Z_{21} & Z_{22} \end{bmatrix} \begin{bmatrix} \dot{I}_1 \\ \dot{I}_2 \end{bmatrix} = Z \begin{bmatrix} \dot{I}_1 \\ \dot{I}_2 \end{bmatrix}$$

其中：

$$Z = \begin{bmatrix} Z_{11} & Z_{12} \\ Z_{21} & Z_{22} \end{bmatrix}$$

称做二端口的 Z 参数矩阵，Z_{11}、Z_{12}、Z_{21}、Z_{22} 称为二端口的 Z 参数，Z 参数具有阻抗的量纲。用二端口概念分析电路时，仅对二端口处的电流、电压之间的关系感兴趣，这种相互关系可通过一些参数表示，而这些参数值取决于构成二端口本身的元件及它们的连接方式。一旦确定表征这个二端口的参数后，当一个端口的电流、电压发生变化，再求另一个端口的电流、电压就比较容易了。下面通过 Multisim 10 的虚拟仪器来仿真测量二端口的网络参数。

4．实训电路和分析

【例 9-7】　二端口网络如图 9-22 所示，测量二端口的开路阻抗参数即 Z 参数矩阵，Z_{11}、Z_{12}、Z_{21}、Z_{22} 称为二端口的 Z 参数，Z 参数具有阻抗的量纲。Z 参数也用来描述二端口网络的特性。

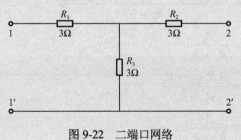

图 9-22　二端口网络

（1）理论分析

根据电路进行理论计算，可得

$$Z_{11} = \frac{U_1}{I_1}\bigg|_{I_2=0} = 6\Omega, \quad Z_{21} = \frac{U_2}{I_1}\bigg|_{I_2=0} = \frac{3}{1} = 3\Omega$$

$$Z_{12} = \frac{U_1}{I_2}\bigg|_{I_1=0} = \frac{3}{1} = 3\Omega, \quad Z_{22} = \frac{U_2}{I_2}\bigg|_{I_1=0} = \frac{9}{1} = 9\Omega$$

（2）仿真分析

为了计算方便，引进 1A 的电流源，$I_1 = 1A$，$I_2 = 0$，测量 U_1、U_2，此时 U_1、U_2 的值即为 Z_{11}、Z_{21}。其仿真测量电路如图 9-23 所示。执行仿真，$Z_{11} = \frac{U_1}{I_1}\bigg|_{I_2=0} = 6\Omega$，$Z_{21} = \frac{U_2}{I_1}\bigg|_{I_2=0} = \frac{3}{1} = 3\Omega$。

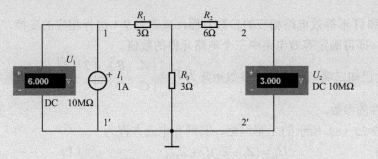

图 9-23　端口 2 开路时二端口仿真测量参数

再令 $I_1 = 0$、$I_2 = 1A$，测量 U_1、U_2，此时 U_1、U_2 的值即为 Z_{21}、Z_{22}。$Z_{12} = \frac{U_1}{I_2}\bigg|_{I_1=0} = \frac{3}{1} = 3\Omega$，

$Z_{22} = \frac{U_2}{I_2}\bigg|_{I_1=0} = \frac{9}{1} = 9\Omega$。

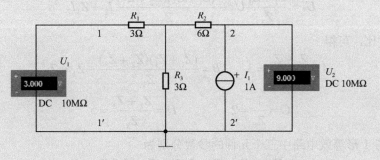

图 9-24　端口 1 开路时二端口仿真测量参数

由图 9-23 和图 9-24 可知，在端口处施加 1A 的电流源优点是可以直接根据电压表的读数写出 Z 参数，由仿真实验数据可知：$Z_{11} = 6$，$Z_{12} = 3$，$Z_{21} = 3$，$Z_{22} = 9$。

5. 实训总结

（1）可根据端口的参数定义，来设置测量电路。

（2）总结使用 Multisim10 软件进行仿真实验的操作经验。

9.4 二端口的等效电路

互易二端口网络的各种参数中都只有三个是独立的，因此其最简等效电路只需要由三个电路元件组成。由三个电路元件组成的二端口网络只有 T 形和∏形两种，如图 9-14 所示。

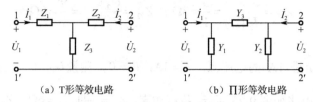

（a）T形等效电路　　　　　　　（b）∏形等效电路

图 9-25　二端口网络的等效电路

写出 T 形和∏形等效电路相应的参数方程，或查表 9-1 进行相应的变换，再与给出的网络参数一一对应，即可确定等效电路中三个电路元件的数值。

【例 9-8】 已知二端口网络的 T 参数矩阵为 $T = \begin{bmatrix} A & B \\ C & D \end{bmatrix} = \begin{bmatrix} 3 & 7 \\ 2 & 5 \end{bmatrix}$，试求其相应的 T 形等效电路中三个元件的参数。

解：对图 9-25（a）所示的 T 形网络，其网孔电流方程为

$$\dot{U}_1 = (Z_1 + Z_3)\dot{I}_1 + Z_3\dot{I}_2 \qquad (1)$$

$$\dot{U}_2 = Z_3\dot{I}_1 + (Z_2 + Z_3)\dot{I}_2 \qquad (2)$$

由式（2）可得

$$\dot{I}_1 = \frac{1}{Z_3}\dot{U}_2 - \frac{Z_2 + Z_3}{Z_3}\dot{I}_2$$

代入式（1），有

$$\dot{U}_1 = \frac{Z_1 + Z_3}{Z_3}\dot{U}_2 - \frac{(Z_1 + Z_3)(Z_2 + Z_3)}{Z_3}\dot{I}_2 + Z_3\dot{I}_2$$

与式（9-11）对比，可得

$$A = \frac{Z_1 + Z_3}{Z_3} = 3 \qquad B = \frac{(Z_1 + Z_3)(Z_2 + Z_3)}{Z_3} - Z_3 = 7$$

$$C = \frac{1}{Z_3} = 2 \qquad D = \frac{Z_2 + Z_3}{Z_3} = 5$$

于是，解得 T 形等效电路中三个元件的参数分别为

$$Z_1 = 1\,\Omega, \quad Z_2 = 2\,\Omega, \quad Z_3 = 0.5\,\Omega$$

当二端口网络含有受控源时，它的四个参数彼此独立，因此其等效电路中也相应地含有受控源。设给定二端口的 Z 参数，且 $Z_{12} \neq Z_{21}$，则方程式（9-9）可写为

$$\dot{U}_1 = Z_{11}\dot{I}_1 + Z_{12}\dot{I}_2$$

$$\dot{U}_2 = Z_{21}\dot{I}_1 + Z_{22}\dot{I}_2 = Z_{12}\dot{I}_1 + Z_{22}\dot{I}_2 + (Z_{21} - Z_{12})\dot{I}_1$$

上述第二个方程右端的最后一项是一个 CCVS，其等效电路如图 9-26 所示。

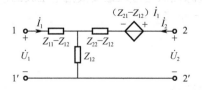

图 9-26　含受控源的二端口网络的等效电路

9.5 二端口的转移函数

当二端口网络与激励源和负载相连时，根据二端口所满足的参数方程及端口外网络的参数方程即可确定二端口的四个端口变量及网络中的各种转移函数。用运算法分析时则对应各种形式的网络函数。应用不同的二端口参数得到的转移函数或网络函数的形式也将不同。

二端口所接激励源网络的戴维南等效电路参数设为 $U_S(s)$ 和 Z_S，负载阻抗为 Z_L，如图 9-27 所示。

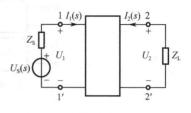

图 9-27 具有端接的二端口

设已知二端口的 Z 参数，其参数方程为

$$U_1(s) = Z_{11}(s)I_1(s) + Z_{12}(s)I_2(s)$$
$$U_2(s) = Z_{21}(s)I_1(s) + Z_{22}(s)I_2(s)$$

激励源网络满足的约束方程为

$$U_1(s) = U_S(s) - Z_S I_1(s)$$

负载网络满足的约束方程为

$$U_2(s) = -Z_L I_2(s)$$

将以上方程合并，并写成矩阵形式，有

$$
\begin{bmatrix}
1 & 0 & Z_S & 0 \\
1 & 0 & -Z_{11} & -Z_{12} \\
0 & 1 & -Z_{21} & -Z_{22} \\
0 & 1 & 0 & Z_L
\end{bmatrix}
\begin{bmatrix}
U_1(s) \\
U_2(s) \\
I_1(s) \\
I_2(s)
\end{bmatrix}
=
\begin{bmatrix}
U_S(s) \\
0 \\
0 \\
0
\end{bmatrix}
\tag{9-15}
$$

解此方程组，就可得到各种转移函数或网络函数。

如电压转移函数（推导过程由读者自己完成）为

$$\frac{U_2(s)}{U_S(s)} = \frac{Z_{21}(s)Z_L}{Z_{11}(s)Z_{22}(s) - Z_{12}(s)Z_{21}(s) + Z_S\left[Z_{22}(s)+Z_L\right] + Z_{11}(s)Z_L}$$

$$\frac{U_2(s)}{U_1(s)} = \frac{Z_{21}(s)Z_L}{Z_{11}(s)\left[Z_L + Z_{22}(s)\right] - Z_{12}(s)Z_{21}(s)}$$

二端口常为完成某些功能起着耦合其两端电路的作用，如滤波器、比例器、电压跟随器等，这些功能一般可通过转移函数描述。反之，也可根据转移函数确定二端口内部元件的连接方式及元件值，即所谓的电路设计或电路综合。

9.6 二端口的连接

在网络分析中，常把一个复杂的网络分解成若干个较简单的二端口网络的组合逐一分析。在进行网络综合时，也常将复杂的网络分解为若干部分，分别设计后再连接起来，这就是二端口网络的连接。这一节我们讨论有关二端口的连接及其特性。

1. 二端口的连接方式

二端口可以按照许多种方式相互连接，常用的有级联（链联）、串联和并联三种，分别如图 9-28（a）、（b）、（c）所示。

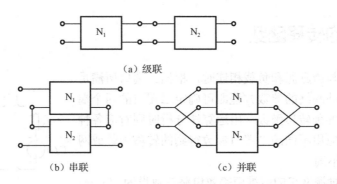

（a）级联

（b）串联　　　　　　　　　　　（c）并联

图 9-28　二端口网络的连接

2. 二端口连接的有效性

在本章的开始我们就强调过，只有满足端口条件的四端网络才构成二端口网络。因此多个二端口串联或并联在一起后，必须仍然满足端口条件才能作为复合二端口，否则连接后的网络就不能作为二端口网络而只能视为普通四端网络。

图 9-29 给出了检查端口条件是否成立的计算或测量方法，其正确性可用叠加原理加以证明。

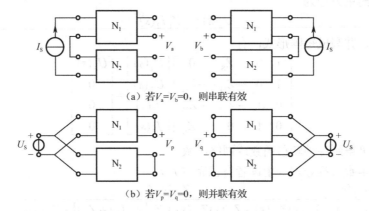

（a）若 $V_a = V_b = 0$，则串联有效

（b）若 $V_p = V_q = 0$，则并联有效

图 9-29　二端口连接有效性判断

经上述检查，如果网络不满足端口条件，可在任一端口插入一个变比为 1 的理想变压器来强制端口条件成立，以保证端口的有效连接。

串联：$Z = Z_1 + Z_2$，并联：$Y = Y_1 + Y_2$，级联：$T = T_1 T_2$。

本章小结

1. 基本概念和基本定理

设一个网络有四个端钮与外部电路相连，我们把这四个端钮分成两对，如果在任何瞬时从任一对端钮的一个端子流入的电流总是等于从这一对端钮的另一个端子流出的电流，就把这样的网络叫做二端口网络，上述条件称为二端口网络的端口条件。如果四个端钮可以对外任意连接，流入流出端钮的电流都不满足上述限制时，则称该网络为四端网络，显然二端口网络是四端网络的特例。

为了分析二端口网络，本章介绍二端口网络中常用的基本定理特勒根定理、互易定理、替代定理，这样可以简化二端口网络的电路分析，本章只要求利用定理分析二端口网络，不对定理做证明。

2. 二端口网络的端口方程和参数

（1）Z 参数

$$\left.\begin{array}{l}\dot{U}_1 = Z_{11}\dot{I}_1 + Z_{12}\dot{I}_2 \\ \dot{U}_2 = Z_{21}\dot{I}_1 + Z_{22}\dot{I}_2\end{array}\right\} \qquad Z = \begin{bmatrix} Z_{11} & Z_{12} \\ Z_{21} & Z_{22} \end{bmatrix}$$

对于由线性 R、L（M）、C 元件组成的任意二端口无源网络都有 $Z_{12} = Z_{21}$，即 Z 参数矩阵是对称的。对于对称二端口有 $Z_{12} = Z_{21}$、$Z_{11} = Z_{22}$。

（2）Y 参数

$$\left.\begin{array}{l}\dot{I}_1 = Y_{11}\dot{U}_1 + Y_{12}\dot{U}_2 \\ \dot{I}_2 = Y_{21}\dot{U}_1 + Y_{22}\dot{U}_2\end{array}\right\} \qquad Y = \begin{bmatrix} Y_{11} & Y_{12} \\ Y_{21} & Y_{22} \end{bmatrix}$$

对于由线性 R、L（M）、C 元件组成的任意二端口无源网络都有 $Y_{12} = Y_{21}$，即 Y 参数矩阵是对称的。对于对称二端口有 $Y_{12} = Y_{21}$、$Y_{11} = Y_{22}$。

（3）T 参数

$$\left.\begin{array}{l}\dot{U}_1 = A\dot{U}_2 + B(-\dot{I}_2) \\ \dot{I}_1 = C\dot{U}_2 + D(-\dot{I}_2)\end{array}\right\} \qquad T = \begin{bmatrix} A & B \\ C & D \end{bmatrix}$$

对于由线性 R、L（M）、C 元件组成的任意二端口无源网络都有 $AD - BC = 1$，即 T 参数矩阵是对称的。对于对称二端口有 $A = D$。

（4）H 参数

$$\left.\begin{array}{l}\dot{U}_1 = H_{11}\dot{I}_1 + H_{12}\dot{U}_2 \\ \dot{I}_2 = H_{21}\dot{I}_1 + H_{22}\dot{U}_2\end{array}\right\} \qquad H = \begin{bmatrix} H_{11} & H_{12} \\ H_{21} & H_{22} \end{bmatrix}$$

3. 二端口等效电路

（1）T 形电路

$$Z_1 = Z_{11} - Z_{12}；\quad Z_2 = Z_{12}；\quad Z_3 = Z_{22} - Z_{12}。$$

（2）∏ 形电路

$$Y_1 = Y_{11} + Y_{12}；\quad Y_2 = -Y_{12} = -Y_{21}；\quad Y_3 = Y_{22} + Y_{12}。$$

4. 二端口的连接

串联：$Z = Z_1 + Z_2$；并联：$Y = Y_1 + Y_2$；级联：$T = T_1 T_2$。

习题 9

9-1　试求题 9-1 图所示二端口网络的阻抗参数矩阵。

9-2　试求题 9-2 图所示二端口网络的导纳参数。

9-3　试求题 9-3 图所示网络的阻抗参数和导纳参数。

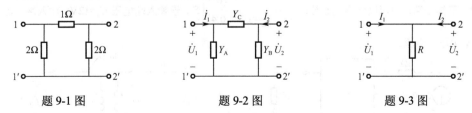

题 9-1 图　　　　　　　　　题 9-2 图　　　　　　　　　题 9-3 图

9-4　求题 9-4 图所示二端口网络的阻抗参数矩阵，其中 $g = 2S$。

9-5　求题 9-5 图所示二端口网络的导纳参数（正弦电源角频率为 ω）。

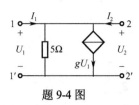
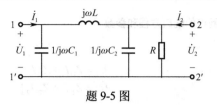

题 9-4 图　　　　　　　　　　　　　题 9-5 图

9-6　已知二端口网络的阻抗参数为 $Z_{11}=6\Omega$，$Z_{12}=Z_{21}=4\Omega$，$Z_{22}=8\Omega$。试求此网络的 T 形等效电路。

9-7　已知电阻性二端口网络的实验数据如下，试求其导纳参数。

（1）$U_2=0$ 时，$I_1=3\text{mA}$，$I_2=-0.6\text{mA}$，$U_1=24\text{V}$。

（2）$U_1=0$ 时，$I_1=-1\text{mA}$，$I_2=12\text{mA}$，$U_2=40\text{V}$。

9-8　试求题 9-8 图所示电路的 Z 参数和 A 参数。它的 Y 参数是否存在？

9-9　二端口网络特性阻抗的物理意义是什么？它和二端口网络的输入阻抗有什么不同？试求题 9-9 图所示 T 形网络的特性阻抗。

9-10　试求题 9-10 图所示二端口网络电路的特性阻抗。

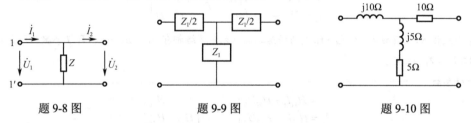

题 9-8 图　　　　　　　　　题 9-9 图　　　　　　　　　题 9-10 图

9-11　题 9-11 图中线性无源二端口网络 N 的混合参数为 $H_{11}=1\text{ k}\Omega$、$H_{12}=-2\text{ms}$、$H_{21}=3\text{ms}$、$H_{22}=2\text{ms}$，在 2-2'端口接电阻 $R=1\text{k}\Omega$，求 1-1'端口的输入电阻。

9-12　求题 9-12 图所示二端口网络的阻抗参数矩阵（$\omega=1000\text{rad/s}$），并说明是否满足互易性。

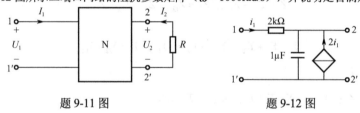

题 9-11 图　　　　　　　　　　　题 9-12 图

9-13　题 9-13 图所示二端口网络 N 的阻抗参数矩阵为 $\begin{bmatrix} 3 & 4 \\ j2 & -j3 \end{bmatrix}\Omega$，求 $\dot{U}_2$。

9-14　求题 9-14 图所示网络的阻抗参数。已知正弦电源角频率为 ω。

9-15　一个互易二端口网络的两组测量数据如题 9-15 图（a）、（b）所示，试求其导纳参数。

9-16　试求题 9-16 图所示网络的阻抗参数，并验证该网络为非互易二端口网络即 $Z_{12}\neq Z_{21}$。

9-17　已知二端口电阻网络导纳参数矩阵为 $\begin{bmatrix} 0.5 & -0.2 \\ -0.2 & 0.4 \end{bmatrix}\text{S}$，设输入端电压 $U_1=12\text{V}$，输入端电流 $I_1=2\text{A}$，

试求输出端电压、电流。

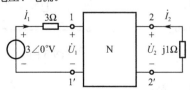
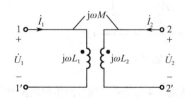

题 9-13 图　　　　　　　　　　　题 9-14 图

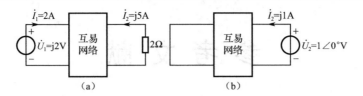

题 9-15 图

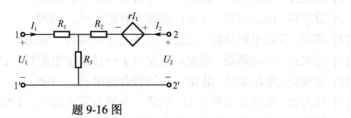

题 9-16 图

参 考 文 献

[1] 李翰荪. 简明电路分析基础. 北京：高等教育出版社，2002.

[2] 邱关源. 电路原理. 北京：高等教育出版社，2000.

[3] 周守昌. 电路原理. 北京：高等教育出版社，1999.

[4] 闻跃. 基础电路分析. 北京：清华大学出版社，2003.

[5] 吴大正. 电路基础. 西安：西安电子科技大学出版社，1991.

[6] 胡翔骏. 电路基础. 北京：高等教育出版社，1996.

[7] 黄力元. 电路实验指导书. 北京：高等教育出版社，1993.

[8] 汪建. 电路实验. 武汉：华中科技大学出版社，2003.

[9] 赵世强. 电子电路 EDA 技术. 西安：西安电子科技大学出版社，2003.

[10] 赵录怀. 电路重点难点及典型题精解. 西安：西安交通大学出版社，2000.

[11] 王仲奕等. 电路（第四版）习题解析. 西安：西安交通大学出版社，2002.

[12] 范丽娟. 电路的计算机辅助计算. 北京：高等教育出版社，1993.

[13] 王冠华. Multisim 10 电路设计及应用. 北京：国防工业出版社，2008.